Gunther Hildebrandt / Maximilian Moser / Michael Lehofer
Chronobiologie und Chronomedizin

Gunther Hildebrandt/Maximilian Moser/Michael Lehofer

Chronobiologie und Chronomedizin

Biologische Rhythmen
Medizinische Konsequenzen

Hippokrates

Die Deutsche Bibliothek – CIP-Einheitsaufnahme

Hildebrandt, Gunther:
Chronobiologie und Chronomedizin : kurzgefaßtes Lehr- und Arbeitsbuch / Gunther Hildebrandt ; Maximilian Moser ; Michael Lehofer. Mit einem Geleitw. von T. Kenner – Stuttgart : Hippokrates, 1998
ISBN 3-7773-1302-5

Anschrift der Verfasser
Prof. Dr. med. Gunther Hildebrandt
Direktor des Instituts für Arbeitsphysiologie
und Rehabilitation
der Philipps-Universität Marburg
Robert-Koch-Straße 7a
35037 Marburg

Univ.-Doz. Dr. med. Maximilian Moser
Univ.-Doz. Dr. psych. Dr. med. Michael Lehofer
Physiologisches Institut der
Karl-Franzens-Universität Graz
Harrachgasse 21
A-8010 Graz

Wichtiger Hinweis
Wie jede Wissenschaft ist die Medizin ständigen Entwicklungen unterworfen. Forschung und klinische Erfahrung erweitern unsere Erkenntnisse, insbesondere was Behandlung und medikamentöse Therapie anbelangt. Soweit in diesem Werk eine Dosierung oder eine Applikation erwähnt wird, darf der Leser zwar darauf vertrauen, daß Autoren, Herausgeber und Verlag große Sorgfalt darauf verwandt haben, daß diese Angabe dem Wissensstand bei Fertigstellung des Werkes entspricht.
Für Angaben über Dosierungsanweisungen und Applikationsformen kann vom Verlag jedoch keine Gewähr übernommen werden. Jeder Benutzer ist angehalten, durch sorgfältige Prüfung der Beipackzettel der verwendeten Präparate und gegebenenfalls nach Konsultation eines Spezialisten festzustellen, ob die dort gegebene Empfehlung für Dosierungen oder die Beachtung von Kontraindikationen gegenüber der Angabe in diesem Buch abweicht. Eine solche Prüfung ist besonders wichtig bei selten verwendeten Präparaten oder solchen, die neu auf den Markt gebracht worden sind. Jede Dosierung oder Applikation erfolgt auf eigene Gefahr des Benutzers. Autoren und Verlag appellieren an jeden Benutzer, ihm etwa auffallende Ungenauigkeiten dem Verlag mitzuteilen.
Geschützte Warennamen (Warenzeichen) werden nicht besonders kenntlich gemacht. Aus dem Fehlen eines solchen Hinweises kann also nicht geschlossen werden, daß es sich um einen freien Warennamen handele.

ISBN 3-7773-1302-5

© Hippokrates Verlag GmbH, Stuttgart 1998

Jeder Nachdruck, jede Wiedergabe, Vervielfältigung und Verbreitung, auch von Teilen des Werkes oder von Abbildungen, jede Abschrift, auch auf fotomechanischem Wege oder im Magnettonverfahren, in Vortrag, Funk, Fernsehsendung, Telefonübertragung sowie Speicherung in Datenverarbeitungsanlagen, bedarf der ausdrücklichen Genehmigung des Verlages.
Printed in Germany 1998
Satz und Reproduktion: Fotosatz Sauter GmbH, 73072 Donzdorf
Druck: Druckerei Kohlhammer, 70329 Stuttgart

Geleitwort

Meine Grundvorstellung der physiologischen Lehre beruht auf der Tatsache, daß der größte Teil des Lehrstoffes, der sich auf den Menschen in seiner Ganzheit bezieht, durch Beobachtung, durch Erleben und durch Selbsterleben verstanden und begriffen werden kann. Dies gilt im besonderen Maße für alltägliche Phänomene, wie etwa die unsere Lebensabläufe gliedernden Rhythmen.

Vom Standpunkt der Analyse der hinter den natürlichen Vorgängen zur Gesunderhaltung des Organismus stehenden Mechanismen möchte ich hier auf drei Begriffe hinweisen.

Unser Befinden ist normalerweise in einem Zustand der dynamischen **Stabilität.** Der Organismus hat die Fähigkeit, die Systemfunktionen auch bei Belastung stabil zu erhalten. Damit soll ausgedrückt werden, daß die im Fließgleichgewicht gehaltenen Größen innerhalb »normaler« Grenzen bleiben und in keine Richtung aus diesem Stabilitätsbereich ausreißen sollen.

Der im Tagesrhythmus notwendige Schlaf dient offensichtlich der Rückholung der durch die Belastungen des Tages aus dem Normbereich abweichenden biologischen Größen. Erholungsphasen, wie sie im Zusammenhang mit Rehabilitation, etwa bei Kuraufenthalten notwendig werden, dienen dem gleichen Zweck, d. h. zur Korrektur etwas längerfristig abweichender Einflüsse.

Rehabilitation ist der zweite wichtige Begriff. Mit diesem Ausdruck soll hier nicht nur ein Vorgang der Anpassung beschrieben werden, sondern muß auf biologische Funktionen hingewiesen werden, die den Effekten von Risikofaktoren durch »salutogenetische« Einflüsse entgegenwirken. Es wird immer wieder darauf hingewiesen, daß der Erforschung jener Mechanismen, die bei Rehabilitation wirksam werden, in der Vergangenheit und auch derzeit zu wenig Nachdruck verliehen wird. Nicht nur Mangel an Nachdruck ist zu beklagen, sondern Unkenntnis der physiologischen Grundlagen, die schließlich sogar in dem Vorwurf der Unwissenschaftlichkeit gipfelt.

Gerade in der nächsten Zukunft, die eine zunehmende Überalterung der Bevölkerung bringen wird, sollte die Frage der Erholung zur Gesunderhaltung besonders im Vordergrund stehen.

Der dritte Begriff, **Optimierung,** hängt eng mit den bereits erwähnten Begriffen – Stabilität und Rehabilitation – zusammen. Der Gesamt-Organismus versucht, seine Funktionen optimal zu koordinieren. Diese Koordinierung beruht unter anderem oft auf einer Synchronisation von

Rhythmen, wie beispielsweise jene des Herzschlages und der Atmung. Auch dieses Thema gehört somit unmittelbar in den Bereich der Chronobiologie.

Durch die vom Organismus gesteuerten und von außen beeinflußten biologischen Rhythmen wird ein wesentlicher Beitrag zur inneren Optimierung und Kontrolle der Gesunderhaltung jedes Menschen erreicht.

Es liegt mir viel daran, mit diesen kurzen einleitenden Bemerkungen auch auf die engen Zusammenhänge zwischen Theorie und Praxis hinzuweisen. Ich habe schon die bedauerliche Unkenntnis der physiologischen Grundlagen alltäglicher spontaner oder reaktiver Vorgänge im Organismus beklagt. Es ist daher wichtig, die notwendigen Kenntnisse zu vermitteln. Es ist mindestens ebenso wichtig, darauf hinzuweisen, daß gerade dieser bedeutende Problembereich, den ich gerne als Alltagsphysiologie bezeichnen möchte, ein weites und sowohl medizin-ethisches als auch volkswirtschaftlich entscheidendes, offenes Forschungsgebiet darstellt. Das vorliegende Buch dient dazu, diese Lücke durch Anregung zur wissenschaftlichen Forschung schließen zu helfen.

Es ergibt sich so auch ein Zusammenhang der in diesem Buche dargestellten praktischen Aspekte mit den Forschungen der Arbeitsgruppe, die sich beispielsweise im Rahmen eines Spezialforschungsbereiches des Fonds zur Förderung der wissenschaftlichen Forschung (SFB 003 des FWF) mit dem Thema »Optimierung und Kontrolle« befaßt.

Das Physiologische Institut der Karl-Franzens- Universität Graz befaßt sich seit vielen Jahren mit Problemen der Chronobiologie. Es ist für mich eine besondere Freude, daß es gelungen ist, in Zusammenarbeit mit Prof. Dr. Gunther Hildebrandt, der zu den Vätern der Chronobiologie zählt, ein Buch zu verfassen, das in die praktischen Aspekte dieses Fachgebietes einführt.

Von den Grazer Autoren leitet Univ. Prof. Dr. Maximilian Moser die Arbeitsgruppe für Adaptationsphysiologie; Univ. Prof. DDr. Michael Lehofer beteiligt sich an dem chronobiologischen Projekt als Kliniker.

Ich möchte den Autoren dieses Buches meinen herzlichen Dank sagen und den Lesern das gebührende Interesse an diesem Buch wünschen!

Univ. Prof. Dr. Dr. Thomas Kenner

Inhaltsverzeichnis

Geleitwort von Univ.-Prof. Dr. Dr. T. Kenner, Graz V

Inhaltsverzeichnis VII

Vorwort 1

1.	**Einleitung**	3
2.	**Chronobiologie: Eine Übersicht**	7
2.1	Geschichte und Entwicklung der Chronobiologie	7
2.2	Das Spektrum biologischer Rhythmen	9
2.2.1	Periodendauer der Rhythmen	9
2.2.2	Formale Unterschiede der Rhythmen	11
2.3	Umweltbeziehungen biologischer Spontanrhythmen	12
2.4	Phylogenetische Ordnung der Rhythmen	13
2.5	Entstehung biologischer Rhythmen	13
2.6	Rhythmische Reaktionen (Reaktive Perioden)	14
2.7	Chronobiologische Befunde	14
2.7.1	Exogene Steuerung von Lebensvorgängen (Exo- Rhythmen)	14
2.7.2	Durch Umweltzeitgeber synchronisierte Rhythmen (Exo-Endo-Rhythmen)	15
2.7.2.1	Jahresrhythmus (Zirkannualer Rhythmus)	16
2.7.2.2	Mond- und Gezeitenrhythmen (Zirkalunar-und Zirkatidalrhythmen)	18
2.7.2.3	Tagesrhythmus (Zirkadianrhythmus)	20
2.7.4	Autonome mittel- und kurzwellige Rhythmen (Endo-Rhythmen)	24
2.7.4.1	Frequenz- und Phasenkoordination der mittelwelligen Rhythmen	24
2.7.4.2	Frequenzmodulierte kurzwellige Rhythmen	28
3.	**Biologische Rhythmen und Medizin (Chronomedizin)**	30
3.1	Biologische Rhythmen und Krankheit (Chronopathologie)	30
3.2	Praktische Anwendungen in der Chronomedizin	34
3.2.1	Allgemeine Vorbemerkung	34
3.2.2	Chronomedizinische Probleme der Diagnostik	34
3.2.3	Chronobiologische Aufgaben in der Therapie	35
3.2.3.1	Allgemeine Vorbemerkungen	35
3.2.3.2	Therapeutische Zeitordnung	35
3.2.3.3	Zeitordnende Therapie	39
3.2.3.4	Chronohygiene	43

4.	**Chronobiologische und chronomedizinische Untersuchungsmethoden**	47
4.1	Allgemeine Vorbemerkungen	47
4.1.1	Kenngrößen zur Beschreibung biologischer Rhythmen	47
4.1.2	Voraussetzungen und Methodik chronobiologischer Meßreihen	49
4.2	Ausgewählte Meßverfahren zur chronobiologischen Beobachtung am Menschen	52
4.2.1	Physiologische Meßgrößen	52
4.2.2	Psychophysiologische Meßgrößen	55
4.2.3	Beurteilung der Thymopsyche	58
4.3	Auswertung	59
5.	**Ergebnisse chronobiologischer Untersuchungen am Menschen**	61
5.1	Infradiane Rhythmen	61
5.1.1	Biologische Jahresrhythmik (zirkannuale Rhythmik)	61
5.1.2	Menstruationsrhythmik, lunare Rhythmen	64
5.1.3	Wochenrhythmus (zirkaseptane Periodik)	66
5.2	Tagesrhythmus (Zirkadianrhythmus)	68
5.2.1	Körpertemperatur und Thermoregulation	68
5.2.2	Herz- und Kreislauffunktionen	70
5.2.3	Atmungsfunktionen	73
5.2.4	Verdauung und Stoffwechsel	79
5.2.5	Nierenfunktion, Wasser- und Elektrolythaushalt	82
5.2.6	Blut	84
5.2.7	Körperliche Leistungsfähigkeit	87
5.2.7.1	Vorbemerkung	87
5.2.7.2	Muskelkraft	87
5.2.7.3	Dauerleistungsfähigkeit	87
5.2.7.4	Trainingswirkungen	90
5.2.7.5	Körpergröße, Bindegewebsturgor	90
5.2.8	Psychische Leistungsbereitschaft und Sinnesleistungen	91
5.2.8.1	Vorbemerkung	91
5.2.8.2	Reaktionszeit, Aufmerksamkeit, sensomotorische Koordination	91
5.2.8.3	Hirnleistungen: Merkfähigkeit, Rechenleistung (Düker-Test)	92
5.2.8.4	Sinnesleistungen: Sehschärfe, Schmerzempfindlichkeit, Placeboeffekte	92
5.2.8.5	Stimmung, Antrieb, innere Unruhe (»Nervosität«)	93
5.2.9	Hormonaler Status im Tagesrhythmus	96
5.2.10	Wehenbeginn und Geburtenhäufigkeit	96
5.3	Ultradiane Rhythmen	97
5.3.1	Allgemeines	97
5.3.2	Seitigkeitsrhythmen, Nasenseitigkeit	98
5.3.3	Zirka-4-Stunden-Rhythmen	99
5.3.4	Basaler Aktivitätsrhythmus (basic rest activity cycle (BRAC))	101
5.3.5	Minuten Rhythmik	104
5.3.6	10-Sekunden Rhythmus des Blutdrucks	105
5.3.7	Vasomotionsrhythmus der Hautgefäße	106

5.3.8	Atemrhythmus	107
5.3.9	Herzrhythmus	111
5.3.10	Arterielle Grundschwingung	111
5.4.	Reaktive Periodik (Rhythmische Reaktionen)	113
5.4.1	Allgemeines	113
5.4.2	Ultradiane reaktive Perioden	114
5.4.3	Infradiane reaktive Perioden (Zirkasemiseptan-, Zirkaseptan-, Zirkasemidekan-, Zirkadekanperiodik)	114
6.	**Zusammenfassung und Ausblick**	121
7.	**Literaturverzeichnis**	124
8.	**Sachverzeichnis**	135

Vorwort

Das Interesse für Zeitfragen in Biologie, Medizin und Ökologie hat in letzter Zeit beträchtlich zugenommen. In der medizinisch-biologischen Lehre wird dieser Problemkreis jedoch noch weitgehend vernachlässigt, obwohl das Fachgebiet der Chronobiologie inzwischen mancherorts wohletabliert ist und von speziellen wissenschaftlichen Fachgesellschaften vertreten wird.

Da eine lediglich theoretische Beschäftigung mit der Chronobiologie und Chronomedizin meist wenig Zustimmung finden wird, schien uns eine Einführung von praktischen Übungen zur Chronobiologie, bei welchen die rhythmischen Zeitstrukturen der Lebensvorgänge unmittelbar erlebt werden können, für den Studierenden und praktisch Tätigen einen leichteren Zugang zu eröffnen. Eigene Erfahrungen mit chronobiologischen und chronomedizinischen Praktika führten zu einer Abgrenzung praktisch durchführbarer Methoden.

Als zentrale Aufgabe bietet sich zwar das Studium der Tagesrhythmik (Zirkadianrhythmik) an, weil dieser Bereich wissenschaftlich am besten erforscht ist und die Komplexität der körperlichen und psychischen Umstellungen auch dem Selbsterleben vielseitig zugänglich ist. Es darf aber nicht vernachlässigt werden, daß die zeitliche Organisation der Lebensvorgänge ein breites Spektrum rhythmischer Gliederungen umfaßt, die in den verschiedenen Bereichen unterschiedliche Ordnungsmerkmale und funktionelle Eigenschaften aufweisen. Es muß also das Bestreben sein, auch paradigmatisch einen ganzheitlichen Aspekt der zeitlichen Organisation des Lebendigen zu erarbeiten. Dies kann auch mit einfachen praxisbezogenen Mitteln gelingen.

Die Autoren hoffen, mit dieser Zusammenstellung vielseitige Anregungen zu einer stärkeren Berücksichtigung der Chronobiologie im medizinisch-biologischen Unterricht und in der Praxis zu geben. Der zeitgestaltliche Aspekt der Lebensvorgänge muß schließlich den gleichen Stellenwert gewinnen können, der den raumgestaltlich-morphologischen Aspekten seit langem zugemessen wird.

Die Verwirklichung unseres Vorhabens wurde wesentlich durch die Mitarbeit zahlreicher Kollegen und Mitarbeiter gefördert:

Cand.ing. Matthias Frühwirth, Dr. Peter M. Liebmann, Mag. Dr. Manfred Lux, Ing. Dietmar Messerschmidt, Dipl.-Psych. Dr. Rudolf Moog, Dr. Franziska Muhry, Dipl.Ing. Thomas Niederl, Mag. Illona Papouschek, cand.med. Stanislaw Przywara, Univ.-Prof. Dr. Günter Schulter, Dr. Birgit Steinbrenner, Mag. Magdalena Voica, Dr. Hans Zeiringer.

Frau Gabriele Kainz, Frau Mag. Clara Kenner, Frau Marianne Payer und Frau Mag. Magdalena Voica unterstützten uns bei der graphischen Gestaltung der zahlreichen Abbildungen und bei der Herstellung des Manuskriptes.

Ihnen allen sei an dieser Stelle sehr herzlich gedankt! Auch dem Hippokrates-Verlag, inbesondere Frau Dorothee Seiz, sind wir für die verständnisvolle Zusammenarbeit besonderen Dank schuldig. Schließlich möchten wir Frau Dr. Guntrud Hildebrandt danken, die freundlicherweise das Manuskript sorgfältig gelesen und wichtige Ratschläge für die Gliederung eingebracht hat.

Graz und Marburg/Lahn, Gunther Hildebrandt
zu Jahresbeginn 1998 Maximilian Moser
 Michael Lehofer

1 Einleitung

Die Entwicklung der naturwissenschaftlichen Biologie und Medizin hat lange Zeit der Erforschung der raumgestaltlichen und stofflichen Eigenschaften des Lebens den Vorzug gegeben und eine gleichrangige Wissenschaft von den zeitlichen Dimensionen der Lebensvorgänge vernachlässigt. Die junge Wissenschaft der Chronobiologie stellt eine Vielzahl von Rhythmen fest, die die Abläufe des Lebens gliedern. Im vorliegenden Buch wird eine Einführung in die »biologische Zeit« mit praktischen Anleitungen gegeben. Der Umgang mit den rhythmischen Funktionen soll zu einer Schulung des »systemischen Denkens« und letztlich zu einer ganzheitlichen Sicht führen.

Zeitgestalt des Organismus

Alle Lebensvorgänge sind nicht nur räumlich geordnet (Raumgestalt), sondern unterliegen auch einer komplizierten zeitlichen Ordnung (Zeitgestalt), die das Zusammenspiel der verschiedenen Funktionen in sinnvoller Weise aufeinander abstimmt. Die Zeitstrukturen des Lebens entwickelten sich im Einklang mit den Zeitordnungen der geophysikalischen und kosmischen Umwelt der Organismen und sichern damit eine optimale Einpassung der Lebensäußerungen und Verhaltensweisen in die wechselnden Umweltbedingungen.

Jeder, der mit dem Lebendigen umgeht, es studiert oder gar in Lebensvorgänge eingreifen will, muß daher deren zeitliche Organisation mit gleicher Sorgfalt kennen und berücksichtigen, wie er es hinsichtlich der raumgestaltlichen (morphologischen) Eigenschaften der Lebensorganisation für selbstverständlich erachtet.

Die Entwicklung der naturwissenschaftlichen Biologie und Medizin hat lange Zeit der Erforschung der raumgestaltlichen und stofflichen Eigenschaften des Lebens den Vorzug gegeben und eine im Prinzip gleichrangige Wissenschaft von den zeitlichen Merkmalen der Lebensvorgänge vernachlässigt. Hier besteht daher, vor allem auch hinsichtlich der Lehre und Ausbildung, ein beträchtlicher Nachholbedarf. Die Berücksichtigung der Zeit in der biologischen und medizinischen Lehre erfordert auch besondere Methoden der Darstellung und bezieht den Lernenden in ganz anderer Weise und unmittelbarer in die Darbietung der Lehrinhalte ein. Dies soll in dieser Schrift in besonderem Maße berücksichtigt werden.

Erst in diesem Jahrhundert hat sich die Erforschung der biologischen Zeitstrukturen zu einem eigenen Wissenschaftszweig, der Chronobiologie und Chronomedizin, entwickelt. 1937 fanden sich in dem schwedischen Badeort Ronneby Wissenschaftler verschiedener theoretischer und praktischer Disziplinen zur Gründung einer internationalen Gesellschaft zur Erforschung biologischer Rhythmen zusammen (219). Sie leiteten damit eine Entwicklung ein, die den Kreis derer, die zeitliche Aspekte des Lebens für wichtig hielten und praktisch berücksichtigen wollten, rasch erweiterte.

Chronobiologie ist Rhythmusforschung

Es gehört zu den grundlegenden Erkenntnissen der Chronobiologie, daß die zeitliche Ordnung der Lebensvorgänge in Form von Rhythmen geschieht. Chronobiologie ist daher gleichbedeutend mit Rhythmusforschung.

Im Prinzip können Lebensäußerungen auf zwei verschiedene Ziele hin ausgerichtet sein. Das eine ist die spezifische Leistung einer Funktion bzw. eines Organs, das andere ist die Sicherung von Ordnung, Bestand und Regeneration. Beide Ziele können vom Organismus nicht gleichzeitig verwirklicht werden, sondern nur in einer zeitlichen Sequenz, in einem Alternieren. Dies bedingt eine rhythmische Gliederung, die in allen Größenordnungen gefunden werden kann. So umfaßt die Darstellung der biologischen Rhythmen ein breites Spektrum mit unterschiedlichen Periodendauern (Wellenlängen) (◉ 1).

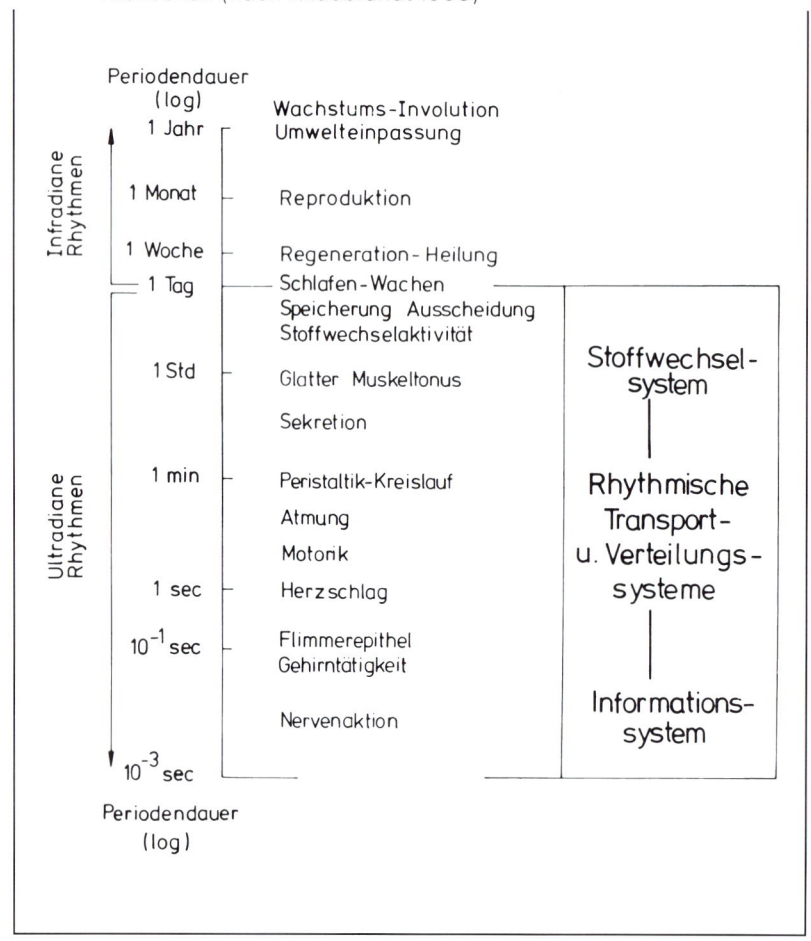

Rhythmische Gliederung des Organismus

◉ **1:** Spektrum der Periodendauern rhythmischer Funktionen beim Menschen (nach *Hildebrandt* 1993)

Periodendauer (log)		
Infradiane Rhythmen	1 Jahr	Wachstums-Involution / Umwelteinpassung
	1 Monat	Reproduktion
	1 Woche	Regeneration-Heilung
	1 Tag	Schlafen-Wachen / Speicherung Ausscheidung / Stoffwechselaktivität
Ultradiane Rhythmen	1 Std	Glatter Muskeltonus / Sekretion
	1 min	Peristaltik-Kreislauf / Atmung / Motorik
	1 sec	Herzschlag
	10^{-1} sec	Flimmerepithel / Gehirntätigkeit
		Nervenaktion
	10^{-3} sec	
Periodendauer (log)		

Stoffwechselsystem
|
Rhythmische Transport- u. Verteilungssysteme
|
Informationssystem

Einer anschaulichen Darstellung rhythmischer Lebensäußerungen sind nach zwei Seiten hin Grenzen gesetzt. Einerseits lassen sich die längerwelligen Vorgänge infolge ihres Zeitbedarfs nicht unmittelbar anschaulich bzw. erlebbar machen, etwa die jahresrhythmischen Veränderungen. Zum anderen sind zum höherfrequenten Bereich hin Grenzen gesetzt, die sich nur durch Einsatz technischer Mittel überwinden lassen, etwa im Bereich der schnellen rhythmischen Vorgänge im Nervensystem.

Motorische Aktionsrhythmen

In einem breiten mittleren Bereich finden sich dagegen zahlreiche rhythmische Funktionen, die sich unmittelbar zum Studium anbieten und die teilweise auch seit langem praktisch berücksichtigt werden (z. B. Atemrhythmus, Pulsrhythmus, Ernährungs- und Verdauungsrhythmus). Vor allem die motorischen Aktionsrhythmen lassen eine ganze Reihe wichtiger Eigenschaften der zeitlichen Organisation von Lebensvorgängen anschaulich hervortreten, zumal gerade sie auch mit den unmittelbaren Erlebnissen des Rhythmischen eng verbunden sind (32; 158).

Das für jeden eindruckvollste rhythmische Lebensphänomen ist zweifellos der Schlaf-Wach-Rhythmus und die mit ihm verbundenen Veränderungen der körperlichen und psychischen Vorgänge (HUFELAND 1817: »Diese einzelne vierundzwanzigstündige Periode ... ist gleichsam die Einheit der Naturchronologie«, 171). Hier äußert sich Rhythmus in seiner ganzen Komplexität.

Normalerweise sind allerdings dem vollständigen Erleben dieses bedeutsamen Rhythmus, der ja auch die Abstimmung der Lebensordnung auf die zeitliche Umweltordnung beinhaltet, dadurch Grenzen gesetzt, daß der Schlaf das Tagesbewußtsein ausschaltet. Nur dem Schlafgestörten und Schlaflosen werden diese Phasen des Rhythmus in meist unangenehmer Weise zugänglich. Der Arzt gewinnt besondere Einblicke in die rhythmisch zeitgeordneten Vorgänge der Nacht durch die Häufung bestimmter Krankheitserscheinungen in bestimmten Phasen des Tag-Nacht-Rhythmus, etwa in Gestalt der nächtlichen Häufung von Asthmaanfällen, der abendlichen Zunahme von Hautirritationen oder der morgendlichen Häufung von Herzinfarkten *(Kap. 3, S. 30ff.)*.

Zeitreihen

Die Einführung der »biologischen Zeit« in die Betrachtung von Lebensfunktionen erfordert systematisch wiederholte Untersuchungen, deren Ergebnisse Zeitreihen darstellen. Dabei verlangt die korrekte Darstellung eines rhythmischen Ablaufs eine Mindestzahl von möglichst äquidistanten Meßpunkten innerhalb eines Zyklus oder zahlreiche Messungen in verschiedenen Phasen eines wiederholten rhythmischen Ablaufs.

Autorhythmometrie

Wesentlich für den didaktischen Wert chronobiologischer Untersuchungen ist die möglichst intensive und umfassende Beteiligung der Probanden an den Messungen im Sinne einer Autorhythmometrie (90; 91). Solche Selbstmessungen zur Darstellung und Kontrolle biologischer Rhythmen im Tageslauf, im Verlauf des Menstruationsrhythmus und sogar im Jahreslauf wurden bereits von LEVINE und HALBERG (208; 92) empfohlen und in einer Auswahl geeigneter Methoden im einzelnen dargestellt. Diese Methoden können daher auch für die praktische Lehre der humanen Chronobiologie übernommen werden, zumal die erforderlichen

Materialien und Apparaturen ohne großen Kostenaufwand zu beschaffen sind. Speziell für die botanischen und zoologischen Aufgaben liegt bereits ein entsprechendes Arbeitsbuch vor (58).

Chronobiologie und systemisches Denken

Der besondere didaktische Wert des Umganges mit einer Vielzahl von rhythmischen Funktionen liegt letztlich in einer Schulung des systemischen Denkens (62; 327), in welcher die Wechselbeziehungen und Wechselwirkungen der Teilfunktionen lebendig gemacht werden. In diesem Sinne können chronobiologische Betrachtungen zu einer ganzheitlichen Sicht (»Totalanschauung«, 308) führen.

Wir geben zunächst eine Übersicht über Entwicklung und Stand der Chronobiologie und Chronomedizin. Weiteres Anliegen ist die Vermittlung von methodischen Vorschlägen zur Durchführung chronobiologischer Untersuchungen am Menschen. Es stützt sich dabei auf Erfahrungen, die bei mehrfacher Durchführung studentischer Praktika gewonnen wurden. Dabei hat sich gezeigt, daß die bisher in Betracht gezogenen Meßverfahren noch wesentlich erweitert und besonderen Interessenrichtungen angepaßt werden können. Ein wichtiges Anliegen des Buches ist auch die Umsetzung chronobiologischer Erkenntnisse in die praktische Lebensführung und die Krankenbehandlung.

Chronobiologie und Chronomedizin als Lehrfächer werden in der Zukunft angesichts der schnellen Entwicklung der wissenschaftlichen Grundlagen und der praktischen Erfahrungen, z.B. in Diagnostik und Therapie, zunehmend an Bedeutung gewinnen (95). Eine rein theoretische Vermittlung wird dem besonderen Lehrstoff nicht gerecht und sollte durch praktisches Erleben der biologischen Zeitstrukturen ergänzt werden. Das vorliegende Buch will die bisherigen Ansätze zu diesem Ziel zusammenfassen und weitere Anregungen für eine Chronobiologie und Chronomedizin der Praxis geben.

- **Im mittleren Bereich des Spektrums der ultradianen Rhythmen finden sich zahlreiche Funktionen (z.B. Herzschlag und Atmung), die aufgrund ihrer unmittelbaren Beobachtbarkeit zum Selbststudium geeignet sind.**

- **Die Umsetzung chronobiologischer Erkenntnisse in die praktische Lebenssituation ist ein wichtiges Anliegen dieses Buches.**

2 Chronobiologie: Eine Übersicht

Die Zeit als essentieller Faktor spielt schon in der romantischen Medizin und Naturauffassung eine wichtige Rolle. Berühmt ist die 1745 von Carl v. Linné angegebene »Blumenuhr«, die am Öffnen und Schließen von Blüten eine Orientierung über die Tageszeit ermöglicht. Heute gilt das Hauptinteresse der Chronobiologie den tagesrhythmischen, mondrhythmischen und jahresrhythmischen Vorgängen, vor allem im Hinblick auf deren endogene und exogene Steuerung und den Ursprung der »inneren Uhren«. Darüber hinaus findet sich eine große Zahl von weiteren biologischen Rhythmen, sodaß sich, geordnet nach ihrer Periodendauer, ein Spektrum ergibt, das von Bruchteilen einer Sekunde bis zur Größenordnung von Jahren reicht. Die im Organismus zu findenden Zeitstrukturen werden in Anlehnung an das Wort Genom als »Chronome« bezeichnet.

Geschichte und Entwicklung der Chronobiologie

Die Blumenuhr

Schon aus dem Altertum sind wissenschaftliche Beschreibungen von tagesrhythmischen Blattstellbewegungen bei Pflanzen überliefert. Berühmt ist die 1745 von Carl v. Linné (212) angegebene »Blumenuhr« (◐ 2 a, b), die am Öffnen und Schließen von Blüten eine Orientierung über die Tageszeit ermöglicht.

Die ersten tagesrhythmischen Untersuchungen am Menschen (Herzfrequenz, Harnausscheidung, Körpertemperatur) wurden in der ersten Hälfte des 19. Jahrhunderts durchgeführt. In den Lehrbüchern der Physiologie des vorigen Jahrhunderts finden sich verschiedene Hinweise auf die Existenz endogener (im Körper erzeugter) rhythmischer Funktionen. 1928 entdeckte Forsgren (66) den Tagesrhythmus der Gallensekretion und der Glykogenspeicherung der Leber. 1936 wurde die endogene Natur der Tagesrhythmik bei Pflanzen unter Ausschluß aller Umwelteinflüsse endgültig gesichert (33, 34). Weitere Marksteine in der Entwicklung der Chronobiologie sind die Entdeckung der Sonnenkompaßorientierung der Bienen und Vögel (68, 70, 195), die Analyse der Koordination rhythmischer Funktionen (167) sowie der Nachweis der endogenen freilaufenden Zirkadianrhythmik des Menschen (11). Durch die bemannte Weltraumforschung mit den besonderen Bedingungen des Wegfalls der irdischen Zeitordnung erhielt die Entwicklung der Chronobiologie weitere wichtige Impulse.

Die »innere Uhr«

Das Hauptinteresse bei der Erforschung der biologischen Rhythmen gilt nach wie vor den tagesrhythmischen, jahresrhythmischen und mondrhythmischen Vorgängen, vor allem im Hinblick auf deren endogene oder exogene Steuerung und den Mechanismus der »inneren Uhren«.

2a: Beispiel einer 1745 von Carl von Linné entworfenen Blumenuhr, die jeweils die Zeiten angibt, zu denen sich die Blüten der verschiedenen Blumenarten öffnen und wieder schließen. Die 12 Stunden der Uhr beginnen um 6 Uhr morgens und enden um 18 Uhr am Abend. Zeichnung von Ursula Schleicher-Benz. (Aus dem Lindauer Bilderbogen Nr. 5, hrsg. von Friedrich Boer, Jan Thorbecke, Sigmaringen)

Äußere Zeitgeber

Der Begriff der Uhr als eines präzisen, von Außenfaktoren unabhängigen Apparates ist nur begrenzt zutreffend, da sowohl Lichtreize als auch nicht-photische Reize wie z. B. Nahrungsaufnahme die innere Uhr verstellen können und so als äußere Zeitgeber wirksam werden. Der zentrale Oszillator der Tag-Nacht-Rhythmik konnte im Tierversuch morphologisch im Nucleus suprachiasmaticus in Zusammenhang mit dem Pinealorgan lokalisiert werden. Das zirkadiane Zeitprogramm erfüllt zwei unterschiedliche Aufgaben: Einerseits sichert seine Autonomie über gewisse Zeiten hinweg Unabhängigkeit gegenüber der Außenwelt, die andere Fähigkeit liegt in einer präzisen Verstellbarkeit des Systems, die dafür sorgt, daß der Zyklus trotz seiner Autonomie nicht desynchron zur Außenwelt läuft. Beide Fähigkeiten lassen sich auch bei einzelligen Organismen zugleich nachweisen (279).

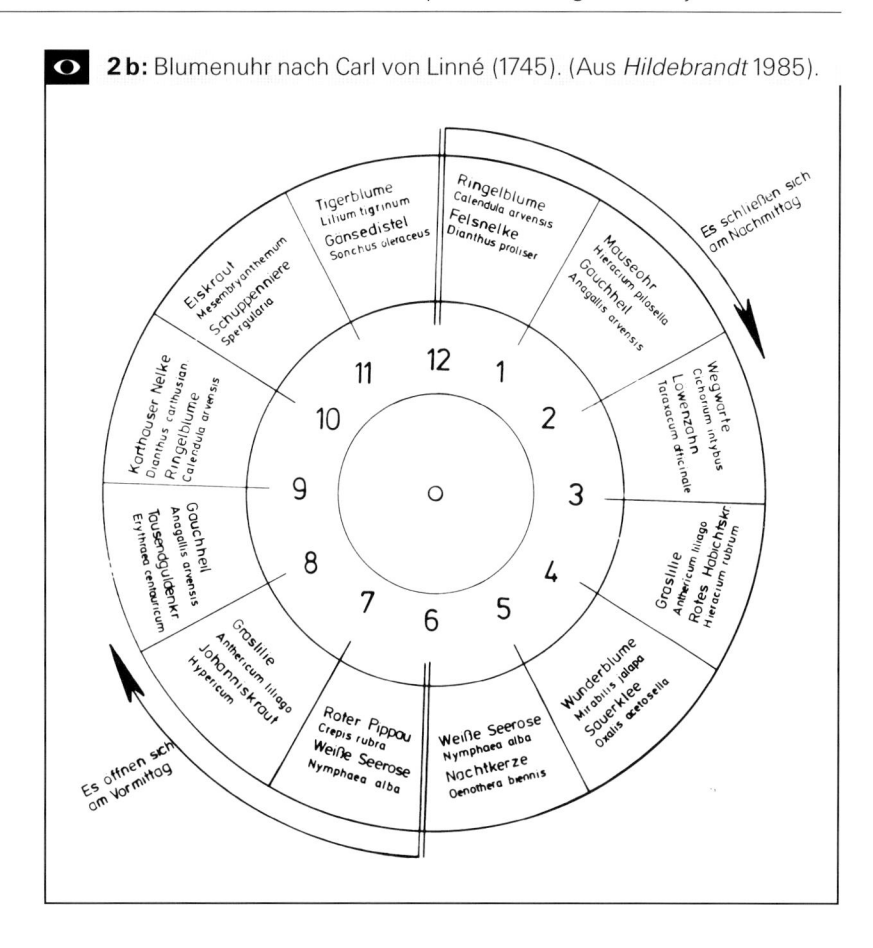

2 b: Blumenuhr nach Carl von Linné (1745). (Aus *Hildebrandt* 1985).

Chronome

Erst in jüngerer Zeit wird stärker berücksichtigt, daß die Organismen über komplizierte Spektren von zahlreichen rhythmischen Vorgängen verfügen, die in einem geordneten Zusammenhang stehen; diese werden als **Zeitstrukturen** bzw. als **rhythmische Funktionsordnungen** bezeichnet. Ihrer teilweise nachgewiesenen genetischen Herkunft wegen werden sie in Anlehnung an das Wort Genom als *Chronome* (98; 99) bezeichnet.

Die praktische Anwendung der inzwischen breiten chronobiologischen Kenntnisse in Biologie und Medizin steht allerdings immer noch in den Anfängen.

Das Spektrum biologischer Rhythmen

Periodendauer der Rhythmen

Ordnet man die große Zahl der bekannten biologischen Rhythmen nach ihrer **Periodendauer**, so ergibt sich ein Spektrum, das von Bruchteilen einer Sekunde bis zur Größenordnung von Jahren reicht (siehe ◉ 1, S. 4, Tab. 1). Dabei nehmen Komplexität und Umfang der rhythmischen Veränderungen mit der Periodendauer zu. Die kurzwelligen Rhythmen betreffen einzelne Zellen (z. B. Nervenaktionsrhythmik) und Gewebe (z. B. Elektroenzephalogramm, Flimmerepithelien). Im mittelwelligen

Tab. 1:
Spektrum der Periodendauer der biologischen Rhythmen und deren funktionelle Bedeutung. (Nach HILDEBRANDT 1981)

Periodendauer: (log)	Bezeichnungen nach der Periodendauer		Funktionelle Bedeutung
	infraannual (mehrjährige Rhythmen)		Evolution Populationsschwankungen Wachstum – Involution Reproduktion (Fruchtbarkeit – Unfruchtbarkeit)
1 Jahr	zirkannual (Jahresrhythmus)		
1 Monat	zirkatrigintan (zirkalunar) (Monatsrhythmus)	Langwellige Rhythmen	
	zirkaseptan (Wochenrhythmus)		Regeneration – Heilung Assimilation – Dissimilation Schlafen – Wachen Speicherung – Ausscheidung Aktivierung – Desaktivierung Tonussteigerung – Tonusabnahme (glatte Muskulatur) Kreislauf, Peristaltik Atmung (Einatmung – Ausatmung) Motorik, Fortbewegung Herzschlag (Systole – Diastole) Gehirntätigkeit (EEG) Flimmerorgane Nervenaktion (Erregung – Erholung) (Depolarisation – Repolarisation der Zellmembran)
1 Tag	zirkadian (Tagesrhythmus)		
	zirkatidal (Gezeitenrhythmus)		
	ultradian (mehrstündige Rhythmen)	Mittelwellige Rhythmen	
1 Stunde	zirkahoran (Stundenrhythmus)		
1 Minute	(Minutenrhythmus) (10-s-Rhythmus)		
1 Sekunde	(Sekundenrhythmus)	Kurzwellige Rhythmen	
0,001 s			

Bereich betreffen sie ganze Organe (z. B. Herz) und größere Systeme (z. B. Kreislauf, glatte Muskulatur) und umfassen schließlich im langwelligen Bereich den Gesamtorganismus (z. B. Schlaf-Wach-Rhythmus). Die noch längerwelligen Rhythmen weisen bereits über den einzelnen Organismus hinaus (z. B. Fruchtbarkeitsrhythmus der Frau) oder stellen Populationsrhythmen dar (z. B. Zug der Lemminge; Revolutionshäufigkeit der Geschichte (59)).

Frequenzkonstanz vs. Frequenzmodulation

Im **lang- und mittelwelligen Bereich** können die Rhythmen nach ihren Periodendauern bezeichnet werden (z. B. Tagesrhythmus, Monatsrhythmus, Jahresrhythmus), weil diese durch synchronisierende Einflüsse konstant gehalten (»getriggert«) werden oder zumindest bestimmte Frequenzbanden bevorzugen.

Im **kürzerwelligen Bereich** zeigen die rhythmischen Funktionen demgegenüber stärkere Frequenzmodulationen, so daß in der Regel die Bezeichnung dieser Rhythmen funktionsspezifisch erfolgt (z. B. Atem- oder Herzrhythmus, Nervenaktionsrhythmik).

Formale Unterschiede der Rhythmen

Pendelschwingung vs. Kippschwingung

Im **langwelligen Bereich** folgen die rhythmischen Vorgänge in ihrem Wechsel zwischen zwei polaren Funktionstendenzen vorzugsweise der Form einer Pendelschwingung, während zum **kurzwelligen Bereich** hin impulshafte Schwingungsformen (Kippschwingung, Relaxationsschwingung) in den Vordergrund treten (◉ 3). Pendelschwingungen zeigen einen kontinuierlichen sinusförmigen Verlauf und enthalten nur eine einzige Frequenz. Kippschwingungen enthalten dagegen hochfrequente Anteile und zeigen abrupte Änderungen des Kurvenverlaufes.

◉ **3:** Charakteristik ultradianer Rhythmen, dargestellt an formalen und Frequenzkriterien:
  – langsame Rhythmen sind vorwiegend im Stoffwechsel zu finden. Sie zeichnen sich durch sinusförmigen Verlauf (Pendelschwingungen) aus und sind unter Belastung frequenzstabil (mit sprungförmigen Frequenzantworten), jedoch amplituden-variabel. Hochmolekulare Stoffe (Eiweiße) sind an den Schwingungszyklen beteiligt.
  – schnelle Rhythmen sind im Nervensystem zu finden, sie stellen Kippschwingungen mit Impulsform dar. Bei Belastung erweisen sie sich als frequenzvariabel (z. B. nach Weber-Fechnerschem Gesetz), zeigen jedoch nach dem ›Alles-oder-Nichts‹-Gesetz Amplitudenstabilität. Niedermolekulare Stoffe und Ionen (Na⁺, K⁺, Cl⁻) sind am Zustandekommen der Kippschwingungen beteiligt.
  – mittlere Rhythmen finden sich in den Verteilungssystemen von Kreislauf und Atmung. Formcharakteristiken und Belastungsantworten liegen zwischen denen der langsamen und schnellen Rhythmen.

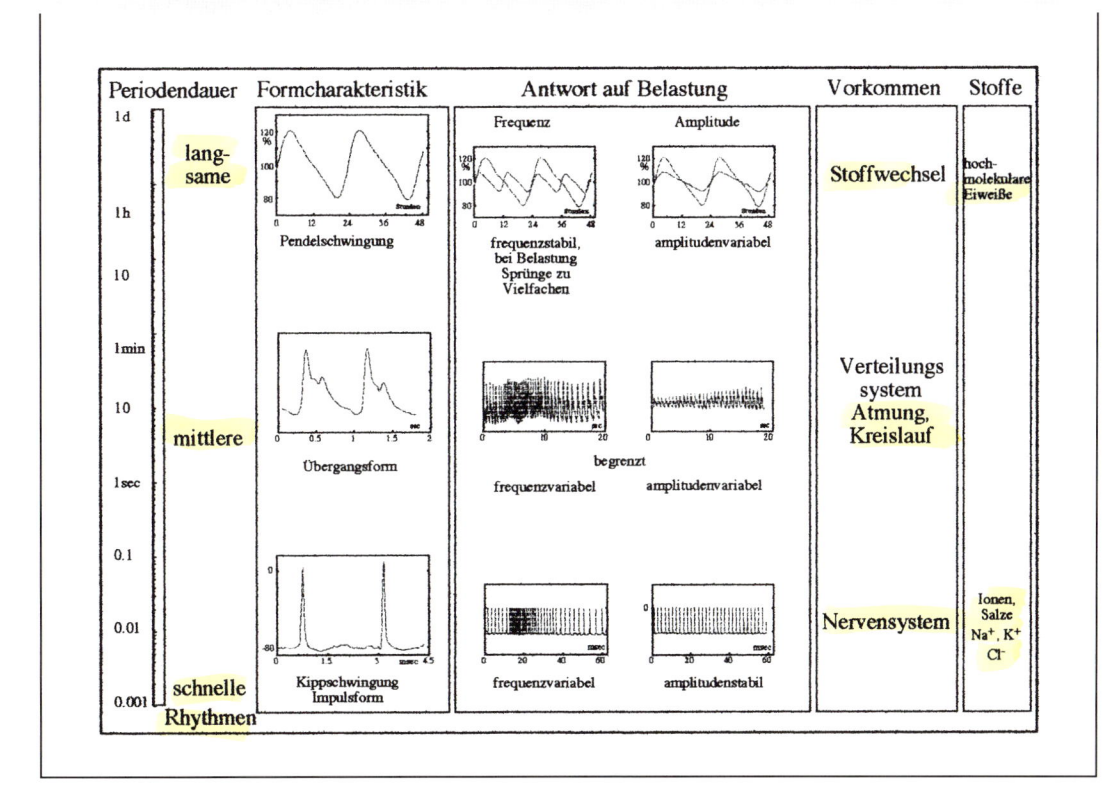

Periodendauer		Formcharakteristik	Antwort auf Belastung		Vorkommen	Stoffe
			Frequenz	Amplitude		
1d – 1h – 10	langsame	Pendelschwingung	frequenzstabil, bei Belastung Sprünge zu Vielfachen	amplitudenvariabel	Stoffwechsel	hochmolekulare Eiweiße
1min – 10 – 1sec	mittlere	Übergangsform	begrenzt frequenzvariabel	amplitudenvariabel	Verteilungssystem Atmung, Kreislauf	
0.1 – 0.01 – 0.001	schnelle Rhythmen	Kippschwingung Impulsform	frequenzvariabel	amplitudenstabil	Nervensystem	Ionen, Salze Na⁺, K⁺ Cl⁻

Umweltbeziehungen biologischer Rhythmen

Zu den vielfältigen rhythmisch-periodischen Vorgängen der geophysikalischen Umwelt stehen die biologischen Rhythmen eines Organismus in sehr unterschiedlichen Beziehungen. Unter diesem Gesichtspunkt lassen sich die Rhythmen wie folgt einteilen (vgl. 228; 229).

Exo-Rhythmen

Abhängigkeit vs. Autonomie des biologischen Systems

Hier handelt es sich um rhythmische Schwankungen biologischer Funktionen infolge passiver Steuerung der Phasen durch geophysikalische Einflüsse, beispielsweise die Veränderung der Belichtungsverhältnisse bei der Erdrotation, und andere Umweltrhythmen (z. B. lunare oder solare Einflüsse). Hier besteht also eine völlige Abhängigkeit des biologischen Systems von äußeren Faktoren. Dieses Fehlen von Autonomie entspricht einer niedrigen Entwicklungsstufe der biologischen Zeitorganisation. Ein Zuwachs an Autonomie bzw. zeitlicher Emanzipation stellt auch unter chronobiologischen Gesichtspunkten stets einen Entwicklungsfortschritt dar.

Exo-Endo-Rhythmen

Zirka-Rhythmen

Diese Rhythmen werden im Organismus selbst erzeugt, sie müssen aber von periodischen Umweltreizen ähnlicher Frequenz synchronisiert und auf bestimmte Phasenbeziehungen eingestellt werden. Man nennt diese regulierenden Umweltreize **Zeitgeber** (12). Entscheidender Beleg für die autonom endogene Komponente ist der Nachweis, daß bei vollständigem Zeitgeberausschluß (z. B. durch experimentelle Isolierung in Höhlen oder Bunkern) der biologische Rhythmus mit meist etwas abweichender Periodendauer weiterbesteht. Die persistierenden Rhythmen sind also »**Zirka-Rhythmen**«. Solche Befunde liegen z. B. für zirkannuale (Jahresrhythmen), zirkalunare (Mondrhythmen), zirkadiane (Tagesrhythmen) und zirkatidale Rhythmen (Rhythmen im Gezeitenwechsel) vor (vgl. **Tab. 1**). Die Entwicklung endogener Rhythmen, welche synchronisiert und dadurch den Umweltrhythmen eingepaßt werden können, besitzt einen hohen Anpassungswert. Der Organismus kann sich rechtzeitig auf die zu erwartenden Umweltveränderungen einstellen (adaptive Rhythmen) und gewinnt dadurch an Autonomie.

Endo-Rhythmen

Unabhängige Spontanrhythmen

Unter Endo-Rhythmen versteht man rein endogene Spontanrhythmen, die unabhängig von äußeren Zeitgebern sind, dafür aber innerhalb des Organismus mit anderen Spontanrhythmen koordiniert werden und dabei bestimmte Frequenz- und Phasenbeziehungen zueinander einstellen können.

Im mittelwelligen Bereich des Spektrums lassen sich vielfach Frequenznormen abgrenzen, die zueinander bevorzugt in einfachen ganzzahligen Beziehungen stehen.

Im kurzwelligen Bereich werden solche Beziehungen zwischen den Rhythmen schwächer, da ihre Frequenz durch innere und äußere Funktionsbeanspruchung stärker modulierbar wird, bis im Extrem keine Vorzugsfrequenzen mehr bestehen und die verschiedenen endogenen Rhythmen weitgehend unabhängig voneinander werden. Allgemein werden unter Ruhebedingungen die mittel- und kurzwelligen Rhythmen straffer koordiniert, bei Leistungsbeanspruchung dagegen stärker frequenzmoduliert. Untersuchungen dieses Bereichs eignen sich daher im besonderen Maße zur Zustandsbestimmung der autonomen Zeitordnung und zur funktionellen Diagnostik (vgl. 5, S. 109ff.).

Phylogenetische Ordnung der Rhythmen

Pflanze, Tier und Mensch zeigen bezüglich ihrer rhythmischen Organisation mehr oder weniger breite Spektren von rhythmischen Funktionen. Sie unterscheiden sich dabei aber in der Ausprägung der verschiedenen Spektralbereiche (s. **Tab. 1**, S. 10) und damit im Vorherrschen bestimmter Formen der Umweltbeziehung und Umweltabhängigkeit.

Bei **Pflanzen** kann man typischerweise eine Dominanz der langwelligen Rhythmen bei schwächerer Ausprägung von kürzerwelligen Endo-Rhythmen und entsprechend geringer Entwicklung autonomer Eigenschaften finden.

Bei den **Tieren** wird mit höherer Entwicklung das ganze Spektrum der Rhythmen mit entsprechend gesteigerter Autonomie ausgebildet.

Zeitliche Emanzipation

Den **Menschen** kennzeichnet, seiner fortschreitenden Herauslösung aus den rhythmischen Umweltordnungen (zeitliche Emanzipation) entsprechend, neben einer besonderen Ausprägung der rein endogenen Rhythmen auch eine fortschreitende Abschwächung der Zeitgeberwirkungen im langwelligen Bereich des Spektrums.

Auch im Hinblick auf die biologische Zeitstruktur kann demnach die phylogenetische und evolutive Entwicklung als ein Prozeß zunehmender Autonomie der Organismen betrachtet werden (88; 101; 178).

Entstehung biologischer Rhythmen

Rückkopplungsvorgänge und Selbstorganisation

Bildung und Aufrechterhaltung endogener Rhythmen sind noch nicht endgültig geklärt. Die Bedingungen dafür sind in den verschiedenen Frequenzbereichen sicher sehr unterschiedlich. Es ist bekannt, daß zirkadiane Rhythmen genetisch repräsentiert sind und der Vererbung unterliegen. Alle Modellvorstellungen beziehen sich auf schwingungsfähige Kreisprozesse und Rückkoppelungsvorgänge. Es wird vermutet, daß der »inneren Uhr« in erster Linie zyklische chemische Vorgänge und Zellzyklen zugrunde liegen (270; 277; 279). Neuere Modelle der Chronobiologie verwenden Konzepte der Selbstorganisation und Synergie zum Verständnis biologischer Rhythmen (86; 343).

Langwellige Rhythmen werden hauptsächlich durch hormonale Faktoren von längerer Wirkungslatenz und -dauer gesteuert, während kürzerwellige Vorgänge eher nerval gesteuert werden. Letztere können teilweise auf rhythmische Membranprozesse zurückgeführt werden. Eine wichtige Eigenschaft der endogenen Rhythmen mit Umwelteinpassung ist die weitgehende Temperaturunabhängigkeit der Periodendauer. Eine solche Temperaturkompensation ist z. B. auch für die rein endogene Minutenrhythmik glatter Muskelzellen nachgewiesen (76).

Rhythmische Reaktionen (Reaktive Perioden)

Reaktion auf Reizbelastung

Neben den ständig ablaufenden endogenen Spontanrhythmen kommen auch periodische Vorgänge im Organismus vor, die als Reaktion auf Reizbelastung nur vorübergehend hervortreten. Diese können in allen Frequenzbereichen des Spektrums auftreten. Da sie zum Zeitpunkt der Reizsetzung ausgelöst werden, ist ihre Phasenlage vom Reizzeitpunkt bestimmt.

Die Periodendauer der rhythmischen Reaktionen ist auffallenderweise nicht mit der der Spontanrhythmen identisch. Vielmehr liegt diese in den Bereichen zwischen den normalen Spontanrhythmen, steht aber vornehmlich in einfachen ganzzahligen Beziehungen zu ihnen (vgl. ◉ 92, S. 114). Solche **reaktiven Perioden** klingen in der Regel gedämpft aus.

Reaktionen des Organismus verlaufen grundsätzlich periodisch gegliedert. Umfang und funktionelle Bedeutung der periodischen Reaktionen nehmen – wie bei den Spontanrhythmen – mit steigender Periodendauer zu. Während bei ungewohnten Belastungen ruhende Funktionskreise zur kompensatorischen Ausregelung aktiviert werden, deren periodische Funktion abklingt, sobald ein neuer Gleichgewichtszustand erreicht ist, stellen die Spontanrhythmen die für die Einpassung des Organismus in seine zeitliche Umweltordnung günstigste Auswahl aus dem breiten Spektrum potentieller Zeitstrukturen dar (138).

Chronobiologische Befunde

Exogene Steuerung von Lebensvorgängen (Exo-Rhythmen)

Rhythmische Lebensvorgänge, die allein durch Schwankungen geophysikalischer Faktoren hervorgerufen werden, spielen sich – wie oben erwähnt – vorwiegend im Bereich der langwelligen Rhythmen ab.

Populationsrhythmen

Als eindrucksvolle Beispiele können die Kompaßpflanzen, die ihre Blätter nach dem Sonnenstand stellen, wie auch die Sonnenblume, die ihre Blütenstände stets der Sonne zuwendet, genannt werden. Der Beginn und das Ende des täglichen Vogelgesangs sind durch Überschreiten einer für jede Art unterschiedlichen kritischen Helligkeitsgrenze gesteuert (◉ 4). Weiterhin zählen dazu die Populationsrhythmen (229) im Zusammenhang mit den Sonneneruptionen und die durchschnittlich $11^{1}/_{8}$ jährigen Rhythmen der Sonnenfleckenaktivität bei Pflanze, Tier und Mensch.

● **4:** Schema einer Vogeluhr (nach BODENSEN 1965 aus H. G. MLETZKO u. I. MLETZKO 1985)

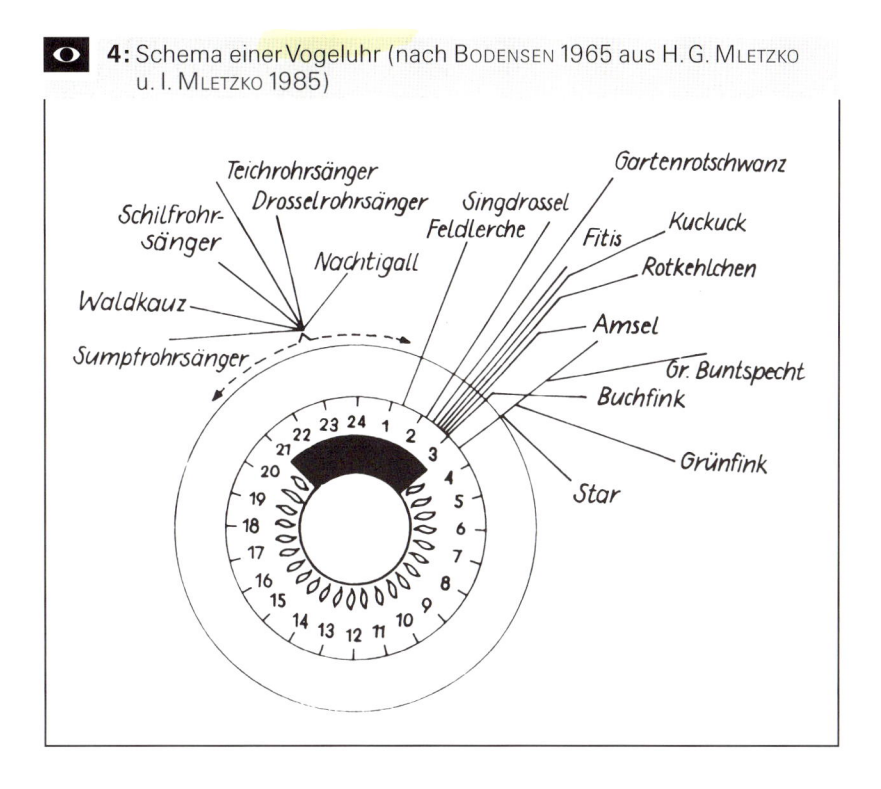

Photoperiodik

Besonders bedeutungsvoll ist die exogene Steuerung biologischer Vorgänge durch die im Jahresrhythmus schwankende tägliche Belichtungsdauer und -intensität (Photoperiodik). Beispielsweise sind Blütenbildung und Wachstumsgeschwindigkeit bei den Lang- und Kurztagspflanzen vom Über- oder Unterschreiten einer bestimmten täglichen Belichtungs- bzw. Dunkeldauer abhängig. Ebenso können Schwankungen der Reproduktionsaktivität bei Tieren direkt vom Belichtungsregime gesteuert werden. Zikaden konnten z. B. im Experiment durch ein entsprechendes Beleuchtungsmuster dazu veranlaßt werden, das ganze Jahr über reife Eier zu produzieren. Die für solche Steuerungen notwendige Zeitmessung erfolgt bei Pflanzen und Tieren auf der Grundlage der endogenen Tagesrhythmik.

In Trockengebieten stellen die seltenen Regenperioden Zeitgeber für das Pflanzenwachstum dar. Auch direkte exogene Steuerungen von Lebensvorgängen durch äußere Temperaturzyklen lassen sich, vor allem bei poikilothermen Lebewesen, nachweisen.

Durch Umweltzeitgeber synchronisierte Rhythmen (Exo-Endo-Rhythmen)

Schwankungen der geophysikalischen Bedingungen, die mit dem Wechsel von Tag und Nacht, mit den Jahreszeiten und – bei manchen Organismen – auch mit dem Mondumlauf verbunden sind, stellen wesentliche Faktoren der zeitlichen Organisation von Lebensprozessen dar. Für diese ist daher eine beständige phasengerechte Einpassung durch Synchronisation mit den periodisch einwirkenden Umweltfaktoren (Zeitgebern) von wesentlichem Vorteil. Da es sich bei den langwelligen Rhythmen um komplexe Vorgänge handelt, die zahlreiche Einzelfunktionen zu zeitlich geordnetem Zusammenwirken zusammenfassen, sichert die Zeitgebereinwirkung auch die innere Synchronisation der verschiedenen Funktionen. Langwellige synchronisierte Rhythmen lassen sich bei Pflanze, Tier und Mensch in großer Vielfalt nachweisen.

Jahresrhythmus (Zirkannualer Rhythmus)

Der sich verändernde Sonnenstand verursacht breitengradabhängige, jahreszeitliche Veränderungen geophysikalischer Größen: Hauptsächlich werden Licht- und Ultraviolettstrahlung sowie Temperaturverhältnisse beeinflußt. Entsprechende biologische Jahresrhythmen sind teilweise durch die äußeren Schwankungen hervorgerufen (Exo-Rhythmen). Zweifelsohne besteht aber bei Organismen auch die Fähigkeit, eine endogene Jahres-Rhythmik zu erzeugen und zu unterhalten.

Vegetations-periodik

Von dominierendem Einfluß ist der biologische Jahresrhythmus für die Pflanzenwelt. Dies gilt vor allem für die Vegetationsperiodik in den gemäßigten und polaren Zonen. Die Pflanze und sogar einzelne Pflanzenteile unterhalten bei konstanten Umweltbedingungen und nach Wechsel der Erdhemisphäre eine Jahres-Rhythmik von allerdings sehr unterschiedlicher Präzision. Versuche an Samen mit Temperaturänderung, Wasserentzug u. a. ergaben, daß der Jahresrhythmus von Keimfähigkeit, Quellbarkeit und Enzymaktivität recht präzise und stabil ist. Die zirkannuale Rhythmik steuert die photoperiodische Reaktionsweise der Pflanzen, sie wird aber auch selbst von der Photoperiodik des Tages kontrolliert.

Lichtwechsel-periodik

Bei Tieren sind Winterschlaf, Vogelzug, Brunst sowie Diapause (Puppenstadium) und Generationswechsel der Insekten geläufige jahresrhythmische Phänomene. Diese verlaufen in der nördlichen und südlichen Erdhemisphäre jeweils umgekehrt (◐5) und verschwinden im Äquatorialbereich. Durch Tierversuche mit mehrjähriger Umweltisolierung und Wechsel der Erdhemisphäre konnte nachgewiesen werden, daß tierische Organismen über eine endogene Jahresrhythmik verfügen, die unter konstanten Umweltbedingungen eine individuell unterschiedliche Periodendauer annimmt und normalerweise durch jahreszeitlich bestimmte Umweltzeitgeber synchronisiert wird (85; 250). Als Zeitgeber spielt im Tierreich die Lichtwechselperiodik eine dominierende Rolle. Das Licht wirkt dabei nicht allein über die Netzhautbelichtung, sondern kann auch über den Lichteinfall durch den Schädel auf das Pinealorgan wirken, v. a. bei Lurchen und Reptilien. Es werden dabei vorwiegend hormonale (z. B. Melatoninfreisetzung) Umstellungen ausgelöst. Vogelzugrhythmus, Wachstum der Geschlechtsdrüsen und Brunstzyklen sowie Fellwachstum und Winterschlaf werden zugleich vom endogenen zirkannualen Rhythmus und von der Taglänge oder den Temperaturverhältnissen gesteuert. Die Umstellungen im Jahresrhythmus sind aber nicht nur auf bestimmte Funktionen beschränkt, sondern lassen sich im gesamten Organismus nachweisen.

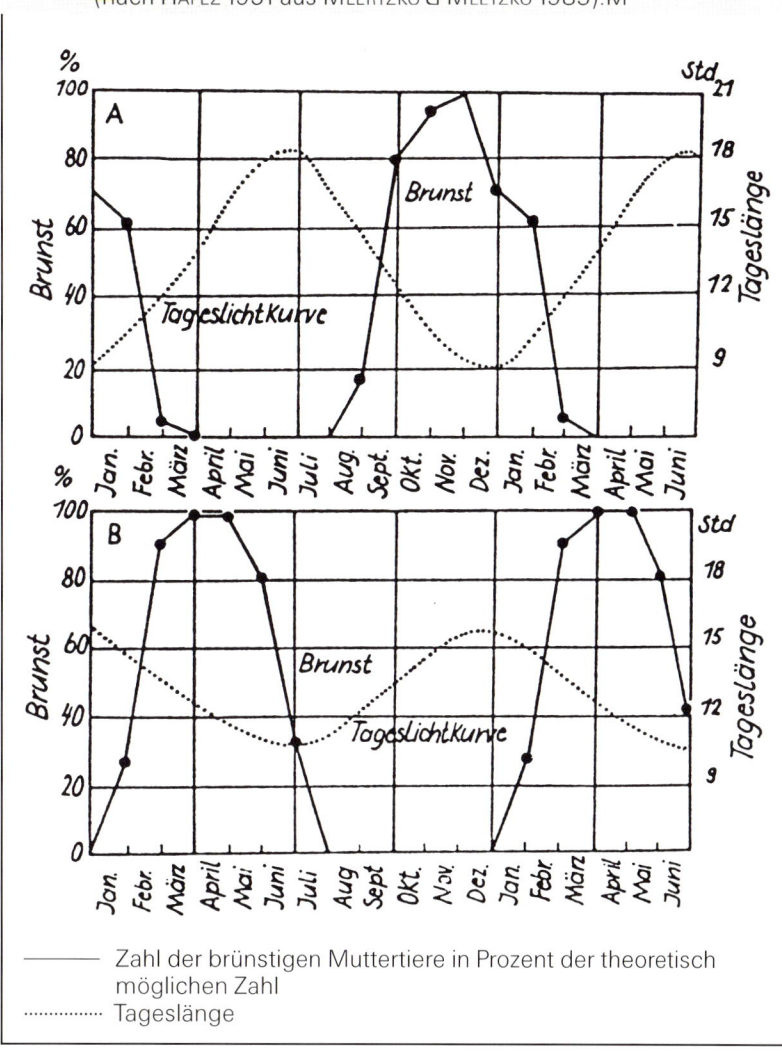

5: Die Geschlechtstätigkeit bei Schafen in Abhängigkeit von der Tageslänge, A in 52° nördlicher Breite, B in 33° südlicher Breite (nach HAFEZ 1951 aus MLERTZKO & MLETZKO 1985).M

―― Zahl der brünstigen Muttertiere in Prozent der theoretisch möglichen Zahl
······· Tageslänge

Dies haben insbesondere auch zahlreiche Untersuchungen am **Menschen** ergeben. Dabei wurden außer Veränderungen im Hormonhaushalt auch solche von Stoffwechsel, Temperaturregulation, Kreislauf, Blutbildung, Sensomotorik u. a. nachgewiesen. In Analogie zum Winterschlafverhalten entsprechen die jahresrhythmischen Umstellungen einem Wechsel zwischen einer ergotropen Einstellung der vegetativen Funktionen in der aufsteigenden Jahreshälfte und einer zunehmend trophotropen Einstellung in der absteigenden Jahreshälfte. Die Extremphasen werden in der Regel im Februar und im August durchlaufen. Das »biologische Jahr« ist also in seiner Phasenlage weder identisch mit dem kalendarischen Jahr noch mit dem Sonnenjahr, sondern phasenverschoben.

Das »biologische Jahr«

Die komplexen Umstellungen des Organismus im Jahresrhythmus gehen auch mit Veränderungen von Leistungsfähigkeit, Reaktionsbereitschaft, Anpassungsfähigkeit, Anfälligkeit und Abwehrlage einher, was für die Chronomedizin (vgl. Kap. 3, S. 30) von praktischer Bedeutung ist.

Bekannt ist z. B. das Phänomen der Frühjahrsmüdigkeit. Auch der Menstruationsrhythmus (speziell die Menarche, 247) und die Phasenlage des Tagesrhythmus werden jahresrhythmisch modifiziert (188).

Winter-Frühjahrrelation

Als Zeitgeber der wahrscheinlich auch beim Menschen endogenen zirkannualen Rhythmik werden außer Belichtungsdauer und -intensität auch die photochemischen Reize der im Frühjahr stark zunehmenden Ultraviolettstrahlung in Betracht gezogen (sog. Winter-Frühjahrsrelation, 284).

Mond- und Gezeitenrhythmen (Zirkalunar- und Zirkatidalrhythmen)

Mit einer mittleren Periodendauer von 29,53 Tagen geht der Rhythmus des synodischen Mondumlaufs mit zahlreichen geophysikalischen Veränderungen einher. Vor allem Änderungen von Nachthelligkeit, Luftdruck, Temperatur, Windverhältnissen sowie des erdmagnetischen Feldes kommen als Zeitgeber einer zirkalunaren Rhythmik in Betracht. Insbesondere bei marinen Organismen finden sich eindrucksvolle Beispiele für lunarrhythmisch angepaßte Lebensvorgänge. So stößt der in Korallenriffen lebende **Südsee-Palolowurm** zu einer bestimmten Tageszeit während des letzten Mondviertels im Oktober und November sein mit Geschlechtsprodukten angefülltes bewegliches Hinterende zur Einleitung der Fortpflanzung ins freie Wasser ab. Die große Präzision der externen lunarperiodischen Synchronisation von Entwicklungszyklen wird besonders bei *Clunio* (einer Mückenart) deutlich, bei der die an der Meeresküste für Begattung und Eiablage zur Verfügung stehende Lebenszeit des Weibchens nur 20 Minuten beträgt.

Synodisch- bzw. syzygisch-lunare Rhythmen

Lunare Fortpflanzungsrhythmen finden sich nicht nur im synodisch-lunaren, sondern auch im syzygisch-lunaren Rhythmus mit 14,7 Tagen Periodendauer. Der **Grunionfisch** an der kalifornischen Küste legt während der Neumond- oder Vollmond-Springtiden seine Eier am Strand ab, die sich dort innerhalb von 14 Tagen bis zur nächsten Springtide entwickeln und so ins Wasser zurückgelangen. Für einige endogene zirkalunare Rhythmen ist eine Synchronisation durch das Mondlicht in Laborversuchen mit künstlichem Mondlicht sichergestellt (54; 103; 229).

Durch das Mondlicht bedingte Unterschiede der Nachthelligkeit führen zu einem geänderten Aktivitätsverhalten von Dämmerungs- und dunkelaktiven Landtieren. Verschiedene lunarperiodische Vorgänge behalten im Laborversuch mit Ausschaltung des Mondlichts ihre Periodendauer streng bei. Dies könnte durch eine Steuerung oder Synchronisation durch andere mondabhängige Faktoren, wie z. B. Schwankungen des Erdmagnetfeldes, bedingt sein. Dazu zählt auch die Schwankung der spektralen Helligkeitsempfindlichkeit des Auges. Beim Guppy, einer Fischart, wird deren Maximum während der Vollmondphase ins Violett und während der Neumondphase ins Gelb verschoben (200). Auch beim Menschen sind solche lunarrhythmischen Verschiebungen des Farbempfindlichkeitsmaximums in gleicher Richtung festzustellen (51; 193). Wiederholt konnte auch eine lunarrhythmische Schwankung der Harnsäureausscheidung beim Menschen bestätigt werden (229). Neuerdings wurden auch Schwankungen der Infektionsanfälligkeit gefunden (220).

Während für die genannten Phänomene der Zusammenhang mit der Umwelt noch nicht hinreichend geklärt ist, kann es für den Menstruationsrhythmus der zivilisierten Frau als gesichert gelten, daß er endogen ist und trotz der im Durchschnitt ähnlichen Periodendauer nicht (mehr) von der Lunarperiodik synchronisiert wird. Bei Affen können in äquatornahen Regionen die Ovulationszyklen mit dem Mondphasenzyklus synchronisiert sein. Neuere Versuche zur Triggerung des Ovulationstermines der Frau durch nächtliche Belichtung erlauben noch keine endgültigen Schlüsse (199). Zur Berücksichtigung des Zyklus in der Therapie s. Kap. 3.2, S. 37.

Das Pflanzenwachstum wird nach neueren Untersuchungen am stärksten vom siderischen Mondrhythmus (Periodendauer 27,3 Tage) beeinflußt, was insbesondere an Ernteertragsschwankungen von Bohnen, Kartoffeln und Radieschen nachgewiesen werden konnte (306).

Gezeitenrhythmus des Meeres

Die durch die Erdrotation und die Gravitation des Mondes (Gezeiten) hervorgerufenen periodischen Veränderungen der Atmosphäre und des Meeresspiegels haben eine Periodendauer von 24,8 Stunden (lundiane Rhythmik) bzw. 12,4 Stunden (tidale Rhythmik). Besonders bei Meeresküstenorganismen, aber auch bei manchen Landtieren, sind endogene Zirka-Rhythmen nachgewiesen worden, die bei Zeitgeberausschluß im Labor fortbestehen und normalerweise von den Gezeiten oder vom Mondlicht synchronisiert werden. Daneben verfügen solche Organismen auch über eine zirkadiane Rhythmik, welche z. B. bei Krabben während geringer Tidenamplituden dominant werden kann. Auch Überlagerungen zwischen zirkatidalen und zirkadianen Rhythmen können vorkommen. Bemerkenswert ist, daß marine Organismen mit freilaufender zirkatidaler Aktivitätsrhythmik unter Laborbedingungen zugleich die lunar-rhythmischen Amplitudenmodulationen der Gezeitenrhythmik

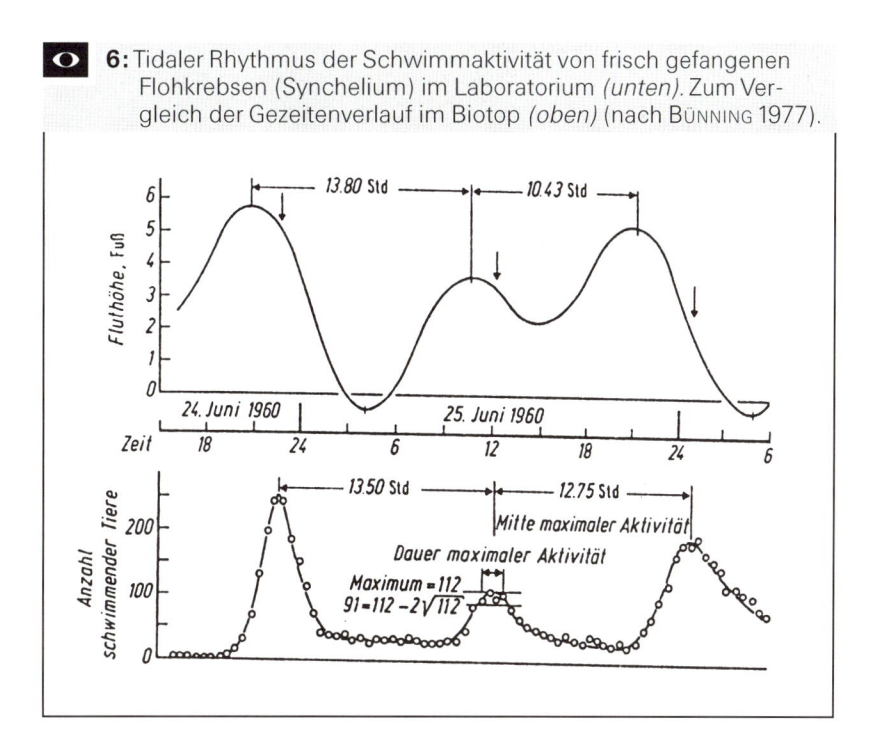

6: Tidaler Rhythmus der Schwimmaktivität von frisch gefangenen Flohkrebsen (Synchelium) im Laboratorium *(unten)*. Zum Vergleich der Gezeitenverlauf im Biotop *(oben)* (nach BÜNNING 1977).

berücksichtigen (◯ 6). Als Zeitgeber der zirkatidalen Rhythmik kommen Wasserstand, Wasserdruck, Beleuchtung und Erschütterung durch die Wasserbewegung in Frage.

Tagesrhythmus (Zirkadianrhythmus)

Dem Wechsel von Tag und Nacht haben sich alle Organismen durch Ausbildung einer endogenen zirkadianen Rhythmik angepasst, an der praktisch alle Funktionen beteiligt sind. Tagesrhythmische Schwankungen ihrer biochemischen Leistungen betreffen jede einzelne Zelle des Organismus sowie damit verbundene strukturelle Änderungen z. B. der Mitochondrienstruktur, der Energiespeicher oder der Sekretproduktion. Bei der Pflanze stehen beispielsweise der Wechsel von Assimilation und Dissimilation, die Stellung der Blätter, das Blühen und die Bestäubung der Blüten im Vordergrund der zirkadianen Organisation (◯ 7). Bei Tieren sind Aktivität und Ruhe, Nahrungsaufnahme, Fortpflanzung und soziales Verhalten eng mit dem Tageslauf verknüpft. Entsprechend unterliegen Funktionen des Stoffwechsels, der Energiebereitstellung, von Atmung und Kreislauf sowie der nervalen und hormonalen Steuerungen tagesrhythmischen Umstellungen. Dies gilt auch für den Menschen, wenn auch sein Verhalten nicht zwingend an die Phasen dieser tagesrhythmischen Umstellungen gebunden ist (»Die Sterne zwingen nicht, aber sie machen geneigt«).

Zeitgeber Belichtung

Der Belichtungszyklus ist dominierender Zeitgeber bei Pflanze und Tier, aber auch Temperaturzyklen, Feuchtigkeit, Futterangebot, Geräusche und Schwankungen des erdmagnetischen Feldes sowie elektromagnetische Schwingungen können als Zeitgeber wirksam werden. Auch für den Menschen ist der Belichtungszyklus (bzw. das Licht) ein dominierender Zeitgeber. Lichteinfall auf die Netzhaut führt durch Vermittlung eines umschriebenen neurosekretorischen Zentrums (Nucleus suprachiasmaticus im Zwischenhirn) zu umfassenden humoralen Reaktionen mit einer Unterdrückung der Melatoninproduktion der Epiphyse (269) (vgl. S. 42). Aber auch andere Reizqualitäten vermögen das zirkadiane System

Soziale Zeitgeber

zu synchronisieren, vor allem auch soziale Zeitgeber.

Bei Zeitgeberausschluß im Isolationsexperiment läuft die Tagesrhythmik mit einer von 24 Stunden abweichenden (zirka-dianen) Periodendauer weiter (◯ 8; vgl. auch ◯ 7). Die Abweichungen sind bei Pflanzen in der Regel größer als bei Tieren und beim Menschen. Die Eigenfrequenz des unter konstanten Bedingungen frei laufenden Systems wird vom Umweltreizpegel systematisch beeinflußt. Sie erhöht sich z. B. bei lichtaktiven Tieren mit zunehmender Intensität der Dauerbelichtung, bei dunkelaktiven Tieren mit abnehmender Lichtintensität, wobei sich zugleich das Verhältnis von Aktivitätszeit zu Ruhezeit verschiebt (Aschoff'sche Regel; 12).

Bei einem mittels experimenteller Belichtungsrhythmen zeitlich veränderten Kunsttag folgt die endogene Rhythmik diesem innerhalb eines bestimmten Mitnahmebereichs (Ziehbereich), der wiederum bei Pflanzen größer ist als bei Tieren und Menschen. Einem Phasensprung des Zeitgeberrhythmus folgt die endogene Rhythmik infolge ihres Beharrungsvermögens erst im Laufe von Tagen und Wochen (◉ 9), und zwar bei Pflanzen schneller als bei Tieren und beim Menschen, wo die Umsynchronisation, z. B. nach Flugreisen mit Zeitzonensprüngen, 1–3 Wochen in Anspruch nehmen kann (78). Individuell unterschiedliche Phasenbeziehungen zwischen Zeitgeberperiode und endogener Rhythmik resultieren aus dem Frequenzunterschied, der Stärke des Zeitgebers und der Amplitude der endogenen Oszillation sowie aus der Empfindlichkeit des Organismus gegenüber dem Zeitgeberreiz, die auch qualitativ von der zirkadianen Phase des Reizeinfalls abhängig ist (123). Daraus ergibt sich für den Menschen eine Differenzierung in Morgen- und Abendtypen (◉ 10) (237).

Morgen- und Abendtypen

Auch bei niederen Organismen lassen sich die endogenen zirkadianen Vorgänge nicht auf eine einzige »innere Uhr« zurückführen. Hinweise sind das Fortbestehen tagesrhythmischer Erscheinungen an abgetrennten Pflanzenteilen bzw. schon an Zellteilen (278; 279; 293; 294). Bei Tieren und beim Menschen lassen sich bei Störungen der Zeitgeberperiodik und bei Zeitgeberausschluß interne Desynchronisationen verschiedener Teilfunktionen beobachten, die mit dem Alter und beim Menschen auch mit dem Grad von Neurotizismus an Häufigkeit zunehmen (342).

Interne Desynchronisation

Kreuzungsversuche bei Pflanzen und Tieren mit unterschiedlicher zirkadianer Periodendauer ergaben Belege für eine genetische Fixierung und Vererbung der zirkadianen Periodendauer. Beim Vogelembryo ist schon in sehr frühen Stadien eine zirkadiane Stoffwechselrhythmik ausgebildet. Auch beim neugeborenen Menschen ist bereits eine Zirkadianrhythmik nachweisbar, es dominieren während der ersten Lebenswochen aber meist endogene ultradiane und infradiane (speziell zirkaseptane) Perioden (61; 87; 94; 96; 295).

Die den ganzen Organismus umfassenden zirkadianen Umstellungen gehen mit Veränderungen seiner körperlichen und psychischen Leistungseigenschaften, Resistenz, Reizempfindlichkeit und Reaktionbereitschaft einher. Dies gilt auch für die Empfindlichkeit gegenüber dem Zeitgeber, dessen Einwirkungszeit unter natürlichen Bedingungen mit dem Empfindlichkeitsmaximum zusammenfällt. Die zirkadianen Schwankungen können insofern praktisch genutzt werden, als bestimmte Wirkungen auf den Organismus durch geeignete Zeitwahl der auslösenden Maßnahmen gesteigert oder vermindert werden (89). Dies kommt vor allem bei der Krankenbehandlung (▷ Chronotherapie, S. 35), aber beispielsweise auch bei der Schädlingsbekämpfung zum Tragen.

Biochronometrie

Die zirkadiane Rhythmik kann als Basis für biologische Zeitmessungen (Biochronometrie) dienen, speziell zur Messung der Tageslänge. Bei vielen Pflanzen sind Samenkeimung, vegetative Entwicklung, Blütenbildung und somit auch ihre geographische Verbreitung von der Tageslänge mitbestimmt. Bei den Tieren betrifft dies die jahreszeitlich gebundenen Phänomene der Keimdrüsenentwicklung und Fortpflanzung, das Zugverhalten der Vögel, den Haarkleidwechsel u.a.m. Pflanzen und Tiere können dabei auf Taglängenunterschiede von wenigen Minuten reagieren. Dies ist möglich, weil nicht die wetterabhängige Lichtintensität, sondern die Intensitätsänderungen der Dämmerungsphasen im Bereich

7: *Oben:* Bohne (Phaseolus coccineus) in Nacht- *(links)* und in Tagesstellung *(rechts).*
Unten: Typischer Verlauf der tagesrhythmischen Blattbewegung von Phaseolus coccineus im schwachen Dauerlicht. Innerhalb von 6 Tagen tritt eine Phasenverschiebung um etwa 17 Stunden ein. Die Periodendauer beträgt also etwa 27 Stunden. Kreisbögen in 24 Stunden Abstand (nach BÜNNING 1977).

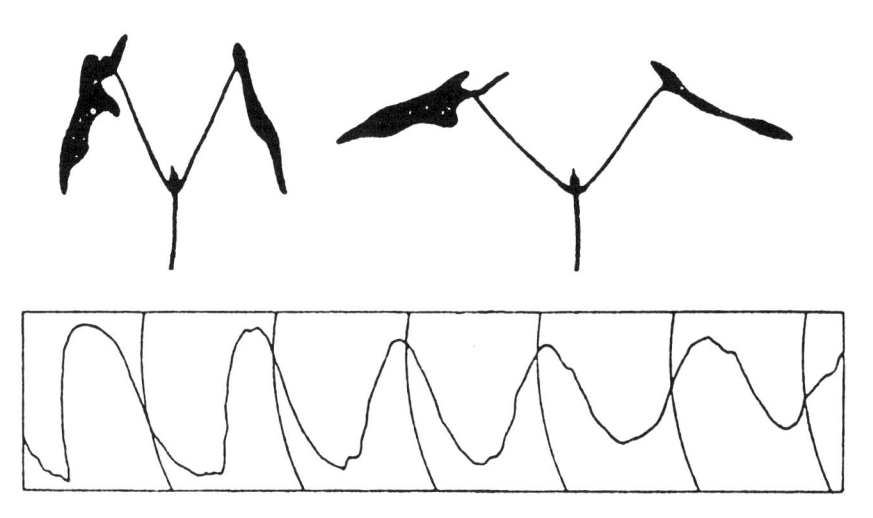

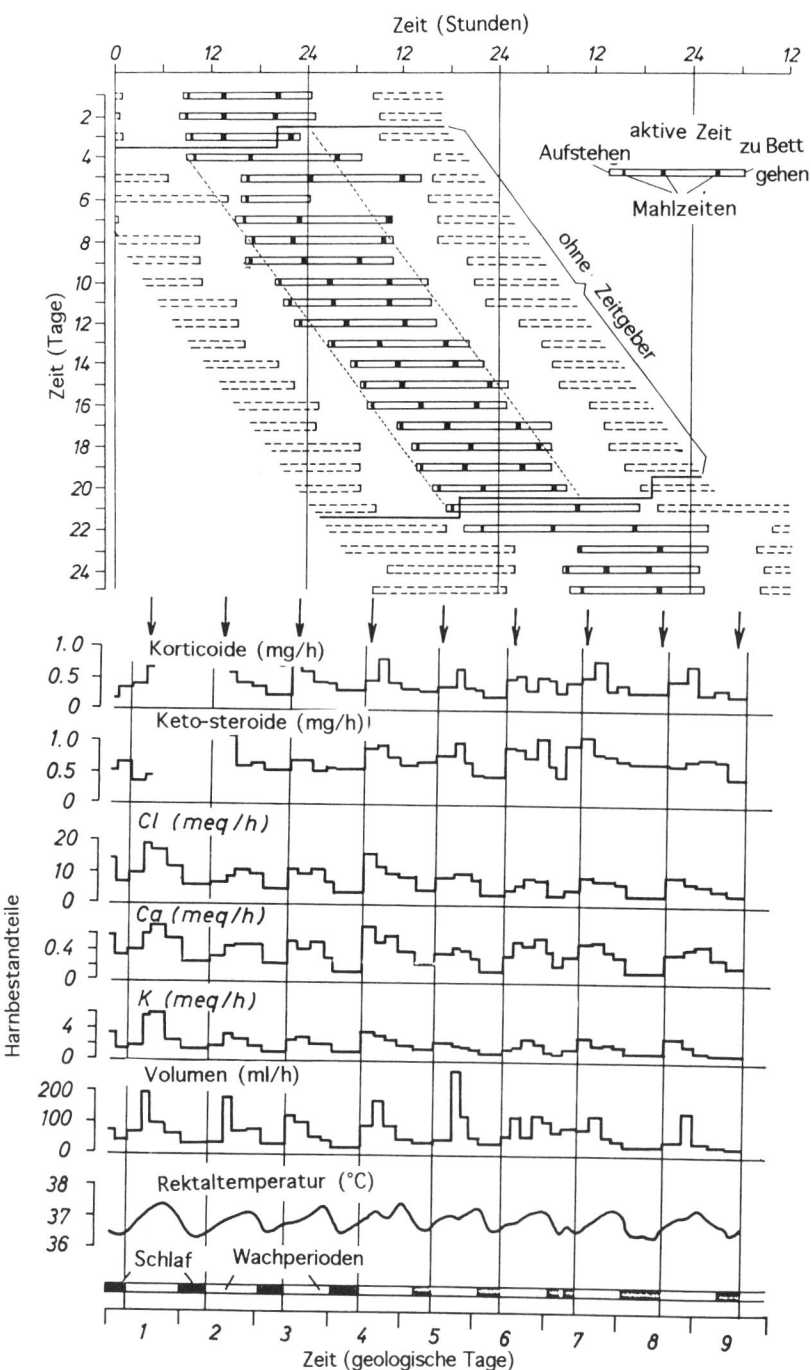

8: *Oben:* Zirkadian frei laufender Aktivitätsrhythmus einer Versuchsperson unter Zeitgeberausschluß in einem Bunker. Abnahme der Uhr am Abend des 7. August.
Unten: Zirkadian frei laufende Rhythmik verschiedener Körperfunktionen unter Zeitgeberausschluß. Die Pfeile am oberen Rand bezeichnen 12 Uhr MEZ, die vertikalen Linien die Grenzen zwischen den subjektiven Tagen (nach ASCHOFF & WEVER 1962).

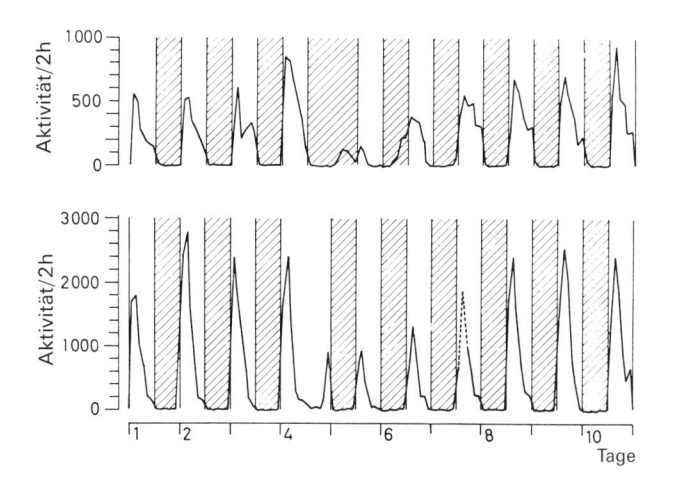

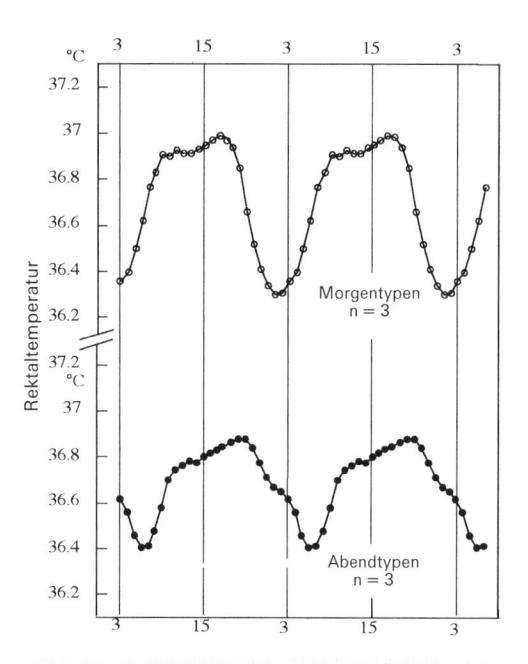

9: Aktivitätsperiodik von Buchfinken im künstlichen Belichtungswechsel vor und nach Phasensprung des Zeitgebers um 12 Stunden durch Verdoppelung der Dunkelzeit *(oben)* und der Lichtzeit *(unten)* (nach Aschoff 1965).

10: Mittlerer Tagesgang der Körpertemperatur von je drei gesunden Versuchspersonen mit morgentypischer und abendtypischer Phasenlage des Tagesrhythmus unter gleichmäßigen Ruhebedingungen in der Klimakammer mit gleichmäßig verteilter Kost (nach Daten von Hildebrandt & Mitarb. 1977).

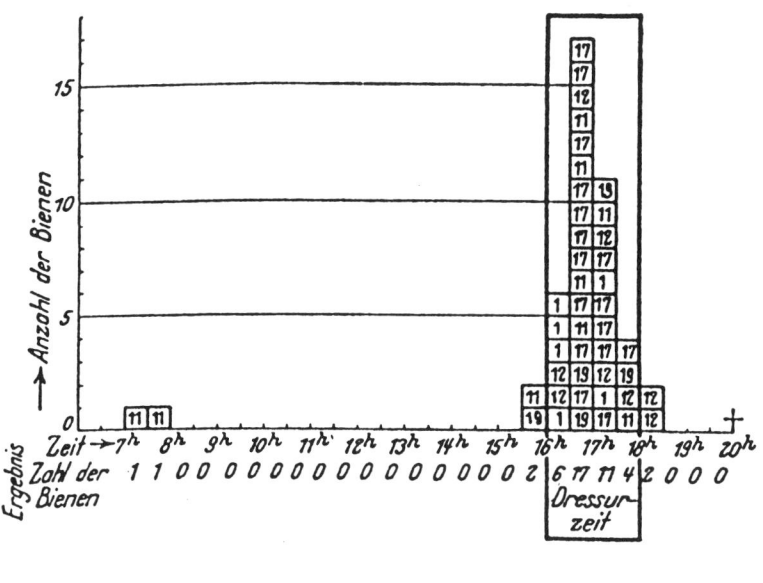

11: Ergebnis einer Zeitdressur bei Bienen. Nach vorangegangener regelmäßiger Fütterung einer numerierten Bienenschar täglich von 16–18 Uhr kamen am Beobachtungstag (ohne Fütterung) in der Zeit von 6–20 Uhr die mit Nummern bezeichneten Bienen zum leeren Futterschälchen (nach Bünning 1977).

12: Genauigkeit des Terminerwachens beim Menschen. Aufgetragen ist, in wievielen Fällen (jeder Einzelfall ein Rechteck) bei einer Versuchsperson das Aufwachen im Bereich des gesetzten Termins erfolgte. 0 = gesetzter Termin; Minuswerte = zu frühes Erwachen in min. (nach Clauser 1954).

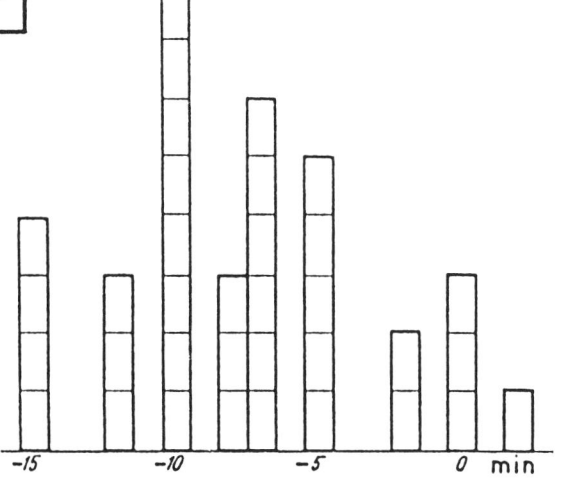

etwa zwischen 1 und 10 Lux maßgebend sind. Keinesfalls sind die Rezeptoren für solche photoperiodischen Effekte immer identisch mit den Rezeptoren für die Zeitgebersynchronisation; auch die spektralen Wirkungsmaxima für beide Lichtwirkungen können verschieden sein. Durch Anwendung von kurzen Störbelichtungen in bestimmten zirkadianen Phasen lassen sich z. B. jederzeit Langtagseffekte auslösen; dies wird in der Blumen- und Tierzucht praktisch genutzt, zum Beispiel zur Steuerung des Blühtermins oder zur Ertragssteigerung.

Schließlich dient die zirkadiane Rhythmik zahlreichen Organismen als »innere Uhr« zur Zeitorientierung sowie zur zeitlichen Kompensation bei der Richtungsorientierung nach den Gestirnen. So spielt eine genaue zeitliche Abstimmung beim Aufsuchen der Beute oder der Geschlechtspartner eine wichtige Rolle. Bei Bienen ist die Präzision des Zeitgedächtnisses so groß, daß sie sich mit einer Genauigkeit von 20 Minuten auf bestimmte Zeitpunkte dressieren lassen (◨ 11). Bekannt ist auch die Fähigkeit des Menschen, vorsatzgemäß pünktlich zu erwachen oder auch am Tage Termine ohne äußere Zeitgeber exakt einzuhalten (»Kopfuhr«; 36) (◨ 12).

Die »Kopfuhr«

Die Mitwirkung der Tages-Rhythmik an der Richtungsorientierung wurde zunächst bei Bienen entdeckt, die sich beim Auffinden einer Futterquelle nach dem tageszeitlich korrigierten Sonnenwinkel richten und diese Information auch in der Tanzfigur sichtbar mitteilen können (68, 69).

Auch bei der Sonnenkompaß- und Sternenorientierung der Vögel wird nachweislich die Tageszeit nach Maßgabe der zirkadianen Rhythmik berücksichtigt. Ein solcher zeitkompensierter Kompaß läßt sich experimentell durch Umsynchronisation der zirkadianen Uhr verstellen, was auch bei Säugern, Fischen, Eidechsen, Schildkröten und Fröschen nachgewiesen werden konnte. Es gibt Tiere, die sich richtungsmäßig am Mond orientieren können und so über die Möglichkeit einer entsprechenden Zeitkompensation verfügen.

Autonome mittel- und kurzwellige Rhythmen (Endo-Rhythmen)

Frequenz- und Phasenkoordination der mittelwelligen Rhythmen

Während bei Pflanzen nur wenige autonome Rhythmen im mittelwelligen Bereich des Spektrums bekannt sind (z. B. Blättchenbewegungen bei *Desmodium gyrans*, Wachstumspulsationen), ist dieser Bereich bei Tier und Mensch besonders differenziert entwickelt. Statt durch Synchronisation auf äußere Zeitgeber erweisen sich die Rhythmen, die hier größere Funktionssysteme oder Organe umfassen, als wechselseitig zu ganzzahlig-harmonischen Frequenzproportionen und bestimmten Phasenbeziehungen geordnet. Solche Koordinationen werden durch reflektorische Wechselwirkungen oder durch »Magneteffekte« (167) zwischen den rhythmogenen Zentren im Zentralnervensystem vermittelt. Sie können auch auf bauplanmäßig verankerten, durch Kapazitätsverhältnisse bestimmten Abstimmungen beruhen.

Nach ihrer Periodendauer zählen die mehrstündigen ultradianen Perioden, die bei Mensch und Tier in der Regel den tagesrhythmischen Gang aller Funktionen überformen und in bevorzugt ganzzahligen Verhältnissen zur 24-Stunden-Periode stehen, zu diesem Bereich. Hierzu gehört der Seitigkeitsrhythmus der Nasenatmung bei Mensch und Tier (vgl. 176; 296; 315; 339), der auf Umstellungen der Durchblutungsasymmetrie der Nasenschleimhäute beruht. Eher reaktiver Natur ist der beim Neugeborenen nachgewiesene 4-Stunden-Rhythmus des Nahrungsverlangens sowie die Periodik der Schlaftiefenschwankungen, deren Periodendauer 75–120 min beträgt und deren Amplitude im Laufe des Nachtschlafs und des folgenden Tages gedämpft ausklingt.

Seitigkeitsrhythmus der Nasenatmung

Besonders kennzeichnend für das Verhalten der Rhythmen im mittelwelligen Bereich ist die rhythmische Funktionsordnung des Systems der glatten Muskulatur, welche für Tonus und Bewegung aller Hohlorgane verantwortlich ist und den Tonus von Haut und Schleimhäuten mitbestimmt. Der gemeinsame Grundrhythmus hat eine Periodendauer von ca. 1 min, er ist – zumindest für die Blutgefäße – zentral nervös gesteuert (◙ 13). Außerdem bestehen langsame Tonusschwankungen des Systems mit ca. 1 Std. Periodendauer. Darüber hinaus entwickeln alle glattmuskulären Organe schnellere Arbeitsrhythmen, deren Periodendauern in einfachen ganzzahligen Proportionen zum 1 min-Grundrhythmus stehen, die aber artspezifisch und organspezifisch unterschiedlich sind (76). Beim Menschen stehen z. B. der Rhythmus der Magenperistaltik zum Minutenrhythmus im Verhältnis 3:1 und der Rhythmus der Zwölffingerdarmkontraktionen zur Magenperistaltik im Verhältnis 4:1, so daß ein harmonisch gegliedertes Spektrum von bevorzugten Periodendauern besteht (301).

1 min Rhythmus glattmuskulärer Organe

Eine entsprechende Frequenzordnung findet sich bei den verschiedenen rhythmischen Funktionen von Kreislauf und Atmung (◙ 14) (119). Die bekannteste Frequenzabstimmung ist die zwischen Herz- und Atemrhythmus. Das Frequenzverhältnis beträgt beim gesunden ruhenden Menschen 4:1. Es ist auch für verschiedene Warmblüter als Norm gesichert, wohingegen bei Fischen der Atemrhythmus trotz ganzzahliger Abstimmung frequenter sein kann als der Herzrhythmus (262).

Puls-Atem Quotient

Die harmonische Frequenzabstimmung der rhythmischen Funktionen wird unter Ruhebedingungen und vor allem im Schlaf intensiviert, bei Leistungsbeanspruchung dagegen zunehmend aufgehoben. Die funktionelle Bedeutung der Koordination besteht in einer gesteigerten Ökonomie. Dies gilt auch für die Koordination zwischen vegetativen und motorischen Rhythmen, beispielsweise zwischen Atemrhythmus und Gangrhythmus. Besonders bei hintereinander geschalteten Systemen (z. B. Atmung-Kreislauf; Abschnitte des Verdauungstraktes) ist die Frequenzordnung funktionell wichtig.

Koordination rhythmischer Funktionen

Dies gilt in gleicher Weise für die Einstellung bestimmter Phasenbeziehungen (Phasenkoordination, -koppelung), z. B. bei Bewegungsrhyth-

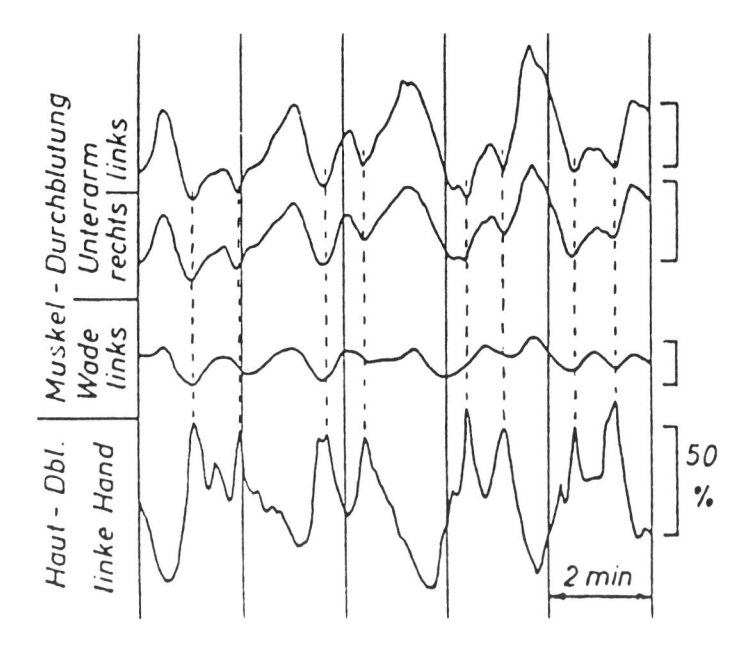

13: Spontane minutenrhythmische Schwankungen der Durchblutungsgrößen beim Menschen. Gleichsinniger Verlauf in drei verschiedenen Muskelpartien mit gegensinnigen Schwankungen in der Haut (nach GOLENHOFEN 1962).

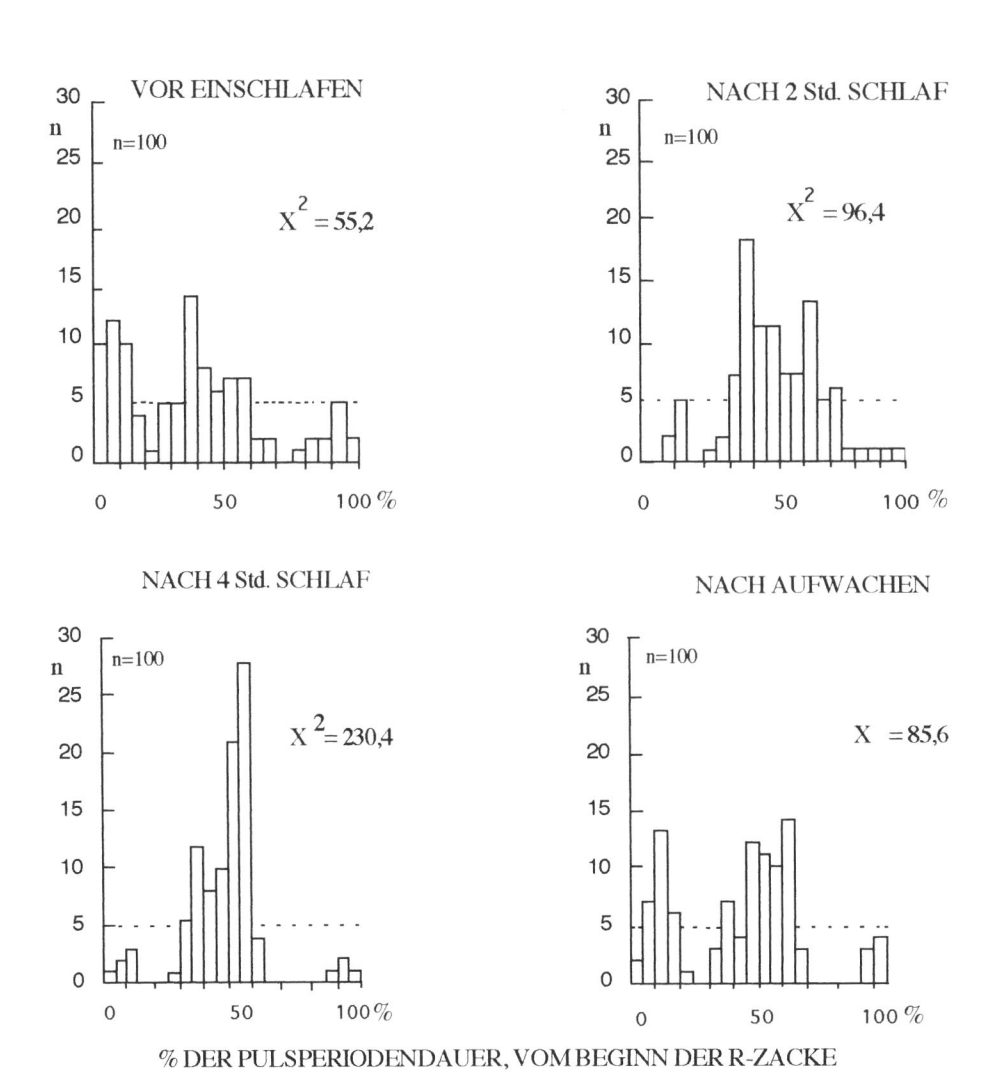

% DER PULSPERIODENDAUER, VOM BEGINN DER R-ZACKE

15: Zunehmende Phasenkoppelung des Inspirationsbeginns auf die Mitte der Herzschlagperiode, die jeweils in 20 Klassen von je 5% unterteilt wurde, nach Einschlafen einer gesunden Versuchsperson (nach Daten von STORCH 1967).

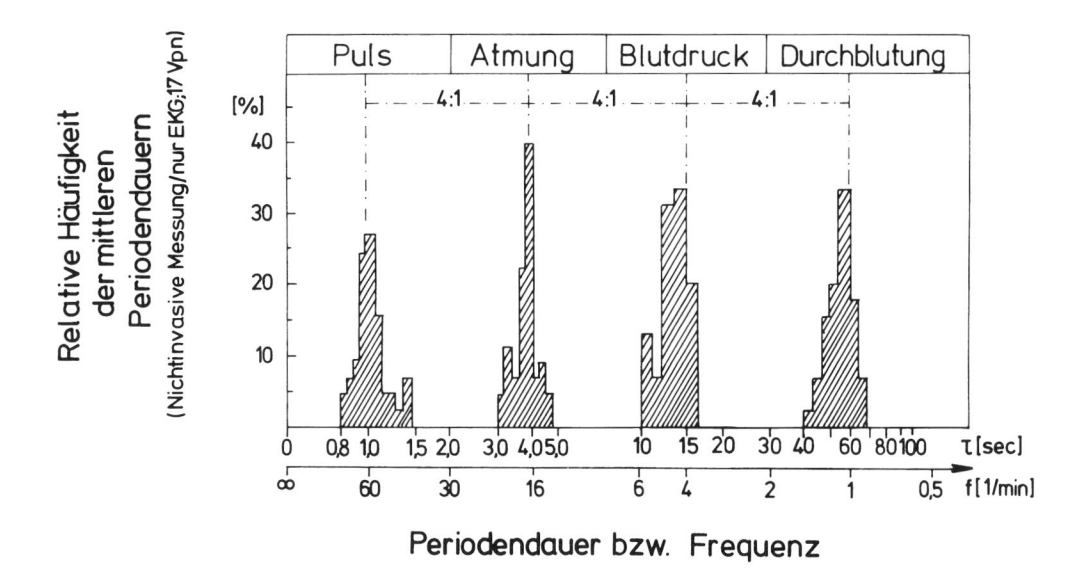

14: Häufigkeitsverteilung der Periodendauern von Herzrhythmus, Atemrhythmus, Blutdruckrhythmus und Minutenrhythmus (von links nach rechts) aus spektralanalytischen Untersuchungen der Herzfrequenzmodulation bei gesunden schlafenden Versuchspersonen (nach RASCHKE & Mitarb. 1977).

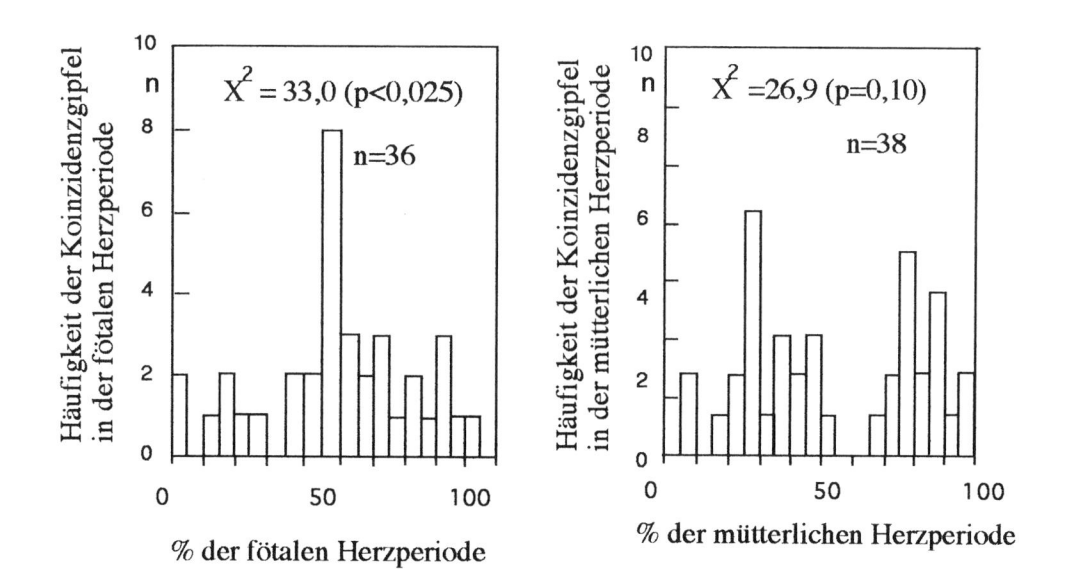

16: Häufigkeitsverteilung der Koinzidenzgipfel der mütterlichen Herzaktionen in der fötalen Herzperiode *(oben)* und der Koinzidenzgipfel der fötalen Herzaktionen in der mütterlichen Herzperiode *(unten)*. Weitere Erläuterungen siehe im Text (nach HILDEBRANDT & KLEIN 1979).

men. Dabei können sowohl Rhythmen von gleicher Frequenz als auch solche von unterschiedlicher Frequenz zu ökonomischer Koaktion geordnet werden. Die Flossenmotorik der Fische, die verschiedenen Gangarten der Vierbeiner, das Zusammenspiel von Herz- und Atemrhythmus (◐ 15) sowie verschiedener Abschnitte des Verdauungstraktes oder die Abstimmung des Herzrhythmus auf die Eigenschwingung des arteriellen Systems sind gut untersuchte Beispiele der Phasenkoordination bei Mensch und Tier. Beim Menschen sind überdies Phasenkoppelungen von Gangrhythmus, Lidschlag und Schlucken mit den vegetativen Rhythmen nachgewiesen (vgl. ◐ 87, S. 108), sogar auch zwischen dem Herzschlag der Schwangeren und dem fötalen Herzrhythmus (◐ 16).

Absolute und relative Koordination

Phasenabstimmungen zwischen Rhythmen verschiedener Frequenz kommen mit unterschiedlicher Strenge vor (absolute und relative Koordination; 167). Auch die Phasenkoordinationen werden in Ruhe und besonders im Schlaf verstärkt, was mit gesteigerter funktioneller Ökonomie verbunden ist. Manche Rhythmen werden überhaupt nur unter Ruhebedingungen koordiniert (z. B. Herzrhythmus), während bei Belastung die Frequenzmodulation im Vordergrund steht.

Frequenzmodulierte kurzwellige Rhythmen

Im Bereich der kurzwelligen Rhythmen, die einzelne Organe, Gewebe, Zellen oder Zellorganellen betreffen und autonom über Schwankungen des Membranpotentials erzeugt werden, ist das Prinzip gleitender Frequenzmodulationen in Abhängigkeit von äußeren Einwirkungen vorherrschend. Dies gilt allgemein für erregbare Strukturen bei Pflanze, Tier und Mensch, in besonderer Ausprägung aber für die Informationsrhythmik des Nervensystems, deren Frequenz signalabhängig moduliert wird. Im Prinzip kann jede Nervenzelle wie auch jeder Sinnesrezeptor als ein rhythmogenes Zentrum mit exogen modulierbarer Frequenz angesehen werden. Trotzdem können aber auch im kurzwelligen Bereich des Spektrums rhythmischer Funktionen Erscheinungen der internen Koordinationen und Synchronisation auftreten, die dann zu auffälliger Bevorzugung bestimmter Frequenzen für komplexere Funktionen führen, z. B. im EEG der 10-Hz-Rhythmus der Alpha-Wellen oder die im Tiefschlaf auftretenden langsameren Wellen, die aufgrund der umfassenderen Synchronisation noch größere Amplituden entwickeln.

- **Exo-Rhythmen sind rhythmische Lebensvorgänge, die allein durch Schwankungen geophysikalischer Faktoren hervorgerufen werden. Sie treten vorwiegend im langwelligen Bereich auf und entsprechen der niedrigsten Entwicklungsstufe des biologischen Zeitorganismus.**
- **Exo-Endo-Rhythmen sind im Organismus selbst erzeugte Rhythmen, die mittels äußerer Zeitgeber synchronisiert werden.**

- **Endo-Rhythmen sind endogene, von äußeren Zeitgebern unabhängige Spontanrhythmen und stellen einen Zuwachs an Autonomie und zeitlicher Emanzipation dar.**
- **Rhythmische Reaktionen oder reaktive Perioden sind periodische Vorgänge im Organismus, die als Reaktion auf Reizbelastungen vorübergehend auftreten. Sie kommen in allen Frequenzbereichen des Spektrums vor. Reaktive Perioden klingen typischerweise gedämpft aus.**
- **Im mittelwelligen Bereich kann es zu harmonischen Abstimmungen der Rhythmen (Koordination von Frequenzen und Phasen) und gegenseitigen Frequenzmodulationen kommen, wie z.B. bei der Modulation des Herzschlags durch die Atmung (respiratorische Sinusarrhythmie).**

3 Biologische Rhythmen und Medizin (Chronomedizin)

Während der gesunde menschliche Organismus in die kosmischen Rhythmen (Tagesgang, Jahreslauf) eingeordnet ist, treten bei verschiedensten Erkrankungen Störungen dieser Synchronisationen auf. Änderungen der normalerweise in Ruhe beobachteten ganzzahligen Frequenzabstimmung zwischen Herz- und Atemrhythmus stehen in enger Beziehung zu vegetativen Regulationsstörungen und können beispielsweise nach Herzinfarkten auftreten. Zahlreiche Krankheiten weisen charakteristische eigene Zeitstrukturen auf. Dafür können auch die Entwicklungszyklen der Erreger maßgebend sein; häufig äußern sich krankheitsbedingte Zeitstrukturstörungen des Organismus in typischen periodischen Reaktionsweisen. Physiologische Normen sind nach neueren Erkenntnissen der Chronobiologie nicht mehr statisch zu definieren, sondern unterliegen selbst rhythmischen Schwankungen und müssen daher chronobiologisch charakterisiert werden.

Biologische Rhythmen und Krankheit (Chronopathologie)

Der gesunde Normalzustand der zeitlichen Organisation des Menschen ist einerseits durch die phasengerechte Umwelteinordnung (Synchronisation) im Bereich der langwelligen Rhythmen gekennzeichnet, andererseits aber auch durch das geordnete Zusammenwirken der autonomen Rhythmen im mittel- und kurzwelligen Bereich des Spektrums (Frequenz- und Phasenkoordination).

Frequenz- und Phasenkoordination

Externe wie interne Synchronisationsstörungen der Zirkadianrhythmik mit Phasenverschiebungen und von 24 Stunden abweichender freilaufender Periodendauer sind bei verschieden Krankheiten, z. B. bei bestimmten Formen der Depression, aufgedeckt worden (350). Bei Krebskranken wurden Frequenzabweichungen der zirkadianen Temperaturrhythmik im erkrankten Gebiet festgestellt (298; 299; 300). Bei Nierenkranken ist die Rhythmik der Harnausscheidungen um so stärker durch ultradiane reaktive Perioden überlagert, je größer die Funktionseinschränkung der Niere ist (215, 219). Schon Schlafstörungen müssen im Prinzip als Störungen der biologischen Tagesrhythmik aufgefaßt werden (213).

Störungen der Frequenz- und Phasenkoordination autonomer Rhythmen im Mittelwellenbereich kennzeichnen Abweichungen von der normalen Reaktionbereitschaft vegetativer Funktionen und Störungen der Regulationsökonomie. So stehen z. B. Änderungen der normalen ganzzahligen Frequenzabstimmung zwischen Herz- und Atemrhythmus (4:1) in enger Beziehung zu vegetativen Regulationsstörungen, die auch nach Herzinfarkten auftreten (105). Sie besitzen, je nach Richtung der

Abweichung, reaktionsprognostischen Wert. Bei psychiatrischen Störungen wurden Abschwächungen der Phasenkopplung zwischen Herz- und Atemrhythmus nachgewiesen (204; 244). Abweichungen der normalen ganzzahligen Frequenzabstimmung zwischen Herzrhythmus und arterieller Grundschwingung von der Norm 1:2 kennzeichnen eine Kreislaufregulationsstörung mit erhöhter Herzbelastung (71) (vgl. Kap. 5.3.10, S. 111).

Krankheiten gehen aber nicht nur mit Störungen der biologischen Rhythmik einher, sie unterliegen vielmehr auch selbst dem Einfluß der verschiedenen Rhythmen. So beeinflussen alle langwelligen Rhythmen sowohl durch Schwankungen der Umweltbedingungen als auch durch Änderungen der biologischen Eigenschaften Krankheitsanfälligkeit und -häufigkeit, Sterblichkeit, Unfallhäufigkeit u. a.

Saisonkrankheiten vs. Pseudosaisonkrankheiten

Sterblichkeitsschwankungen sind in Abhängigkeit vom Rhythmus der Sonnenfleckenaktivität, von Jahresrhythmus, Lunarrhythmus und Tagesrhythmus nachgewiesen. Für viele Krankheiten sind jahresrhythmische Häufigkeitsschwankungen charakteristisch (Saisonkrankheiten). Diese können auf jahreszeitliche Änderungen der Umweltbedingungen (z. B. Hitzebelastung, Vitaminmangel, Pollenallergene, Entwicklungsbedingungen parasitärer Krankheitserreger) oder auf Schwankungen der Abwehrlage des Organismus (z. B. Diphtherie, Tuberkulose) zurückzuführen sein. Aber auch soziale Faktoren, wie z. B. der Einschulungstermin mit sprunghafter Begünstigung der Übertragungsbedingungen für Infektionskrankheiten, können Anlaß zu Steigerungen der Krankheitshäufigkeit sein (Pseudo-Saisonkrankheiten) (284). Schwankungen der Krankheitshäufigkeit im Menstruationsrhythmus beruhen teilweise auf Änderungen der Leistungsfähigkeit und Abwehrbereitschaft, können aber auch Ausdruck übersteigerter Amplituden der vegetativen Umstellungen selbst sein (z. B. Prämenstruelles Syndrom).

Zirkaseptane Periodik

Die tagesrhythmischen Umstellungen des Organismus führen zu Schwankungen der Voraussetzungen für Geburt und Tod, körperlicher und geistiger Leistungsfähigkeit, Krankheitsbeginn und -ausprägung, subjektives Beschwerdebild usw. So finden sich für zahlreiche Erkrankungen charakteristische tageszeitliche Häufungen, z. B. für Asthmaanfälle, Lungenödem und Herzinfarkt (⊃ 17) (105). Auch an den nachgewiesenen wochenrhythmischen Schwankungen von Unfall- und Selbstmordhäufigkeit, Herzinfarkten u. a. sind biologische Rhythmen ursächlich beteiligt (324). Die zugrundeliegende zirkaseptane Periodik ist eine endogene reaktive Periodik, die vom Wochenrhythmus synchronisiert und unterhalten werden kann. Unter stärkeren Reizbelastungen, z. B. nach Klimawechsel und Operationen oder während einer Kurbehandlung, wird aber die zirkaseptane Periodik nachweislich nicht vom äußeren Wochenrhythmus, sondern vom Reizbeginn synchronisiert. Sie entwickelt dann vorübergehend eine wesentlich größere Amplitude und geht mit erheblichen Schwankungen von Reaktionsfähigkeit, Krankheitsanfälligkeit, Abwehrleistung des Immunsystems und Sterbehäufigkeit einher (z. B. Kur- und Akklimatisationskrisen, vgl. 139).

Zahlreiche Krankheiten weisen charakteristische eigene Zeitstrukturen auf, indem sie phasisch-periodische Verlaufsformen entwickeln oder in

17: Tageszeitliche Verteilung akuter Herzinfarkte (n = 28 735). Es ist die relative Häufigkeit des Auftretens dargestellt (nach HECKMANN 1994).

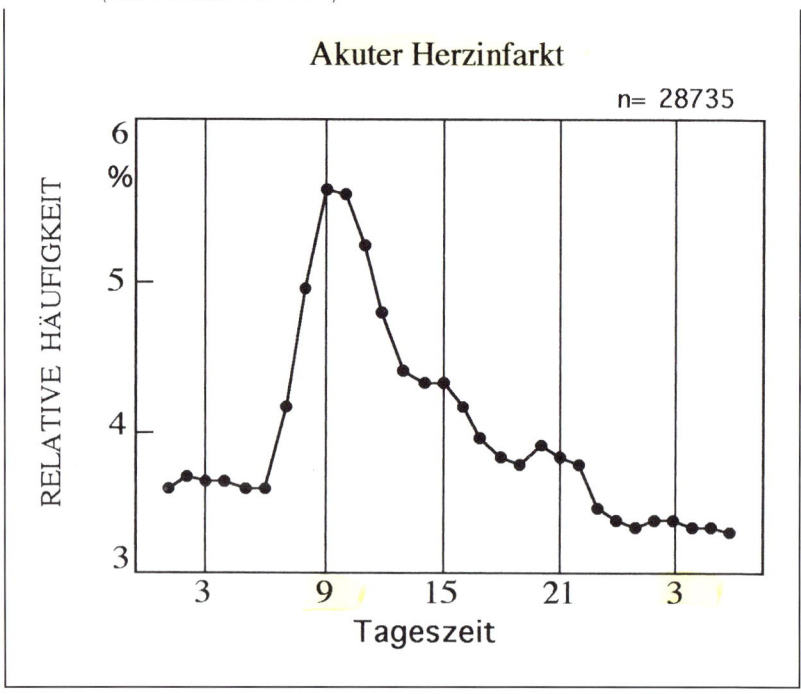

Reaktive Periodik

intermittierend-periodischen Schüben verlaufen (z. B. Infektionskrankheiten, sogenannte periodische Krankheiten wie periodische Bauchfellentzündung, periodische Gelenksentzündung, manche Psychosen) (Lit.-Übers. s. 266; 271; 272). Dabei können die Entwicklungszyklen der Erreger maßgebend sein (z. B. Malaria), häufiger aber ist die Zeitstruktur der Krankheit Ausdruck der periodischen Reaktionsweise des Organismus in der Auseinandersetzung mit der krankhaften Störung (reaktive Periodik). Die auftretenden Periodendauern stehen bevorzugt in einfachen ganzzahligen Beziehungen zu denen der Spontanrhythmen, sie nehmen mit dem Umfang der Störung zu und bestimmen den Charakter der dem Selbstheilungsprozeß dienenden Reaktion (vgl. ◉ 92, S. 114). Dabei bestehen fließende Übergänge zu den physiologischen Erholungs- und Anpassungsreaktionen.

So stellen z. B. Reaktionen mit Periodendauern im Minutenbereich lokal begrenzte, rein funktionelle Erholungsprozesse dar, solche mit mehrstündigen Periodendauern (ultradiane Perioden) sind bereits vom vegetativen System koordinierte Kompensationsvorgänge (vegetative Gesamtumschaltungen). Immunologische Abwehrreaktionen, Wundheilungsverläufe, funktionelle Anpassungsleistungen, kompensatorische Wachstumsreaktionen nach Gewebsverlust und andere Selbstheilungsprozesse sind am häufigsten durch eine *zirkaseptane Reaktionsperiodik* gegliedert (◉ 18), dadurch erhalten z. B. Infektionskrankheiten mit guter Selbstheilungstendenz eine charakteristische Verlaufsgliederung. Aber auch Psychosen können eine zirkaseptane Verlaufsstruktur aufweisen. Überdies kommen 14- und 21tägige Periodendauern gehäuft vor.

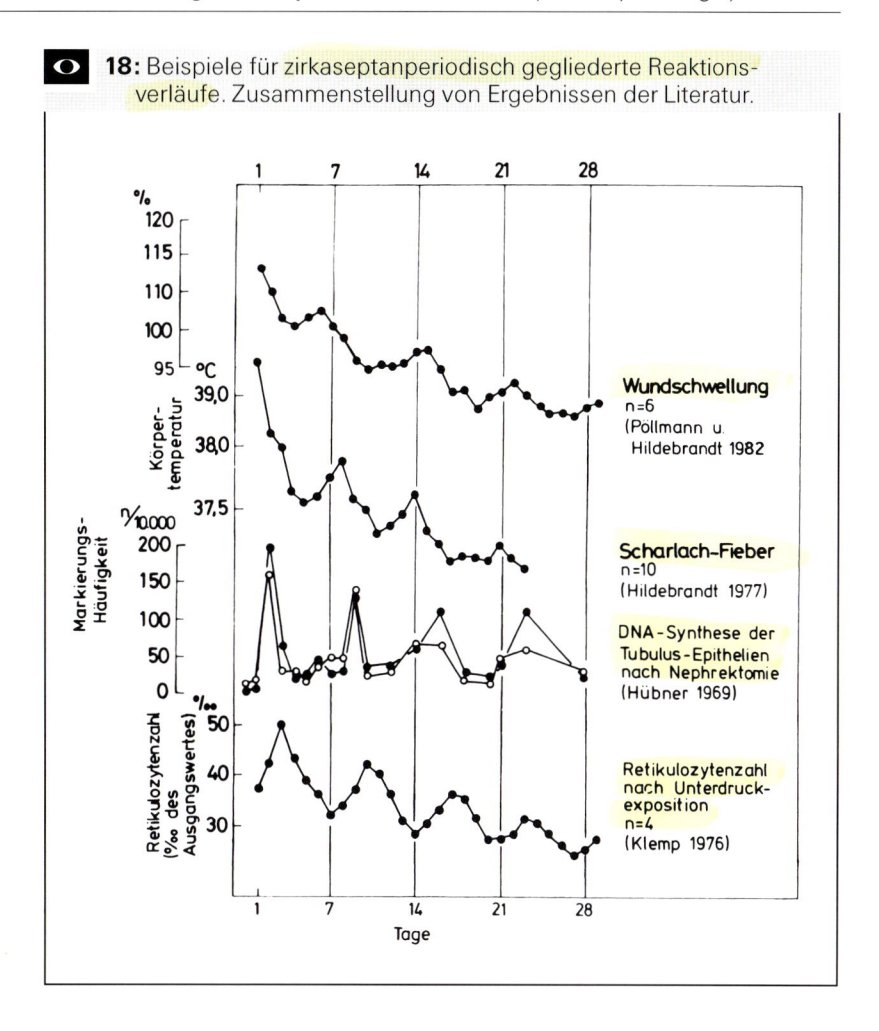

18: Beispiele für zirkaseptanperiodisch gegliederte Reaktionsverläufe. Zusammenstellung von Ergebnissen der Literatur.

Wundschwellung n=6 (Pollmann u. Hildebrandt 1982)

Scharlach-Fieber n=10 (Hildebrandt 1977)

DNA-Synthese der Tubulus-Epithelien nach Nephrektomie (Hübner 1969)

Retikulozytenzahl nach Unterdruckexposition n=4 (Klemp 1976)

Chronisch verlaufende Krankheiten und Anpassungsvorgänge, die mit Wachstumsreaktionen verbunden sind, zeigen noch längere Periodendauern im Zeitverlauf der reaktiven Prozesse (z. B. 6 Wochen, 3, 4 und 6 Monate), wobei Beziehungen zum Jahresrhythmus anzunehmen sind. Vermutlich gehören zu dieser Klasse reaktiver Perioden auch die 10tägigen (zirkadekanen) und 5tägigen (zirkasemidekanen) Perioden, die bei verschiedenen Verlaufsuntersuchungen bereits gefunden wurden (94; 95).

Zirkadekane bzw. zirkasemidekane Perioden

Die geschilderten periodischen Reaktionen treten in der Regel auch dann auf, wenn die Aktivität der Selbstheilungsprozesse durch therapeutische Maßnahmen angeregt wird, z. B. bei Kurbehandlungen, wo die zirkaseptanperiodische Gliederung nur bei gutem Behandlungsergebnis nachweisbar ist (154).

Krankheiten ohne zeitliche Struktur

Unter diesen Gesichtspunkten ist es eine nicht leicht zu nehmende Feststellung, daß die typischen chronischen Krankheiten des zivilisierten Menschen (Krebs, Diabetes, Herz- und Kreislaufstörungen) offenbar alle ohne zeitliche Struktur verlaufen. Sie haben keinen scharfen Beginn und keine Selbstheilungstendenz, es fehlt ihnen die zeitliche Dynamik. Es besteht die Frage, ob es sich hier um eine Folge der fortgeschrittenen zeitlichen Emanzipation des Menschen handelt (133).

Praktische Anwendungen in der Chronomedizin
Allgemeine Vorbemerkung

Ergotropie vs. Trophotropie

Im Verlaufe der spontanen rhythmischen Wechsel zwischen ergotroper Leistungseinstellung und trophotroper Erholungseinstellung aller Funktionen verändern sich die inneren Voraussetzungen für Diagnostik und Therapie. Diesen wechselnden Vorraussetzungen muß daher in der Praxis Rechnung getragen werden.

Ebenso muß den Störungen dieser spontanen rhythmischen Ordnung vorgebeugt und mit geeigneten Maßnahmen entgegengewirkt werden.

Chronomedizinische Probleme der Diagnostik

Die Feststellung krankhafter Struktur- und Funktionsänderungen stützt sich heute im wesentlichen auf die Abweichung bestimmter Meßgrößen von ihrem statistisch abgegrenzten Normalbereich. Die Tatsache, daß alle Meßwerte nur ein phasenhaftes Augenblicksbild aus ihrer vielfältigen Beteiligung an den verschiedenen rhythmischen Vorgängen darstellen, bringt daher erhebliche theoretische wie praktische Probleme mit sich. Die Norm ist nicht mehr statisch zu definieren, sondern unterliegt selbst rhythmischen Schwankungen (88).

Daß die praktische Medizin bislang ohne wesentliche Berücksichtigung dieser Gesichtspunkte auszukommen schien, liegt vor allem daran, daß die Mehrzahl der diagnostischen Maßnahmen aus naheliegenden Gründen vormittags durchgeführt wird. Immerhin hat sich auf manchen Gebieten, z.B. bei der Kontrolle von Blutdruck, Blutzuckergehalt und vor allem von Hormongehalten im Blutserum, bereits die Untersuchung ganzer Tagesprofile eingebürgert. Bei der Fahndung nach Herzrhythmusstörungen werden häufig Langzeit-EKG-Kontrollen mit Einschluß der Nachtstunden durchgeführt.

Chronobiologisch orientierte Diagnostik

Vor allem hinsichtlich der tagesrhythmischen Schwankungen ist zu erwarten, daß die zunehmende Automation der Untersuchungsverfahren zu einer stärkeren Einbeziehung zeitbiologischer Kriterien in die Diagnostik führen wird (37; 102; 321). Der für die Beurteilung ganzer Tagesprofile erforderliche Aufwand stellt angesichts moderner Datenerfassungs- und Datenverarbeitungsverfahren kein erhebliches Hindernis für eine chronobiologisch orientierte Diagnostik im Bereich der längerwelligen Rhythmen mehr dar. Auch prognostische Aussagen sind inzwischen aus einer frühzeitigen Kontrolle tagesrhythmischer Profile (z.B. Blutdruck bei Neugeborenen; 96) validiert worden. Im Hinblick auf den Systemcharakter der biologischen Zeitstrukturen wird zunehmend versucht, Kriterien der Frequenz- und Phasenkoordination mittelwelliger Rhythmen und deren Verhalten unter dosierten Testbelastungen zu diagnostischen Zwecken heranzuziehen (140; 204; 243).

Chronobiologische Aufgaben in der Therapie

Allgemeine Vorbemerkungen

Die Berücksichtigung chronobiologischer Erkenntnisse in der therapeutischen Praxis betrifft im wesentlichen drei verschiedene Aufgabenstellungen (153):

Zeitordnung als Therapie

▷ Den spontanrhythmischen Umstellungen des Organismus entsprechend muß hinsichtlich Zeitpunkt, Zeitdauer und Zeitfolge aller Maßnahmen Rechnung getragen werden, wobei die erwünschten Effekte durch sinnvolle Abstimmung auf die jeweiligen Gegebenheiten optimiert, die unerwünschten Effekte minimiert werden können. Diese Aufgabenstellung einer **Therapeutischen Zeitordnung** wird heute bereits in größerem Umfange von der sogenannten **Chronotherapie** wahrgenommen (93; 267; 268; 321).

Auflösung zeitlicher Ordnungen

▷ Während Gesundheit an eine intakte rhythmische Ordnung der Lebensfunktionen gebunden ist, sind Störungen dieser Ordnung bei Krankheiten vielfältig nachgewiesen. Die zunehmende Emanzipation des Menschen aus seinen natürlichen Lebensordnungen mit der damit einhergehenden Häufung von Zivilisationskrankheiten besteht ja insbesondere auch in der Auflösung zeitlicher Ordnungen, z. B. durch Unregelmäßigkeit der Lebensweise, Gebrauch von Weck- und Schlafmitteln, Nacht- und Schichtarbeit, Flugreisen mit sprunghaftem Tages- und Jahreszeitenwechsel, hormonelle Eingriffe in rhythmische Vorgänge u. a. Damit wird die Wiederherstellung einer normalen Zeitordnung der Lebensfunktionen zur therapeutischen Aufgabe im Sinne einer **zeitordnenden Therapie.**

Chronohygiene als Bestandteil der Therapie

▷ Fließende Übergänge von einer solchen zeitordnenden Aufgabe der Therapie bestehen zu einer allgemeinen Prävention von Zeitordnungsstörungen durch eine **Chronohygiene**, d. h. eine umfassende, chronobiologisch begründete Ordnung der Lebensführung, die krankhaften Störungen organischer Zeitstrukturen vorbeugen kann (126; 131). Eine solche Chronohygiene kann natürlich auch Bestandteil jeder Krankenbehandlung sein, muß darüber hinaus aber als Lebensgrundlage weiterwirken können (Gesundheitserziehung bzw. -bildung).

Die Grundlagen für die genannten Aufgabenbereiche einer chronobiologisch begründeten Prävention und Therapie sind zwar keineswegs in allen Bereichen hinreichend entwickelt, doch liegen bereits auf vielen Gebieten experimentelle und praktische Erfahrungen vor, die berücksichtigt werden und zum Ausgangspunkt weiterer Entwicklung dienen können.

Therapeutische Zeitordnung

Wenn man davon ausgeht, daß alle Körperfunktionen gemeinsamen rhythmischen Schwankungen unterliegen, so ist zu erwarten, daß auch die Wirkungen therapeutischer Maßnahmen bzw. die Reaktionen des Organismus auf therapeutische Reize infolge der wechselnden Ausgangs-

Chronopharmakologie und -toxikologie

bedingungen zu verschiedenen Zeiten bzw. Phasen der Rhythmen unterschiedlich ausfallen.

Dies betrifft in erster Linie die oft beträchtlichen Schwankungen von Wirkung und Wirksamkeit bei der Verordnung von **Medikamenten**; wo umfangreiche experimentelle und praktische Erfahrungen der modernen Chronopharmakologie und -toxikologie vorliegen (205; 267; 268; 321).

Um z. B. eine gleichmäßige Wirkung über den ganzen Tag zu gewährleisten, müssen die Medikamentdosen nicht gleichmäßig (»3 mal täglich«), sondern ihrer Wirkungsschwankung entsprechend verteilt werden (◉ 19). So bedarf es z. B. zur Schmerzstillung oder zur Unterdrückung all-

◉ **19:** Beispiele für tagesrhythmische Wirkungsunterschiede von Maßnahmen, die in gleicher Dosierung zu unterschiedlichen Tageszeiten angewandt wurden. Zusammenstellung von Ergebnissen der Literatur (nach Hildebrandt 1981).

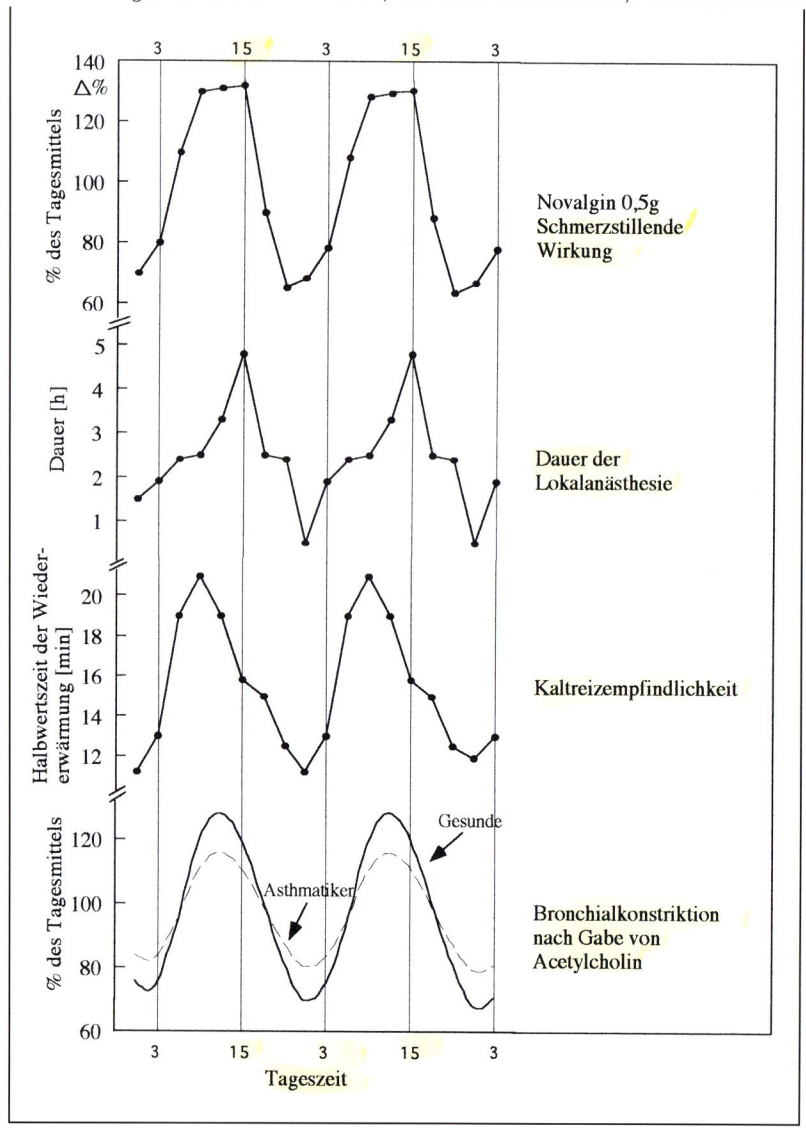

ergischer Reaktionen während der Nacht einer höheren Dosierung als am Tage. Auch die Dauer von Narkosen und örtlichen Betäubungen schwankt bei gleichen Maßnahmen tagesrhythmisch. Bei der physikalischen Therapie ist zu beachten, daß der Mensch vormittags gesteigert kälteempfindlich, nachmittags und abends vermehrt wärmeempfindlich ist (vgl. ◐ 38, S. 71). Zufuhr gleicher Nahrungsmengen am Morgen führt eher zur Gewichtsreduktion, am Abend fördert sie eher den Gewichtsansatz (vgl. ◐ 49, S. 80). Auch psychotherapeutische Maßnahmen unterliegen tagesrhythmischen und zirkaseptan-periodischen Einflüssen (214; 348). Besonders groß sind die Wirkungsunterschiede bei der therapeutischen Anwendung von Hormonen (z. B. Insulin, Cortison), weil körpereigene Hormonproduktion und Hormonbedarf tagesrhythmisch um Größenordnungen schwanken können (156).

Empfindlichkeits-schwankungen, -maxima

Die pharmazeutische Industrie bietet bereits entsprechend unterschiedliche Präparate für Tag und Nacht an. Die umfangreichen Befunde der Chronopharmakologie beziehen sich nicht nur auf spezifische Empfindlichkeitsschwankungen, sondern umfassen auch rhythmische Änderungen der Resorption, der Verteilung im Körper sowie der Abbaugeschwindigkeit und Ausscheidung der Medikamente (205; 321).

Starke tageszeitliche Wirkungsunterschiede haben sich in Tierversuchen bei der Tumorbehandlung mit Zellwachstumshemmstoffen (Zytostatika) sowie mit Röntgen- und Radiumbestrahlung ergeben (206). Auch die Resistenz des Organismus gegenüber Giften und Schädigungen (z. B. Alkohol und Rauchen, Medikamente mit schädlichen Nebenwirkungen, physikalische Noxen) unterliegt erheblichen tagesrhythmischen Schwankungen, was bei der therapeutischen Zeitordnung gleichfalls berücksichtigt werden muß (Chronotoxikologie). Es wurde auch versucht, solche Schwankungen gezielter zu nutzen, indem man die Empfindlichkeitsmaxima von erkranktem und übrigem Körpergewebe durch isolierte Phasenverschiebung zeitlich voneinander zu trennen suchte.

Dabei sind nicht nur die zeitlich begrenzten Wirkungen einer einzelnen Maßnahme von der Tagesrhythmik abhängig, sondern auch die Langzeiteffekte wiederholter Behandlungen zu gleichen Tageszeiten, z. B. bei der trainierenden Kreislaufbehandlung (vgl. ◐ 63, S. 89).

In entsprechender Weise können die Wirkungen therapeutischer Maßnahmen auch im Menstruations- und Jahresrhythmus erheblichen Schwankungen unterliegen. Von besonderer praktischer Bedeutung ist dies z. B. bei der Durchführung von Kurbehandlungen zu verschiedenen Phasen des Menstruationszyklus sowie zu verschiedenen Jahreszeiten (◐ 20).

Selbstverständlich verlangen auch die komplexen vegetativen Umstellungen im **Menstruationsrhythmus** der Frau eine entsprechende therapeutische Zeitordnung. Dies gilt in erster Linie für die hormonelle Therapie, die durch phasensteuernde Eingriffe auch Qualitäten einer zeitordnenden Therapie gewinnen kann. Es sind aber auch die phasenabhängigen Schwankungen der thermischen Empfindlichkeit sowie der vegetativen Reagibilität und Belastbarkeit zu berücksichtigen (290).

20: Jahresrhythmische Schwankungen der Effekte von mehrwöchigen Kurbehandlungen. Zusammenstellung von Ergebnissen der Literatur (nach HILDEBRANDT 1986).

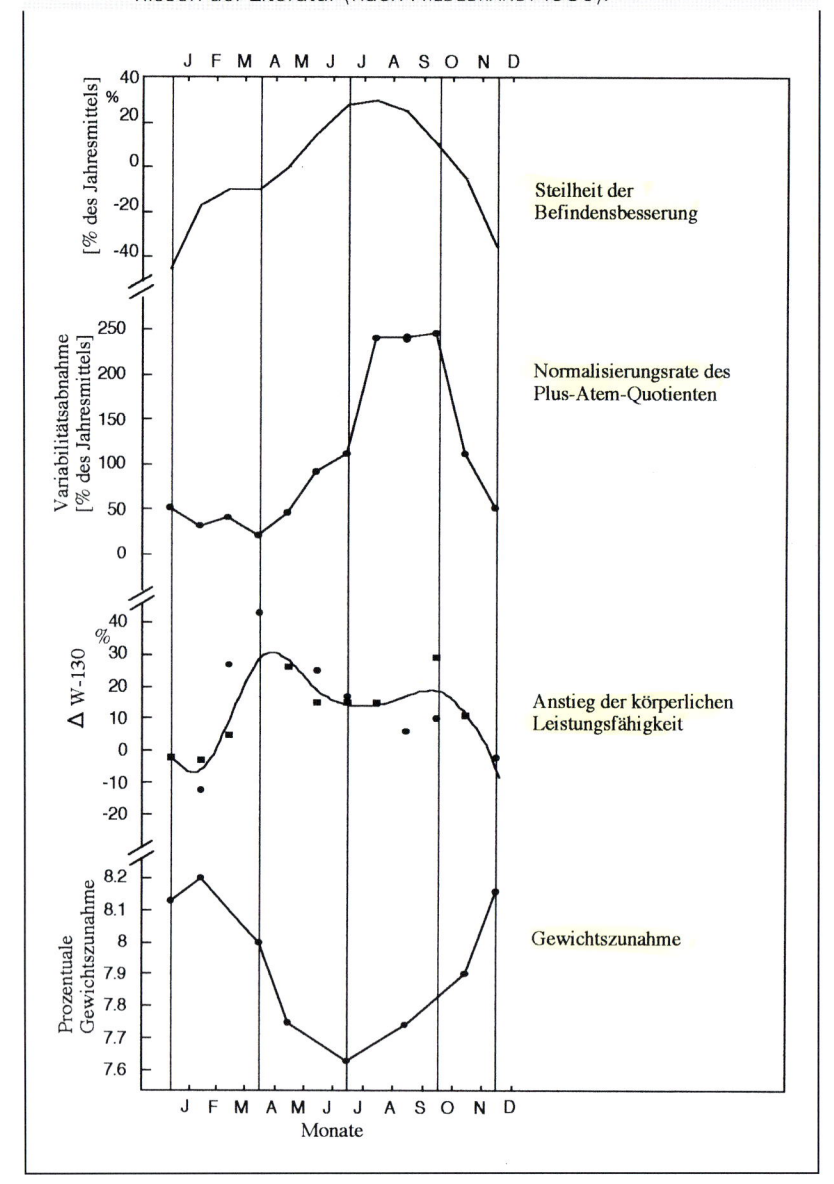

Zirkaseptane Reaktionsamplitude als Prädiktor

Praktische Bedeutung dürfte auch die Berücksichtigung einer therapeutischen Zeitordnung im Hinblick auf die **zirkaseptane Reaktionsperiodik** gewinnen. Untersuchungen mit unterschiedlicher Verteilung zytostatischer Wirkstoffe bei karzinomtragenden Versuchstieren haben deutliche Optimierungseffekte abgrenzen lassen (288). Entsprechende Vorgehensweisen bei der zytostatischen und immunstimulierenden Behandlung von carcinomkranken Menschen haben zu deutlichen Steigerungen der zirkaseptanen Reaktionsperiodik mit Steigerung der zirkadianen Temperaturamplitude geführt (333). Bemerkenswert ist dabei, daß die Entwicklung von zirkaseptanen Reaktionsamplituden bei Kurpatienten die Voraussetzung eines günstigen Behandlungserfolges darstellt (154).

Zeitordnende Therapie

Ausgehend von der Voraussetzung, daß Krankheiten mit Rhythmusstörungen verbunden sind, stellt sich für eine chronobiologisch fundierte Therapie die Aufgabe, im Sinne einer **zeitordnenden Therapie** die normale rhythmische Ordnung im Organismus und seine Umwelteinordnung wieder herzustellen. Hier wurden besonders bei zirkadianen Störungen Versuche unternommen, durch zeitlich gezielten Einsatz von Zeitgeberwirkungen die Synchronisation der langwelligen Rhythmen zu verbessern bzw. neu zu ordnen, z. B. durch differenzierte Medikamentgaben, durch phasensteuernde Wirkstoffinfusionen, durch Lichtapplikation mit hohen Intensitäten, durch Nachtschlafentzug und Änderungen der Verhaltensrhythmik sowie durch Gestaltung der äußeren Zeitgebereinflüsse. In diesem Sinne gehören bereits eine strenge Tageseinteilung und die natürliche Regelung von Schlafen und Wachen zu den zeitordnenden therapeutischen Maßnahmen.

Lichttherapie

In erster Linie spielt der Einsatz von Licht als dem dominierenden natürlichen Zeitgeber eine Rolle, um Phasenlage und Frequenz der tagesrhythmischen Umstellungen zu beeinflussen. Bei Patienten mit Depression ist die Applikation von hohen Lichtdosen vielfach genutzt, und zwar auffälligerweise nicht einheitlich mit Exposition am Morgen, wo normalerweise das Tagesmaximum der vegetativen Lichtempfindlichkeit durchlaufen wird (123). Auch hinsichtlich der erforderlichen Lichtintensität (2000–10 000 Lux) besteht keine einhellige Meinung (39; 197; 209; 342; 343; 340 mündliche Mitteilung).

Bei Patienten mit starker Störung des Schlaf-Wach-Rhythmus wird neuerdings empfohlen, die Neusynchronisation durch Wecken und Belichtung nicht abrupt, sondern stufenweise vorzunehmen, was bei der bekannten Phasenverschiebungsgeschwindigkeit von nur 1 bis 2 Stunden pro Tag sinnvoll erscheint (21; 276).

Eine praktisch wichtige Frage ist, inwieweit außer der Zeitgeberwirkung des Lichteinfalls auf die Netzhaut auch andere Reizqualitäten Zeitgeberfunktionen auf das zirkadiane System des Menschen ausüben können. Bemerkenswert ist der Befund, daß viele Reizmodalitäten im Tageslauf am Morgen ein gemeinsames Maximum an Reaktionsbereitschaft vorfinden (1; 135), welches auf einem Maximum an allgemeiner ergotroper Reagibilität beruht (129).

Ersatzzeitgeber

Versuche an Vollblinden, die an beträchtlichen Abweichungen der tagesrhythmischen Phasenlage mit Schlafstörungen leiden (◐ 21 a + b), haben ergeben, daß eine über 3 Wochen regelmäßig durchgeführte morgendliche Verabreichung eines Komplexes von »Ersatzzeitgebern« (pünktliches Wecken, kalte Dusche, eiweißreiches Frühstück, 20 min Ergometerarbeit) zu einer deutlichen Verbesserung der Synchronisation der Zirkadianrhythmik führt, die über die folgenden vier Wochen weitgehend beständig blieb (◐ 21 c) und mit einer signifikanten Verbesserung der subjektiv geschätzten Schlafqualität einherging.

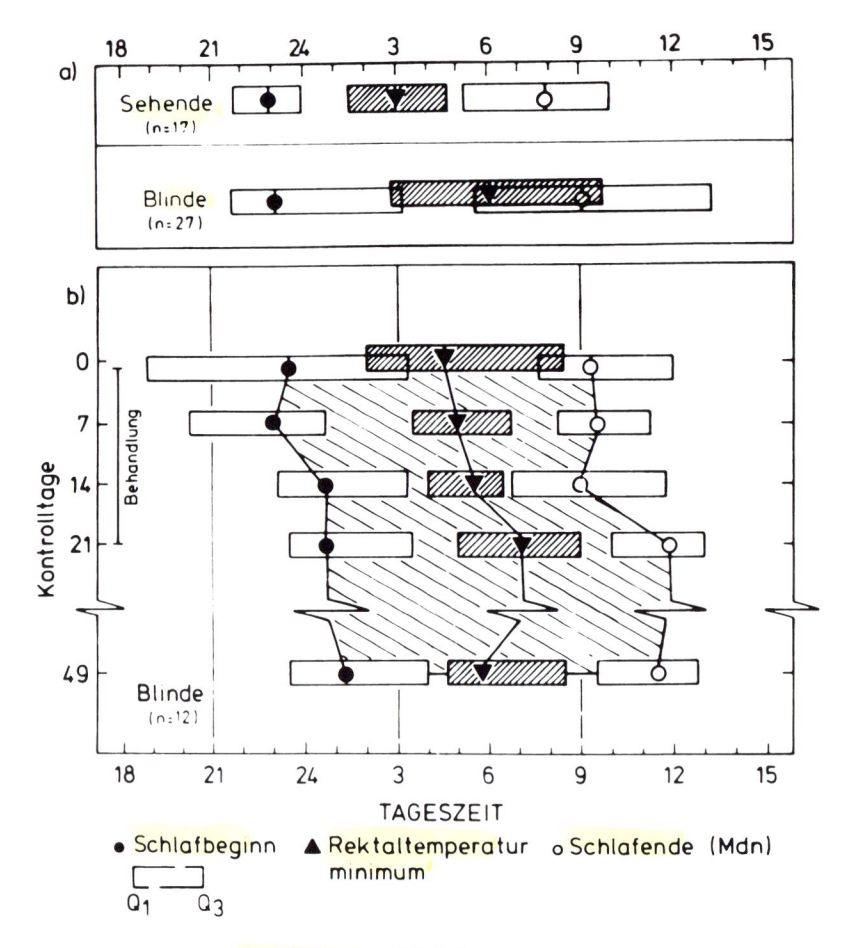

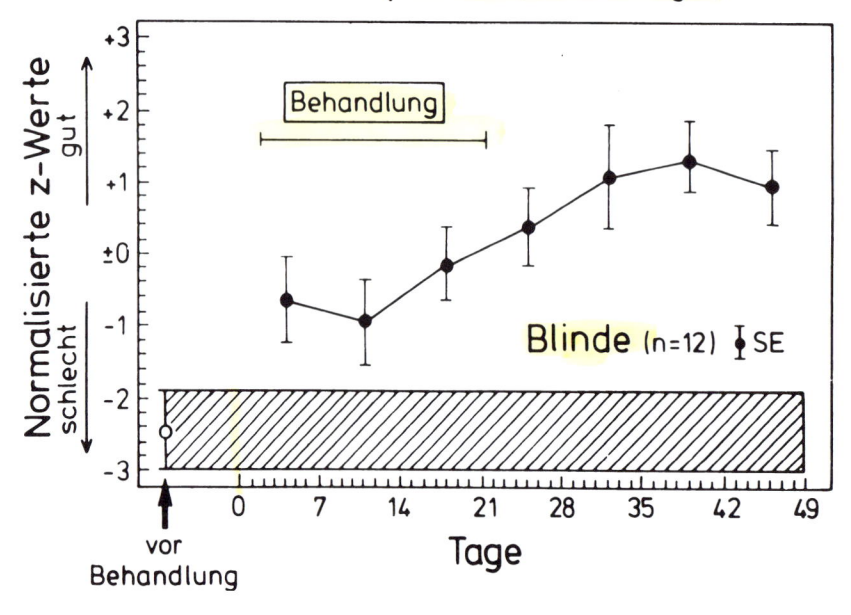

21
a + b: Mittelwerte und Streuungsbereiche der Einschlaf- und Aufwachzeitpunkte sowie der Zeit der nächtlichen Rektaltemperaturminima unter strengen Ruhebedingungen bei Sehenden und Vollblinden vor, während und vier Wochen nach einer dreiwöchigen täglichen Behandlung mit künstlichem Zeitgeberregime (7.00 h Wecken, kalte Dusche, eiweißreiches Frühstück und 20 min Fahrradergometerarbeit).
c: Verlauf der mittleren subjektiven Schlafqualität (nach Moog und Mitarb. 1990).

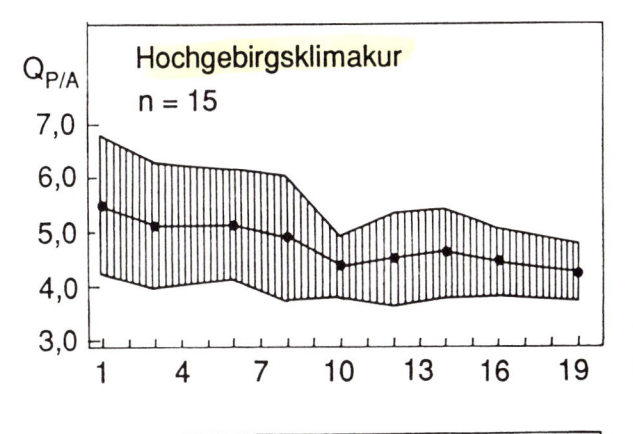

22: Mittlerer Verlauf und Streuungs- bzw. Fehlerbereich des Puls-Atem-Quotienten von 15 Patienten während Hochgebirgsklimakuren *(oben)*, von 20 Patienten während CO_2-Bäderkuren *(Mitte)* und von 32 Probanden während eines dreiwöchigen Ergometertrainings *(unten)* (nach HILDEBRANDT 1989).

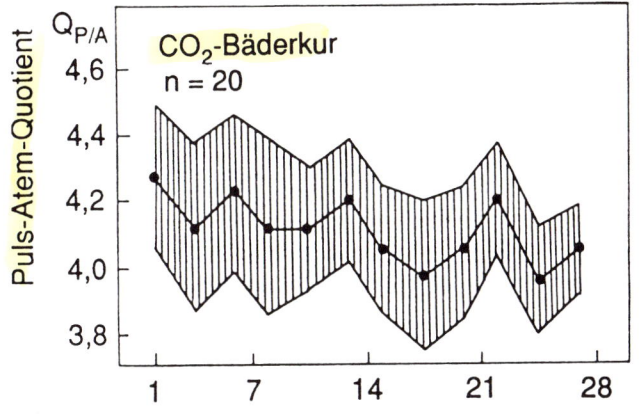

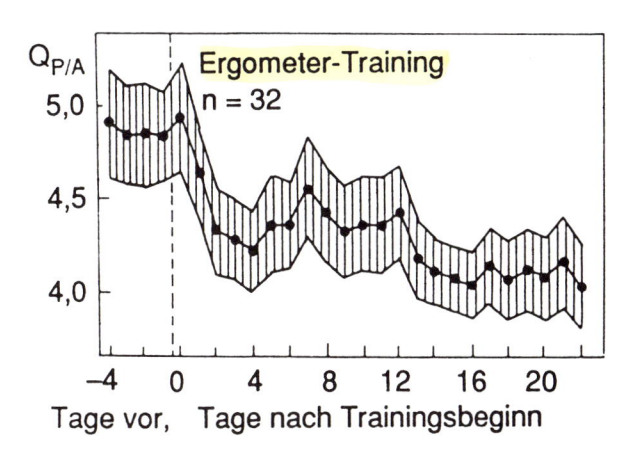

23: Individuelle Verläufe der Quotienten aus Herzperiodendauer (τ) und arterieller Grundschwingungsdauer (T_{fem}) während Kurbehandlungen (nach HILDEBRANDT 1969).

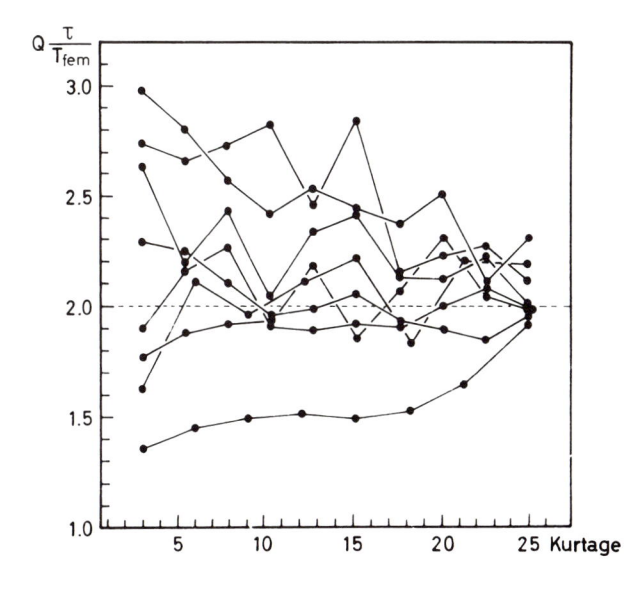

Diese Ergebnisse sprechen dafür, daß die Regelung der gesamten Lebensweise im Rahmen einer zeitordnenden Therapie wirksam und notwendig ist. Auch medikamentöse Maßnahmen sollten in ein solches Gesamtkonzept eingeschlossen werden.

Nachthormon

Von besonderer Aktualität erscheint heute die Frage, ob auch durch gezielte Eingriffe in die hormonale Steuerung des Schlaf- und Wach-Rhythmus präventive und therapeutische Wirkungen erzielt werden können. Das von der Epiphyse, aber auch von Retina und Darmwand produzierte Hormon **Melatonin** wird normalerweise während der Nachtstunden in den Kreislauf abgegeben und erreicht als »Nachthormon« sämtliche Körpergewebe, während am Tage der Lichteinfall auf die Netzhaut über die Aktivierung des Nucleus suprachiasmaticus im Zwischenhirn die Melatoninproduktion fast vollständig unterdrückt (9).

Künstliche Melatoninzufuhr verstärkt allgemein die physiologischen nächtlichen Regenerationsvorgänge und beeinflußt das biochemische Gewebemilieu (Unterdrückung freier Radikale) sowie das Immunsystem. Melatonin wird heute als Schlafmittel, zur Verzögerung der Alterungsvorgänge und allgemein zur Verstärkung trophotroper Funktionen im Organismus im Sinne eines »Wunderhormons« (25) vielfältig verwendet. In Deutschland und Österreich ist Melatonin, im Gegensatz zu den USA, als zulassungspflichtiges Arzneimittel eingestuft und noch nicht zugelassen. Neuerdings wird, als Beleg für die trophotrope Wirkung, von beträchtlichen Zunahmen des Körpergewichts bei chronischer Einnahme berichtet. Die fachliche Kritik richtet sich insbesondere gegen die bisher unzureichend untersuchten Nebenwirkungen durch den Eingriff in den empfindlich geregelten komplexen Hormonhaushalt.

Zirkadiane Umsynchronisation

Positive Effekte einer zeitlich streng definierten Melatoninzufuhr werden vor allem bei der Förderung der zirkadianen Umsynchronisation nach Zeitzonensprüngen sowie im Rahmen von Nacht- und Schichtarbeit berichtet (7; 8). Das Hormon muß jeweils vor dem erwünschten Zeitpunkt des Hauptschlafbeginns eingenommen werden (210).

Im Gegensatz zu den Versuchen einer Phasenbeeinflussung ultradianer Rhythmen durch Verfahren des Biofeedback (Atemrhythmus, Blutdruckrhythmus, Minutenrhythmus) bestehen für die Möglichkeiten einer zeitordnenden Therapie im Bereich der autonomen ultradianen Rhythmen ganz anders geartete Grundlagen. Erfahrungsgemäß werden die autonomen Fähigkeiten zur Frequenz- und Phasenkoordination dieser Rhythmen durch wiederholte Störungsreize, die vom Organismus adaptiv überkompensiert werden können, intensiviert, was den Prinzipien von Übung und Training entspricht.

⌾ 22 zeigt z. B. die Intensivierung der Frequenzkoordination von Herz- und Atemrhythmus (Puls-Atem-Quotient) während verschiedener kurmäßiger Belastungen (Hochgebirgsklima, CO_2-Bäderkur, Ergometertraining). Die Gruppenmittelwerte nähern sich der Norm des Quotienten von 4 : 1 an, und die Gruppenvariabilität nimmt im Sinne einer adaptiven Normalisierung ab (165; 332). Entsprechend wurde auch eine Zunahme der Phasenkopplung zwischen Herz- und Atemrhythmus als

Folge der zeitordnenden Wirkung systematischer Reizbelastungen gefunden (264).

Auch die Frequenz- bzw. Phasenkoordination zwischen Herzrhythmus und arterieller Resonanzschwingung (Grundschwingung) (vgl. ⊙ 91, S. 112) kann nach derselben Modalität therapeutisch beeinflußt werden. ⊙ 23 zeigt den konvergierenden Verlauf der individuellen Werte des Quotienten aus Herzperiodendauer und arterieller Grundschwingungsdauer auf das normale ganzzahlige Verhältnis 2:1, was einer myokardialen Energieeinsparung von ca. 30% entspricht (53). Auch medikamentös kann nach neueren Befunden ein solcher zeitordnender Therapieeffekt erreicht werden (198; 303).

Chronohygiene

Die zivilisatorischen Lebensformen des Menschen gehen mit einer fortschreitenden Emanzipation aus den naturgegebenen Zeitordnungen einher. Künstliche Beleuchtung und Klimatisierung, sprunghafte Wechsel von Jahreszeit und Zeitzonen, Nachtarbeit, Weck- und Schlafmittel, hormonale Ausschaltung des Menstruationrhythmus u.a. sind Kennzeichen dieser Entwicklung, welche – analog den äußeren ökologischen Problemen – die ernste Frage aufwirft, bis zu welchem Grade der Mensch auch seine inneren zeitbiologischen Grundlagen stören und deren natürlichen Zuammenhang mit den geophysikalischen und kosmischen Ordnungen aufheben kann.

Alle Gesundheitslehren, die innerhalb und außerhalb der Medizin entwickelt wurden, enthalten als wesentlichen Bestandteil die Forderung nach einer rhythmusgerechten Lebensweise, den geordneten Wechsel von Tagesarbeit und Nachtschlaf, Anstrengung und Erholung, die Einhaltung des Wochenrhythmus, das bewußte Miterleben der Jahresrhythmik, rhythmische Nahrungsaufnahme u.a. umfassen (30; 60; 141; 171; 189; u.a.).

Die negativen gesundheitlichen Auswirkungen bei Nacht- und Schichtarbeitern und bei Flugzeugbesatzungen, die in unterschiedlicher Weise ständigen Zeitverschiebungen unterliegen, unterstreichen die Notwendigkeit **chronohygienischer** Maßnahmen (285). Es bestehen allerdings erhebliche interindividuelle Unterschiede in der Reaktion auf Änderungen des Zeitgeberregimes und der Toleranz von Synchronisationsstörungen, was zu einem Ausleseprozeß führt (vgl. ⊙ 24) (5; 135; 234).

So erweisen sich Morgentypen mit früher zirkadianer Phasenlage als unfähig zur Phasenadaptation an Nachtarbeit, während Abendtypen mit später Phasenlage Nachtarbeit bevorzugen können (134; 232). Naturgemäß sind extreme Abweichungen von einer mittleren, indifferenten zirkadianen Phasenlage zunehmend seltener.

Nachtarbeit ist mit Morgentypen inkompatibel

Bei unumgänglicher Nachtarbeit wird eine Beschränkung auf eingestreute Nachtschichten empfohlen, denen Ruhepausen von mindestens 24–36 Stunden Dauer folgen sollen. Dadurch werden die sonst eintretenden zirkadianen Anpassungsreaktionen (⊙ 25), die zu Phasenverschie-

24: *Oben:* Häufigkeitsverteilung der in einem Vier-Fragen-Test zur Beurteilung der zirkadianen Phasenlage erhaltenen mittleren Scores von 129 Pflegekräften eines Klinikums. *Unten:* Beurteilungen der Nachtschichttoleranz beim selben Kollektiv in Abhängigkeit vom zirkadianen Phasentyp (nach Daten von PÖLLMANN, aus HILDEBRANDT und Mitarbeiter 1987).

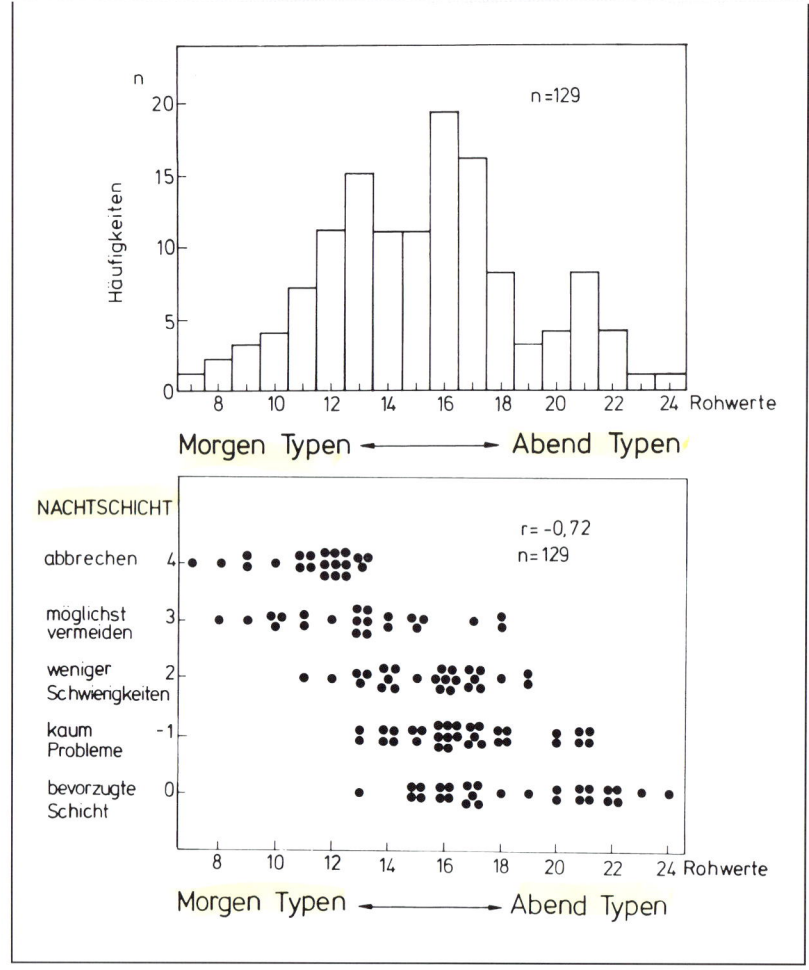

Jet lag

bung, Amplitudenabflachung und Frequenzmultiplikation mit gleichzeitiger Gefahr einer internen Desynchronisation führen können, vermieden. In entsprechender Weise soll bei Zeitzonensprüngen von Flugzeugbesatzungen eine Anpassungsreaktion durch möglichst schnelle Rückkehr zum Ausgangsort umgangen werden (201). Andererseits wird die Umsynchronisation des Reisenden auf eine neue Ortszeit und die Überwindung der dabei auftretenden Befindensstörungen (»jet lag«) nachweislich dadurch beschleunigt, daß dieser von Anfang an möglichst intensiv an der neuen Lebensweise teilnimmt. Auch eine hormonale Unterstützung der Umsynchronisation durch **Melatoningaben** zur Einleitung des Schlafes in der gewünschten Phasenlage wird neuerdings praktiziert (vgl. S. 42). Der Zeitbedarf der Umsynchronisation wird – je nach Richtung der Zeitverschiebung – mit 60–120 Minuten Zeitverschiebung/Tag angegeben. Bei länger dauernder Nachtarbeit kann die Umsynchronisation 1–3 Wochen dauern. Bei Morgentypen fehlen die Voraussetzungen

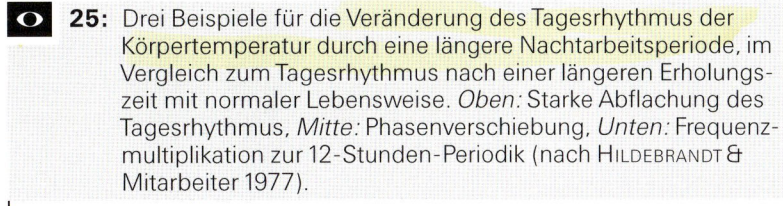

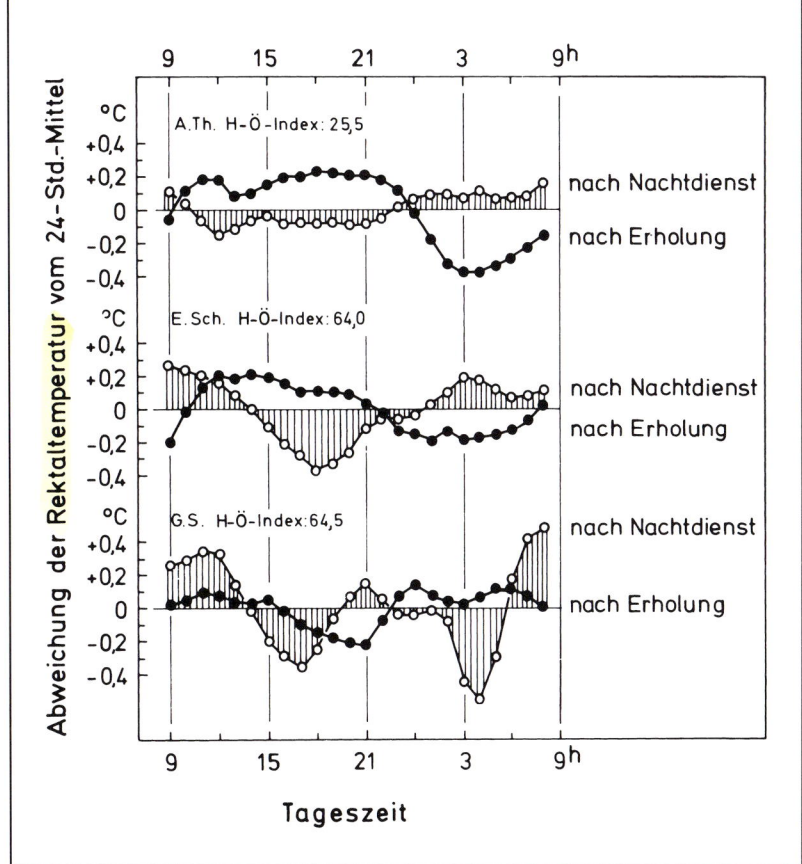

Abb. 25: Drei Beispiele für die Veränderung des Tagesrhythmus der Körpertemperatur durch eine längere Nachtarbeitsperiode, im Vergleich zum Tagesrhythmus nach einer längeren Erholungszeit mit normaler Lebensweise. *Oben:* Starke Abflachung des Tagesrhythmus, *Mitte:* Phasenverschiebung, *Unten:* Frequenzmultiplikation zur 12-Stunden-Periodik (nach HILDEBRANDT & Mitarbeiter 1977).

einer solchen Anpassung, da nur ein Teil der möglichen Zeitgeber umgestellt wird.

Die Einführung gleitender Arbeitszeiten kommt diesen konstitutionell verankerten Unterschieden in der Toleranz zwar entgegen, doch muß bedacht werden, daß es sich bei diesen Typen um Abweichungen von einer mittleren Norm handelt, die im Extrem pathologische Bedeutung gewinnen können.

- Chronodiagnostik, also die Feststellung von Krankheiten nach chronobiologischen Kriterien, ist ein Zweig der Chronobiologie, der zunehmend an Bedeutung gewinnt. Auch prognostische Aussagen sind z.B. im Fall von Bluthochdruck an Hand tagesrhythmischer Profile des Blutdrucks möglich.

- Die Tatsache, daß die typischen chronischen Krankheiten des zivilisierten Menschen (Diabetes, Krebs, Rheuma, Herzkreislaufstörungen) ohne die zeitliche Struktur akuter Erkrankungen ablaufen, ist eine für das tiefere Verständnis dieser Erkrankungen wichtige Erkenntnis der Chronobiologie.

- In der Chronotherapie wird versucht, Erkenntnisse über die normale menschliche Zeitordnung auch therapeutisch anzuwenden: Dies kann einerseits durch Gabe von Medikamenten zum Zeitpunkt ihrer günstigsten Wirkung oder aber im Sinne einer Zeitordnenden Therapie erfolgen, in deren Verlauf z.B. die Patienten zu vernünftiger Gestaltung des Tagesablaufs geschult werden.

- Wichtige Erkenntnisse hat die angewandte Chronobiologie im Bereich der Nacht- und Schichtarbeit geliefert: Sie hat auf die Gefahren dieser »maschinengerechten« Arbeitsweise hingewiesen. Dort, wo solche Arbeitsformen unumgänglich sind, hat sie Richtlinien entwickelt, die eine menschenverträgliche Gestaltung der Schichtzeiten ermöglichen.

- Ähnliche Probleme wie bei Schichtarbeit treten im Bereich des Flugverkehrs auf. Dort trägt die angewandte Chronobiologie dazu bei, den »Jet lag« so gering wie möglich zu gestalten.

4 Chronobiologische und chronomedizinische Untersuchungsmethoden

Chronobiologische Erkenntnisse können auch mit einfachen Mitteln gewonnen werden. Eine wichtige Voraussetzung ist jedoch ein ungestörtes Umfeld, eine präzise Einhaltung der Meßzeitpunkte und der Gleichförmigkeit des Meßablaufes. Für zirkadiane Messungen verbringen die Versuchspersonen den 24-Stunden-Tag unter möglichst gleichmäßigen Bedingungen in einem geeigneten und temperaturkonstanten Raum. Aktivität und Nahrungsaufnahme (»Rhythmuskost«) der Versuchspersonen sind streng vorgegeben.

Allgemeine Vorbemerkungen

Kenngrößen zur Beschreibung biologischer Rhythmen

Das methodische Rüstzeug zur Beschreibung und Beurteilung rhythmischer Vorgänge lehnt sich an die in der Physik der Schwingungen üblichen Verfahren an. Erfaßt werden (◐ 26):

- die **Periodendauer** (τ, Wellenlänge), gemessen als Zeitabstand zweier korrespondierender Phasenpunkte,
- die **Frequenz** als Kehrwert der Periodendauer,
- die **Amplitude** des schwingungsförmigen Ablaufs, wobei in der Physik in der Regel die Halbamplitude (Differenz zwischen Schwingungsgleichwert und Maximum der Auslenkung), in der Chronobiologie häufig auch die Differenz zwischen Maximum und Minimum (Doppelamplitude) verwendet wird,
- die **Phasenlage** der Schwingung in Bezug auf die äußere Zeit, bzw. auf speziell gewählte zeitliche Bezugssysteme (z. B. Tagesminimum der Körpertemperatur),
- der **Gleichwert** (Mittelwert, Mesor) der Schwingung und
- die **Akrophase**, die zeitliche Lage des berechneten Maximums im Bezugssystem (93).

Formfaktor des Schwingungsverlaufes

Hinzu kommen noch spezielle Parameter wie z. B. der »Formfaktor« oder die Schiefe eines Schwingungsablaufs, wobei am häufigsten zwischen sinusförmigen (Pendelschwingung) und impulshaften Verlaufsformen (Kippschwingung) unterschieden wird (◐ 3, S. 11).

Von besonderer Bedeutung für die Beurteilung der Zusammenordnung verschiedener rhythmischer Vorgänge ist eine quantitative Beschreibung der Phasenbeziehungen zwischen den beteiligten Rhythmen, wobei nach dem Grad der Bevorzugung bestimmter zeitlicher Muster des

26: Definition der Kenngrößen von Rhythmen nach HALBERG und Mitarbeiter (1986). Mesor: Schwingungsgleichwert, mittleres Schwingungsniveau nach Anpassung einer rhythmischen Funktion unter Voraussetzung äqudistanter Meßpunkte.
Periodendauer (τ): Schwingungsdauer eines kompletten Zyklus. Gemessen in absoluter Zeit oder als 360°.
Amplitude: Die Hälfte der Differenz zwischen Maximum und Minimum der Schwingung (Doppelamplitude) nach Anpassung an eine rhythmische Funktion.
Akrophase: Die Phase des gemessenen bzw. berechneten Maximums der rhythmischen Funktion in Bezug auf die Referenzzeit.

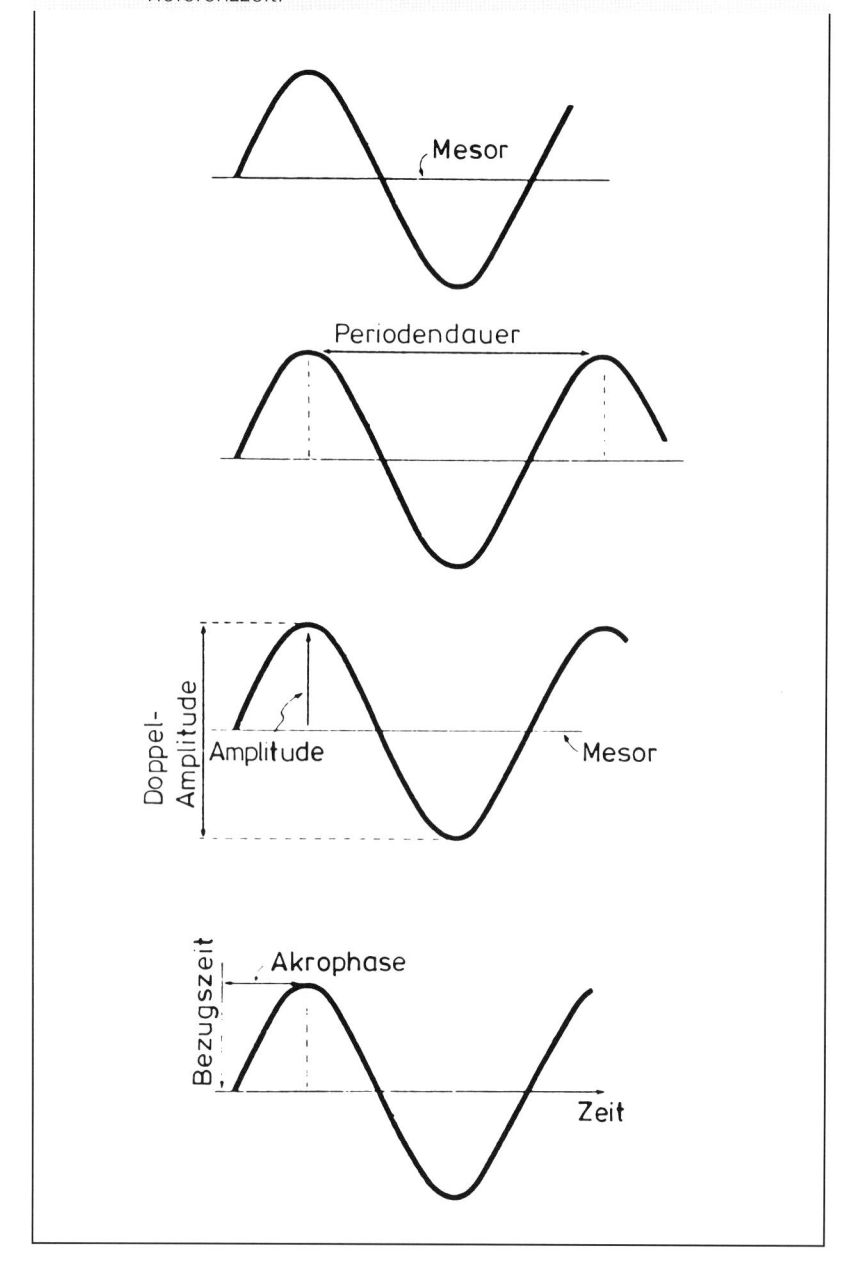

Zusammenwirkens zwischen absoluter und relativer Koordination (167) unterschieden wird.

Die Sicherheit in der Beurteilung, ob es sich bei einer Zeitreihe von Meßpunkten um einen Rhythmus handelt, hängt in erster Linie von der Zahl der Meßpunkte innerhalb einer Periode und von dem Verhältnis zwischen Periodendauer und Länge der verfügbaren Zeitreihe ab. Weiterhin spielen methodische Streuung und Beeinflussung der Meßparameter durch Störeinflüsse (sog. »Masking«) eine wesentliche Rolle (93; 233; 260; 181, vgl. ◘ 3).

Voraussetzungen und Methodik chronobiologischer Meßreihen

Masking von Zeitreihen

Umfang und Bedeutung chronobiologischer Phänomene lassen sich durch einfache Meßreihen der verschiedensten Parameter eindrucksvoll darstellen. Die spontanrhythmischen Veränderungen im Organismus treten umso deutlicher hervor, je weniger Störungen, auf die der Organismus reagiert, die Beobachtungsreihe beeinflussen können. Die reaktiv verursachten Funktionsauslenkungen, die den spontanrhythmischen Gang der Funktionen überlagern und verdecken, werden als Maskierungseffekte (10, 15; 344) bezeichnet. Es gibt verschiedene Versuche, durch begleitende Registrierung von Verhalten und Störeinflüssen und deren quantitative Bewertung aus den mit Maskierung verfälschten Kurven den ungestörten spontanen Funktionsablauf rechnerisch zu bestimmen (38; 224, 225, 226). Am sichersten ist es aber, durch möglichst kontinuierliche Bettruhe und gleichmäßig verteilte Nahrungs- und Flüssigkeitsaufnahme (sog. **Rhythmuskost**; 216) die maskierenden Störeinflüsse gering zu halten (sog. *control days*; vgl. 235).

Rhythmuskost

Die geschilderten Verhältnisse machen deutlich, daß chronobiologische Untersuchungen zur Darstellung spontanrhythmischer Vorgänge große Anforderungen an Probanden und Untersucher stellen, vor allem hinsichtlich der Verhaltensdisziplin und des Gleichmaßes der Umgangsformen. Selbstverständlich gelten die Anforderungen an konstante Untersuchungsbedingungen auch für die technischen Hilfsmittel (z.B. Eichkonstanz).

Die Anforderungen nehmen naturgemäß mit der Beobachtungszeit und Untersuchungsdauer zu. Diese wiederum sind abhängig von der Periodendauer des darzustellenden Rhythmus. 24-Stunden-Untersuchungen zur Darstellung der Tagesrhythmik gehören bereits zu den schwierig durchzuführenden Untersuchungen.

Insbesondere wegen der Anforderungen an den Untersucher ist zu überlegen, inwieweit die Durchführung von 24-Stunden- und längeren Beobachtungsreihen durch eine Beteiligung mehrerer Untersucher erleichtert werden kann. Hier ist darauf zu achten, daß die Meßtermine für jeden beteiligten Untersucher so gleichmäßig verteilt werden müssen, daß keine individuell abhängigen Asymmetrien entstehen können. Besser ist es in jedem Fall, daß die Untersucher während der ganzen Beobachtungszeit dieselben bleiben. Automatische Meßgeräte erleichtern die kontinuierliche Datenerhebung, sind jedoch nur für wenige Parameter verfügbar.

Aus dem breiten Spekrum biologischer Rhythmen können mit vertretbarem Aufwand die wichtigsten im Rahmen praktischer Übungen dargestellt bzw. im Selbstversuch erlebbar gemacht werden.

Aus dem mittelwelligen Bereich eignen sich vor allem Herzrhythmus und Atemrhythmus und deren Koordinationsphänomene als Gegenstand eigener Untersuchungen. Die Beobachtung des Herzrhythmus ist Teil jeder ärztlichen Untersuchung, auch der Atemrhythmus bietet wichtige Einblicke in den Körperzustand. Die Zusammenordnung beider Rhythmen in Bezug auf Frequenz- und Phasenkoaktion (Phasenkoppelung) stellt einen wichtigen Zugang zur Beurteilung der vegetativen Regulation dar (243).

Ein breites Feld zum unmittelbaren Studium bietet auch die Beobachtung motorischer Rhythmen (Gangrhythmus, Arbeitsrhythmen wie Rühren, Klopfen etc.) und deren Abstimmung mit anderen rhythmischen Funktionen. So interessieren z. B. die Phasenbeziehungen zwischen Herzrhythmus bzw. Atemrhythmus und motorischen Rhythmen 262).

BRAC-Cycle

Von den rhythmischen Vorgängen mit Periodendauern im Bereich von Stunden ist der rhythmische Seitigkeitswechsel der Nasenatmung als ein kreislaufbedingtes Phänomen unmittelbar der Beobachtung zugänglich. Die Untersuchung des basalen Aktivitätsrhythmus (BRAC-Cycle) erfordert die Anwendung fortlaufender bzw. dicht wiederholter Messungen vigilanzabhängiger Parameter. Auch die zyklischen Schwankungen der Schlafbereitschaft lassen sich mit einfachen Methoden darstellen.

Schon wegen seiner besonderen praktischen Bedeutung sollte die Untersuchung des **Tagesrhythmus** (Zirkadianrhythmus) im Mittelpunkt chronobiologischer und -medizinischer Untersuchungen stehen. Die Komplexität dieses Rhythmus läßt eine schier unbegrenzte Auswahl von Meßparametern zu. Für das Verständnis funktioneller Zusammenhänge ist die Beobachtung des wechselseitigen Verhaltens der verschiedenen Teilfunktionen im Tagesgang besonders instruktiv.

Die Verwendung rhythmischer Parameter erlaubt weitere Einblicke in die hierarchische Struktur der zeitlichen Organisation des Menschen. Als Leitparameter sollte wegen der besonderen Stabilität die Körperkerntemperatur stets mitverfolgt werden, zumindest als Sublingualtemperatur. Bei tagesrhythmischen Untersuchungen bietet sich auch die Möglichkeit, auf die Wechselwirkungen zwischen Spontanrhythmik und reaktiven Einflüssen im Sinne von Maskierungseffekten einzugehen.

Zu **tagesrhythmischen Gruppenversuchen** verbringen die Versuchspersonen einen 24-Stunden-Tag unter möglichst gleichmäßigen Bedingungen in einem geeignet ruhigen und möglichst temperaturkonstanten Raumbereich. Für jede Versuchsperson ist ein Bett bzw. ein bequemes Matrazenlager mit Decken und Kopfpolster vorzusehen. Die Aktivität der Versuchspersonen ist streng vorgegeben. Sie halten Liegeruhe ein und dürfen nur in unmittelbarem Anschluß an die Meßtermine zu notwendigen Verrichtungen aufstehen. Damit wird erreicht, daß der nächstfolgende

Meßtermin möglichst geringen Störeinflüssen unterliegt. Die Nahrungszufuhr erfolgt in Form abgemessener gleicher Portionen eiweißarmer Nahrungsmittel, die einschließlich einer dosierten Flüssigkeitszufuhr in Form neutraler Getränke in gleichen Abständen gereicht und aufgenommen werden (»Rhythmuskost«).

Zahl und Art der Meßgrößen richten sich zum einen nach der Verfügbarkeit der Meßgeräte, sind aber streng begrenzt durch den verfügbaren Zeitbedarf: Eine messungsfreie Mindestruhezeit von 30–40 Minuten vor jedem Meßtermin sollte unbedingt eingehalten werden. Die in eigenen Studentenpraktika durchgeführten Versuchsreihen konnten dementsprechend nur eine jeweils begrenzte Zahl von Meßparametern berücksichtigen.

Die Versuchsdauer sollte insgesamt mehr als 24 Stunden betragen, um die Daten der ersten Meßtermine als Eingewöhnungs- und Organisationsprobe eliminieren und außerdem Trendeinflüsse beurteilen zu können. Bewährt hat sich ein Untersuchungszeitraum von 15 Uhr bis 15 Uhr des folgenden Tages mit zwei vorangehenden Probeuntersuchungen. Dadurch wird auch zur Gleichmäßigkeit des Flüssigkeits- und metabolischen Status beigetragen.

Die notwendige Anzahl der beteiligten Untersucher richtet sich nach der Zahl der Versuchspersonen und Meßmethoden sowie auch besonders nach dem Umfang der möglichen Beteiligung der Versuchspersonen an den Messungen. Die Ausführung der Messungen muß bei Beteiligung der Versuchspersonen entsprechend sorgfältig geübt werden.

Die Meßergebnisse werden jeweils in entsprechend vorbereitete individuelle Protokollbögen eingetragen. Dazu muß die nötige Zahl von Schreibmaterialien sowie gegebenenfalls von Stoppuhren zur Verfügung gestellt werden.

Im Bereich der längerwelligen **infradianen** Rhythmen besteht einerseits die Möglichkeit, rhythmische Strukturen anhand vorliegender statistischer Daten (z. B. Krankenhausstatistiken, öffentliche Statistiken) anschaulich zu machen. Andererseits können mit geeigneten Parametern eigene Zeitreihen erstellt werden, wobei darauf zu achten ist, daß die Meßzeitpunkte in Bezug auf die zu erwartende Periodendauer des Rhythmus hinreichend häufig und möglichst äquidistant gewählt werden. Für jahresrhythmische Messungen können bei Männern z. B. 1-monatige Meßabstände ausreichend sein. Auch der Menstruationsrhythmus kann anhand von autometrischen Daten von hinreichender Meßdichte dargestellt werden, wobei die Kontrolle der basalen Körpertemperatur als Bezugsgröße dient.

Adaptive Reaktionen

Die Darstellung **reaktiver Perioden** (Zirkaseptanperiodik etc.) setzt die definierte Einleitung adaptiver Reaktionen (z. B. Orts- und Klimawechsel, Änderung der zeitlichen Tagesordnung) voraus (vgl. S. 114f).

Schließlich kann auch die Demonstration von morphologisch fixierten rhythmischen Strukturen (z. B. Jahresringe der Bäume, schichtige Strukturen bei verschiedenen Lebewesen u.a.m.) den gegliederten Fluß der biologischen Zeit veranschaulichen (vgl. dazu ☎ 56, S. 83).

Ausgewählte Meßverfahren zur chronobiologischen Beobachtung am Menschen

Physiologische Meßgrößen

Bestimmung der zirkadianen Phasenlage (Phasentyp):

Neben der Möglichkeit, die individuelle zirkadiane Phasenlage aus dem Tagesgang der Körpertemperatur und anderer Parameter objektiv zu bestimmen, können auch entsprechende Fragebogenmethoden verwendet werden (z. B. 3; 4; 169; 175; 185; 230; 231; 233; 234, 237, 246, 338), die nur einmal vorgelegt werden müssen. Die Auftrennung des Gesamtmaterials nach zirkadianen Phasentypen führt z. B. zu einer Verminderung der interindividuellen Variabilität der Tagesgänge, hat aber auch reaktionsprognostische Bedeutung.

Körpertemperatur im Liegen:

Jeder Meßtermin sollte mit der Bestimmung der Körpertemperatur beginnen, die mit einem (elektronischen) Thermometer (mindestens 0.1 °C genau) mit möglichst kurzer Meßzeit auch sublingual gemessen werden kann.
Während der Meßzeit darf, wie bei anderen störungsanfälligen Parametern auch, keinesfalls gesprochen werden, es können aber andere Messungen, z. B. der Pulsfrequenz und Atemfrequenz sowie des Blutdrucks im Liegen, während der Meßzeit durchgeführt werden.

Atemfrequenz im Liegen:

Der Untersucher bzw. bei Gruppenversuchen die wechselseitig mituntersuchende Versuchsperson beobachtet die spontanen Atembewegungen des Probanden und zählt deren Frequenz anhand einer Stoppuhr über 60 Sekunden. Dabei ist es leicht möglich, die Frequenz auf 0,1 Atemzüge pro Minute zu schätzen.

Pulsfrequenz im Liegen:

Die Pulsfrequenz wird palpatorisch durch Selbst- oder Fremdmessung unter möglichster Einhaltung der Ruhelage über 30 oder 60 Sekunden bestimmt. Nach Möglichkeit soll der Wert auf eine Dezimale geschätzt werden.

Puls-Atemquotient im Liegen:

Der Quotient aus Puls- und Atemfrequenz ergibt sich aus den vorangehenden Einzelmessungen, kann aber gegebenenfalls auch direkt gemessen werden, indem der Untersucher die Zahl der Pulsschläge während zehn Atemzügen bestimmt und durch zehn dividiert. Die Messung wird dadurch erleichtert, daß der Untersucher mit dem peripheren Gesichtsfeld den Atemrhythmus des Probanden beobachtet und mitatmet.

Blutdruckmessung im Liegen:

Die Blutdruckmessung kann autometrisch nach Riva-Rocci-Korotkov oder oszillometrisch, besser aber wechselseitig bzw. durch unbeteiligte Untersucher durchgeführt werden. Beim Ablassen des Manschettendruckes sollen etwa drei Pulsschläge pro zehn Millimeter Druckverlust auftreten. Die Anwendung automatischer Meßverfahren des Blutdrucks kann gegebenenfalls von Vorteil sein.

Atemfrequenz, Pulsfrequenz, Puls-Atemquotient und Blutdruckmessung im Stehen:

Die Messungen im Stehen sollten nach dem aktiven Aufstehen des Probanden erst mit einer Latenz von einer Minute begonnen werden, wobei die Reihenfolge konstant gehalten werden muß. Für die Messungen des Puls-Atemquotienten im Stehen empfiehlt sich gegebenenfalls die oben angegebene simultane Methode. Zur näheren Untersuchung der Blutdruckdynamik nach dem Aufstehen können auch mehrfache Messungen in festgelegten Zeitintervallen oder fortlaufend registrierende Verfahren eingesetzt werden.

Hauttemperaturmessungen:

Bei der Untersuchung der Hauttemperatur empfiehlt es sich, zur Darstellung der »aktuellen Spannung« der Thermoregulation zumindest eine zentrale (z. B. Stirnhaut) und eine akrale (z. B. Mittelfingerkuppe) Hauttemperatur zu messen. Thermoelektrische oder elektronische Meßgeräte mit kurzer Einstellzeit sind erforderlich. Die Erfassung der mittleren Hauttemperatur mit mehr als zwei Meßpunkten dürfte für Zeitreihen mit genügend dichter Meßfolge zu aufwendig sein.

Vitalkapazität:

Die Vitalkapazität (maximum expiratory volume) wird im Stehen unter Verwendung eines geeigneten Spirometers oder Spirographen gemessen, unter Umständen in Doppelbestimmungen.

Maximale Exspirationsstromstärke (Pneumometerwert):

Die Bestimmung des »peak flow« geschieht am einfachsten mit einem Pneumometer beim exspiratorischen Atemstoß. Natürlich kann auch jede andere spirometrische oder spirographische Methode angewendet werden, wobei auch eine zeitliche Fraktionierung möglich ist (z. B. FEV 0,5 sec).

Messungen der Harnausscheidungen:

Bei der Messung der Harnausscheidungen ist die individuelle Mitwirkung der Probanden unbedingt erforderlich. Jeder Proband erhält ein eigenes Sammelgefäß. Für eine ungestörte und diskrete Möglichkeit der Harnentleerung ist Sorge zu tragen. Zusätzliche Harnportionen zwischen den Meßterminen müssen dem Sammelgefäß zugeführt werden. Die genaue Uhrzeit der termingerechten Harnentleerung ist festzuhalten.

Gängigste Harnparameter sind:
- **Harnmenge** (Meßzylinder)
- **Spezifisches Gewicht** des Harns (Tauchspindel)
- **Weitere Harnparameter**, z.B. Elektrolytgehalt, Harnsäuregehalt, Melatoningehalt, Prolactingehalt, Cortisolgehalt, Katecholamine werden aus eingefrorenen Harnproben nachträglich bestimmt. Dafür sind Probenflaschen und Kühlvorrichtungen bereit zu halten.

Speichelsekretion:

Die Speichelsekretion wird durch Ansaugen einer Auffangpelotte an der Papille des Ausführungsganges der Parotisdrüse gemessen, und zwar unter Spontanbedingungen und/oder unter Stimulation durch Kauen von Kaugummi. Neuerdings hat die Bestimmung von Hormongehalten im Speichel an praktischer Bedeutung gewonnen (318).

Tränensekretion (Schirmer-Test):

Zur quantitativen Bestimmung der Tränensekretion wird die Diffusionsstrecke der Tränenflüssigkeit in Fließpapierstreifen ausgemessen, die für eine bestimmte Zeit in den Konjunktivalsack eingelegt werden (23).

Seitigkeit der Nasenatmung:

Zur Seitigkeitsmessung der Nasenatmung wird ein definiert (im Kühlschrank) vorgekühlter Handspiegel oder eine schwarze Plexiglasplatte (Nasymmeter, 77) der forciert durch die Nase exspirierenden Versuchsperson unter die Nase gehalten und semiquantitativ Ausdehnung und Dauer der beiderseitigen Niederschlagsareale in fünf Stufen bestimmt.

Körpergröße:

Zur Darstellung von Schwankungen der Körpergröße wird diese an jedem Meßtermin im Stehen mit einer geeigneten Meßlatte auf 0,1 cm genau bestimmt.

Körpergewicht:

Bei wiederholten Körpergewichtsbestimmungen ist auf stets gleichbleibende Bekleidung sowie auf konstante bzw. definierte zeitliche Beziehung zu Harn- und Stuhlentleerung sowie zur Nahrungsaufnahme zu achten. Verwendet wird eine geeichte Dezimalwaage oder eine hochwertige elektronische Waage.

Kapillarblutentnahmen:

Zur Bestimmung von Hämatokrit, Blutdichte, Plasmadichte und Hämoglobingehalt sowie zur Blutzellzählung sollten Kapillarblutentnahmen mit gleicher Stichtiefe aus Ohrläppchen oder Fingerkuppen in systematisch wechselnder Folge durchgeführt werden.

Maximale Muskelkraft:

Die Bestimmung maximaler Muskelkräfte erfolgt am einfachsten als beidseitige Greifkraftmessung mit einem Handdynamometer, wobei Mehrfachmessungen erforderlich sind.

Psycho-physiologische Meßgrößen

Hand-Auge Koordinationstest (Handgeschicklichkeit):

Diesem Zweck dient z. B. der standardisierte Hand-Dominanz-Test (309) im Sitzen. Dabei wird die Länge der in einem Labyrinth mit dem Bleistift zurückgelegten Strecke für beide Hände gemessen (◎ 27).

Fingerzählen:

Der Proband hält die Stoppuhr in der linken Hand und hebt die rechte Hand bei gebeugten Ellbogen mit dem Unterarm aufrecht, sodaß die Finger gut im Blickfeld liegen. Mit dem Start der Stoppuhr beginnt der Proband, mit dem rechten Daumen den rechten Zeigefinger (1) zu berühren, danach, so schnell wie möglich, den Mittelfinger (2), den Ringfinger (3) und den kleinen Finger (4) und zurück zu weiteren Durchläufen, bis 25 Berührungen erreicht sind. Die benötigte Zeit wird abgestoppt. Dieser Test prüft vorwiegend die Auge-Hand-Koordination.

Konzentrations- und Aufmerksamkeitstest:

Zu diesem Zweck kann z. B. das standardisierte psychologische Testverfahren d2 (2a) verwendet werden. Es werden dem sitzenden Probanden aus dem Originaltestbogen zu jedem Meßtermin eine oder mehrere Testzeilen vorgelegt (Testdauer pro Zeile 15 s) und die Anzahl der Fehler und der richtig erkannten Testzeichen gemessen. Die konzidierte Arbeitszeit wird mit der Stoppuhr kontrolliert. Dieses Verfahren hat einen hohen Lerneffekt und muß vor Versuchsbeginn entsprechend eingeübt werden.

Reaktionszeit:

Die einfachste Form einer Reaktionszeitmessung stellt der sogenannte Linealfalltest dar. Der Untersucher hält dazu ein 40 cm langes Lineal senkrecht so in der Hand, daß der Proband mit geöffnetem Zeigefinger und Daumen in Höhe der 0 Marke das Lineal umschließt. Wenn der Untersucher das Lineal ohne Ankündigung senkrecht fallen läßt, hat der Proband die Aufgabe, den Fall möglichst schnell durch seinen Zugriff aufzuhalten. Die »Reaktionszeit« (t) wird auf der Skala des Lineals als Strecke [l] abgelesen und kann unter Berücksichtigung der Fallgesetze als

27: Labyrinth-Test zur Bestimmung der Hemisphärenseitigkeit (nach STEINGRÜBER und LIENERT 1971).

Zeit angegeben werden $t = \sqrt{\dfrac{2l[m]}{9,81\,[m/sec]}}$ (sec) Mehrere Wiederholungen sind erforderlich.

Selbstverständlich kann auch jede Art von aufwendigerer Technik zur Reaktionszeitmessung verwendet werden.

Empfindlichkeit gegen thermische Reize:

Die Kaltreizempfindlichkeit kann sowohl an der Blutdruckreaktion auf definierte Handkühlung im Wasserbad (4 Grad C; 1 min) oder an der akralen Wiedererwärmungszeit nach kaltem Handbad (15 Grad C; 5 min)

oder nach Abkühlungsreizen an anderen Körperpartien (z. B. Oberguß nach Kneipp) bestimmt werden.
Die Warmreizempfindlichkeit kann z. B. an der Schwitzschwelle der Stirnhaut mit einem Feuchtemeßgerät gemessen werden.

Reaktion auf Zigarettenrauchen:

Hierzu können die Pulsfrequenzauslenkung oder Hautwiderstandsänderungen nach definiertem Rauchen (z. B. 20 Lungenzüge in 30 s Abständen) bestimmt werden. Auch Parameter der Harnchemie (z. B. Cortisol) zeigen Schwankungen der Reagibilität an (22).

Schmerzempfindlichkeit:

Bei der Messung der Schmerzempfindlichkeit bzw. der Schmerzschwellen muß unterschieden werden, ob die Bestimmung der epikritischen oder protopathischen Schmerzqualität gelten soll.

28: Gerät zur Bestimmung der Schmerzempfindlichkeit an der Fingerspitze, bestehend aus einem Eierstecher, der an einer Briefwaage befestigt ist. Vom Probanden wird mit der Fingerspitze bis zum Auftreten einer (leichten) Schmerzempfindung auf die Öffnung des Eierstechers gedrückt. Der erreichte Gewichtswert wird an der Briefwaage abgelesen. Zwischen verschiedenen Versuchspersonen ist die Spitze des Eierstechers sorgfältig zu desinfizieren.

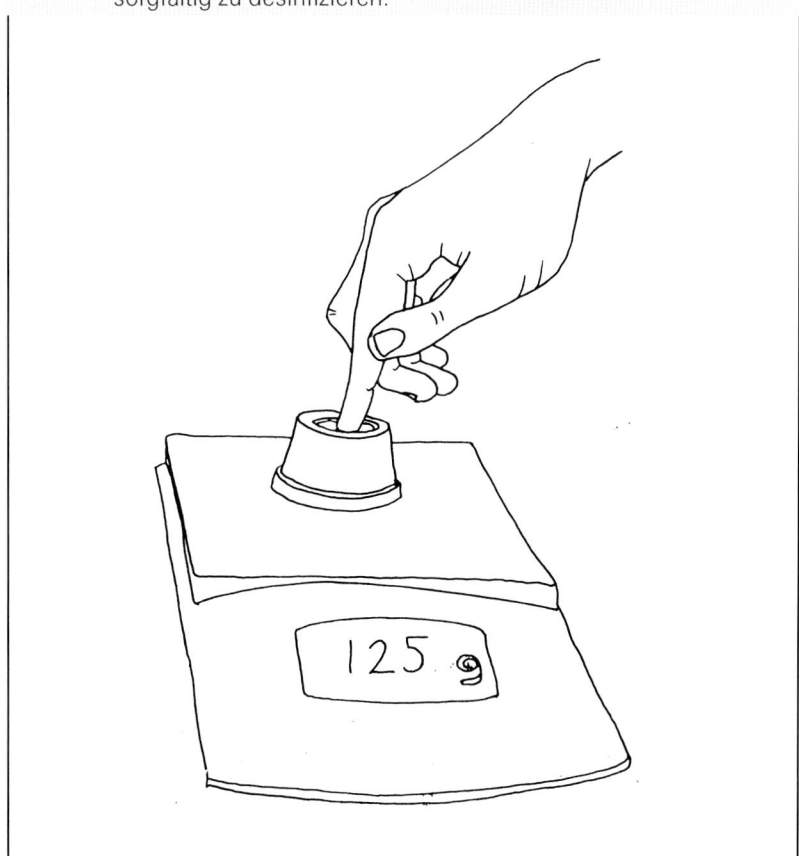

Zur Messung der **epikritischen** Schmerzempfindlichkeit wird die Stichschmerzempfindlichkeit der Haut z. B. an der Fingerbeere mit einem geeichten Federwaageninstrument bestimmt. Der Proband drückt auf die Stiftspitze (☎ 28) der Federwaage bis zum Eintreten einer Schmerzempfindung, wobei die entwickelte Kraft abgelesen wird. Die Bestimmung muß wegen der Verteilung der Schmerzpunkte mehrfach durchgeführt werden.

Die protopathische Schmerzempfindlichkeit kann als Kaltreiznutzzeit eines definierten extremen Kaltreizes an einem gesunden Frontzahn des Probanden gemessen werden. Dazu wird ein Wattepellet von konstantem Querschnitt, das mit einem Kältemittel auf –32 °C abgekühlt wurde, mit dem Auslösen einer Stoppuhr auf die Frontzahnfläche gedrückt. Der Proband stoppt die Zeit bis zum ersten Auftreten des Kälteschmerzes (Nähere Einzelheiten zur Methodik s. 254).

Beurteilung der Thymopsyche

Die folgenden Parameter werden mit geignete Fragebögen erfaßt, die den Probanden zu jedem Meßtermin neu vorgelegt werden. Die vorgegebenen Skalen sollten nicht nur den Zeitaufwand minimieren, sondern auch berücksichtigen, daß die Probanden z. B. bei tagesrhythmisch herabgesetzter Vigilanz Schwierigkeiten mit der Lesbarkeit zu kleiner Vorlagen bekommen können.

Stimmung:

Die Stimmung wird vom Probanden auf einer vorgegebenen analogen oder digitalen Skala mit z. B. sieben Stufen zwischen »niedergedrückt, depressiv« und »hochgestimmt, glücklich« eingeschätzt.

Leistungsbereitschaft:

Auch die Leistungsbereitschaft (Vigor) wird auf einer vorgegebenen Skala eingeschätzt, und zwar zwischen den Extrempolen »inaktiv, schlaff« und »hochaktiv, energiegeladen«.

Vigilanz (Aktiviertheit):

Die Messung erfolgt als Selbsteinschätzung in Anlehnung an eine Subskala der Kurzskala Stimmung/Aktivierung (KUSTA) (337). Die Skala reicht von »müde, matt, energielos, träge« zu »frisch, wach, aktiv, arbeitslustig«.

Spannung-Entspannung (Agitiertheit, innere Unruhe):

Auch die Erfassung dieses Parameters lehnt sich an eine Subskala der Kurzskala Stimmung/Aktivierung (KUSTA) (337) an. Die Skala erstreckt sich von »innerlich unruhig, nervös, aufgeregt, gereizt« bis »ruhig, entspannt, ausgeglichen, gelassen«.

Nervosität:

Der Grad der Nervosität läßt sich z. B. an einer (zehnteiligen) Skala bemessen, die sich von »gar nicht nervös« bis »extrem nervös« bewegt.

Zeitschätzung:

Der Proband startet eine Stoppuhr und zählt mit der Vorgabe, eine Minute (30 od. 10 sec.) zu produzieren, im Stillen so gleichmäßig wie möglich bis 60 (30, 10). Die aufgewendete Zeit wird mit der Stoppuhr gemessen.

Prüfung des Kurzzeitgedächtnisses:

Zur Prüfung des Kurzzeitgedächtnisses bietet sich »Wörter lernen« an, wie es z. B. in der entsprechenden Subskala des I-S-T 70 (6) beschrieben ist. Zur Vermeidung von Übungseffekten sollten vom Versuchsleiter vergleichbare Wörtergruppen formuliert werden.

Prüfung der Rechenleistung:

Verwendung finden können z. B. der Düker-Test oder der Pauli-Test (246). Die Tests sollten einen möglichst geringen Lern- bzw. Übungseffekt haben. In jedem Falle müssen die Probanden vor der Durchführung des Versuchs bis zum Erreichen eines stabilen Leistungniveaus eingeübt werden.

Auswertung

Die gewonnenen Daten sollten in jedem Falle zunächst in Form von sogenannten Chronogrammen, die den Verlauf der Zeitreihe nach den Originalwerten individuell oder in Gruppenmittelwerten darstellen, zur Anschauung gebracht werden. Der besseren Übersicht wegen können die Daten mehrfach hintereinander aufgetragen werden (vgl. die nachfolgenden Befundbeispiele). Der Vergleich der Chronogramme verschiedener Parameter ist von größter didaktischer Bedeutung, weil er Einblick in funktionelle Gesamtzusammenhänge ermöglicht.

Zur weiteren Verarbeitung können die verschiedenen Methoden der Zeitreihenanalyse angewendet werden, z. B. Autokorrelation, Kreuzkorrelation, Polygonanpassung, Cosinorverfahren (93) etc., die teilweise die Verwendung von Computern voraussetzen (◘ 29).

Da rhythmisch-biologische Veränderungen meist nicht einen sinusoidalen Verlauf aufweisen, kommt auch der Bestimmung von Formfaktoren (z. B. Schiefe-Quotient) eine Bedeutung zu (◘ 3, S. 11).

29: Mathematische Methoden der Chronobiologie
   a Zeitreihe der Originaldaten
   b Fouriertransformation
   c geglättete Fouriertransformation
   d Autokorrelationsfunktion
   e Spektrum berechnet aus d
   f Cosinor-Anpassung
   g Spektrum autoregressiv berechnet
(nach FRÜHWIRT 1996, unveröffentlicht).

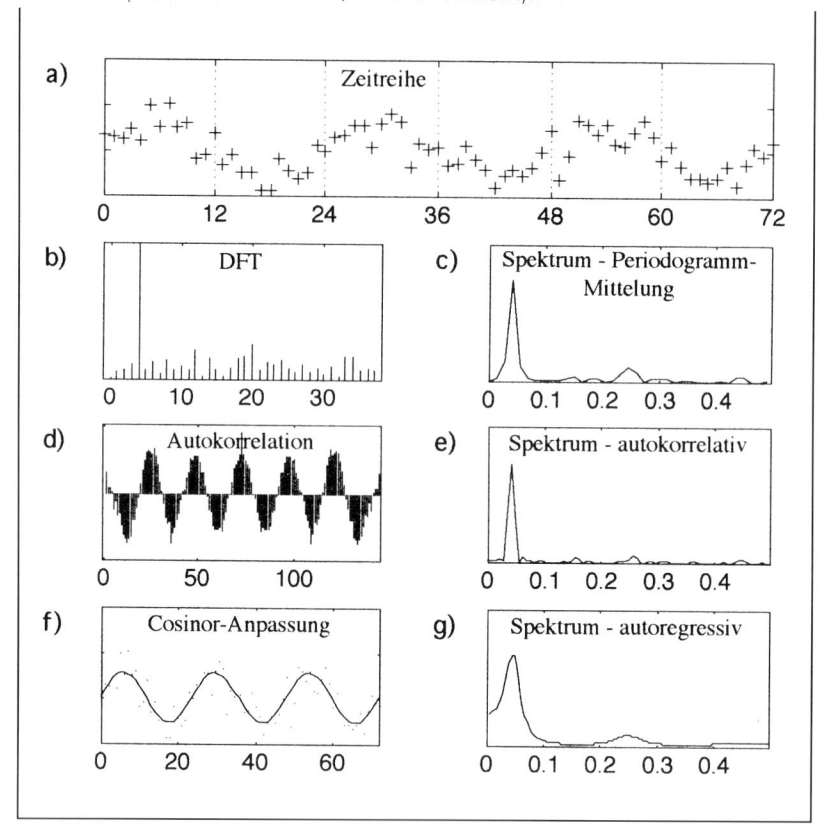

- Eine Reihe von Meß- und Testverfahren aus dem Bereich der Physiologie und Psychologie bieten sich für chronobiologische Beobachtungen an Menschen an.

- Die gewonnenen Daten sollten zunächst in Form von Chronogrammen dargestellt werden, die den Verlauf einer Zeitreihe an Hand der Originalwerte wiedergeben.

- Tagesrhythmische Gruppenversuche ermöglichen eine Mittelung des Verlaufs der Meßparameter. Besondere Verfahren dienen der statistischen Sicherung der gewonnenen Ergebnisse.

- Zu weiteren Verarbeitung können bekannte Methoden der Zeitreihenanalyse verwendet werden.

5 Ergebnisse chronobiologischer Untersuchungen am Menschen

Langwellige Rhythmen (Wochenrhythmen, Monatsrhythmen, Jahresrhythmen) lassen sich auch an Hand von vorhandenen Daten (Statistisches Bundesamt, Klinikarchive) untersuchen. Jahresrhythmen zeigen dabei eine Phasenverspätung von 1,5 Monaten gegenüber dem Sonnen- bzw. Kalenderjahr. So sind unsere Körpertemperatur und unsere Herzfrequenz im Februar am niedrigsten und im August am höchsten. Der Menstruationsrhythmus, bei Tieren noch an den Mond gekoppelt, ist heute ein weitgehend autonomer Rhythmus, der eine Reihe von Körperfunktionen beeinflußt. Auch bei Männern lassen sich Rhythmen im Bereich der Circa-Lunarperiodik nachweisen. Der Wochenrhythmus tritt vor allem als reaktive Periodik – d.h. als Reaktion des Organismus auf Belastungen – in Erscheinung und tritt z.B. als rhythmischer Fieberverlauf bei Erkrankungen auf. Nicht nur im Tagesrhythmus werden die Funktionen unseres Körpers einem Wechsel von ergotroper (leistungsbezogener) und trophotroper (erholungsbezogener) Einstellung unterworfen.

Infradiane Rhythmen

Biologische Jahresrhythmik (zirkannuale Rhythmik)

Da sich Zeitreihen zur Darstellung jahresrhythmischer Veränderungen mit hinreichender Untersuchungsdichte nur in besonderen Fällen gewinnen lassen, bietet es sich an, das Studium der Jahresrhythmik anhand von vorhandenen statistischen Daten (Statistisches Bundesamt, Klinikarchive, etc.) zu untersuchen. In der Literatur liegen umfangreiche Ergebnisse über jahresrhythmische Schwankungen von Geburtenhäufigkeit, Geburtsgewicht, Mißbildungsraten, Infektionskrankheiten (◨ 30), psychiatrischen Erkrankungen, Herzinfarkten, apoplektischen Insulten u.a.m. vor.

Zu beachten ist, daß die durchschnittliche Phasenlage jahresrhythmischer Schwankungen von der Zeitordnung des Kalender- und Sonnenjahres im Sinne einer Phasenverspätung abweicht (◨ 31). Nur die unmittelbar vom Belichtungsrhythmus abhängigen Funktionen, z.B. das Stimmungsniveau, entsprechen in der Phasenlage dem Rhythmus des Sonnenstandes (vgl. auch die sog. Winterdepression; 280; 281). In der Abbildung sind mittlere jahreszeitliche Stimmungsschwankungen großer Probandengruppen mit dem Jahresgang der Reaktionsgeschwindigkeit verglichen, der eine deutliche Phasenverspätung erkennen läßt.

Winterdepression

In ◨ 32 sind die Ergebnisse von Häufigkeitsanalysen der Jahresmaxima und -minima von etwa 100 Jahresgängen der Literatur zusammengestellt. Dabei zeigt sich, daß die Häufigkeitsmaxima im Februar und August liegen und eine Phasenverspätung gegenüber dem Sonnenjahr aufweisen. Im unteren Teil der Abbildung ist die daraus resultierende Schwankung der vegetativen Reaktionslage als Grundlage des biologischen Jahresrhythmus dargestellt.

Um die Praktikabilität jahresrhythmischer Studien zu steigern, kann der biologische Jahresrhythmus bereits mittels monatlich bzw. vierteljährlich zusammengefaßter Meßpunkte dargestellt werden (317).

30: Jahresrhythmischer Häufigkeitsverlauf der Erkrankungen an Masern und Röteln *(oben)* sowie Mumps und Windpocken *(unten)* (nach SMOLENSKY 1983).

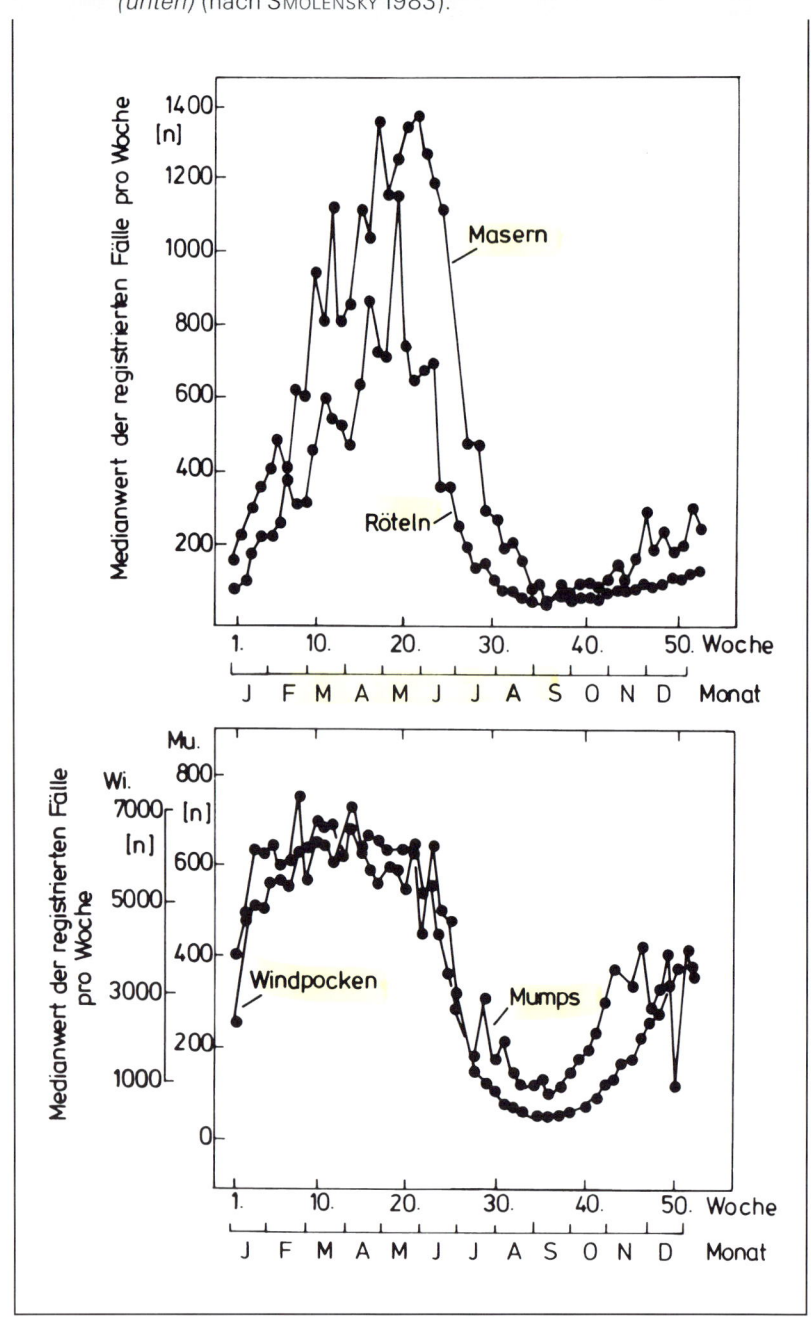

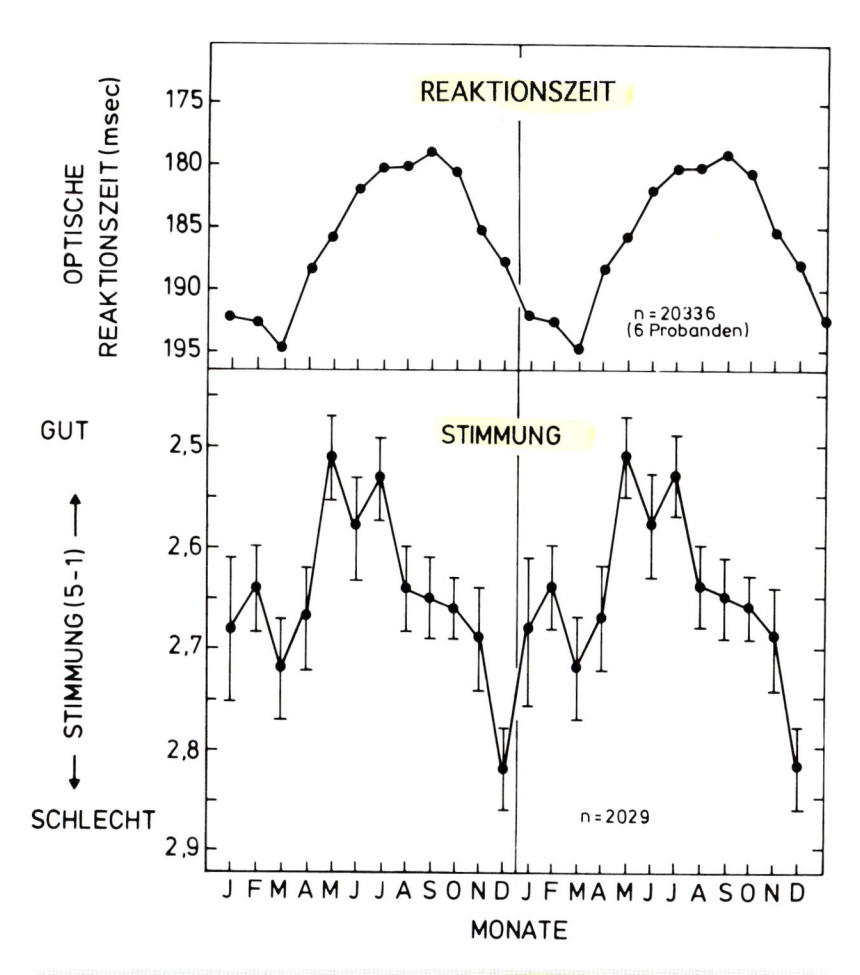

31: *Oben:* mittlerer Jahresgang der optischen Reaktionszeit (nach DAUBERT 1968). *Unten:* mittlerer Jahresgang der Stimmungsnote (nach Daten von FRANK 1974).

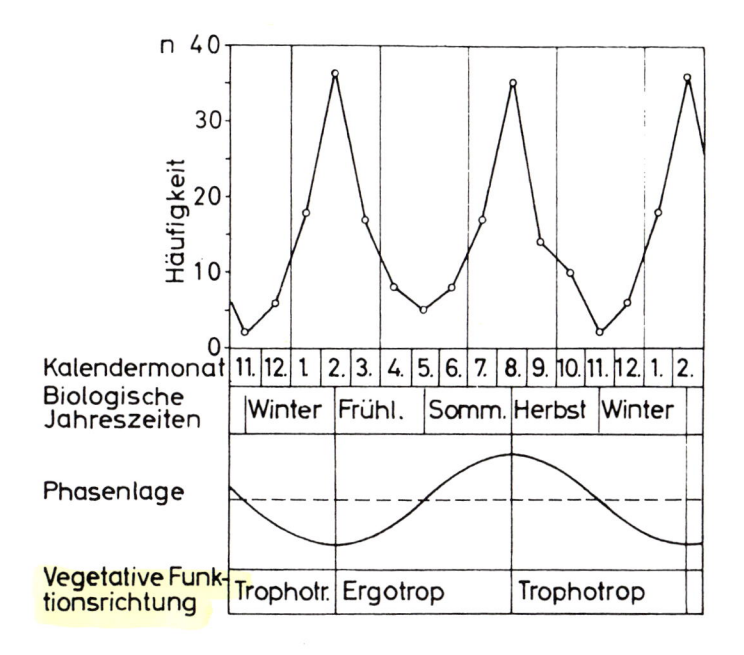

32: *Oben:* Häufigkeit jahresrhythmischer Maxima und Minima von verschiedenen Funktionsgrößen in den Kalendermonaten zur Bestimmung der Wendezeiten des biologischen Jahres.
Unten: Resultierende Phasenlage und vegetative Funktionsrichtung des Jahresrhythmus in den biologischen Jahreszeiten (nach HILDEBRANDT 1962).

Menstruationsrhythmik, lunare Rhythmen

Im Prinzip können alle beschriebenen Untersuchungsmethoden auch zur Darstellung der umfassenden Umstellungen des weiblichen Organismus im Menstruationsrhythmus eingesetzt werden. Bei möglichst dich-

33: Schwankungen verschiedener Funktionsgrößen im Verlauf des Menstruationszyklus bei Synchronisation über dem Menstruationstermin (M). Zusammenstellung nach Daten der Literatur (nach HILDEBRANDT 1988).

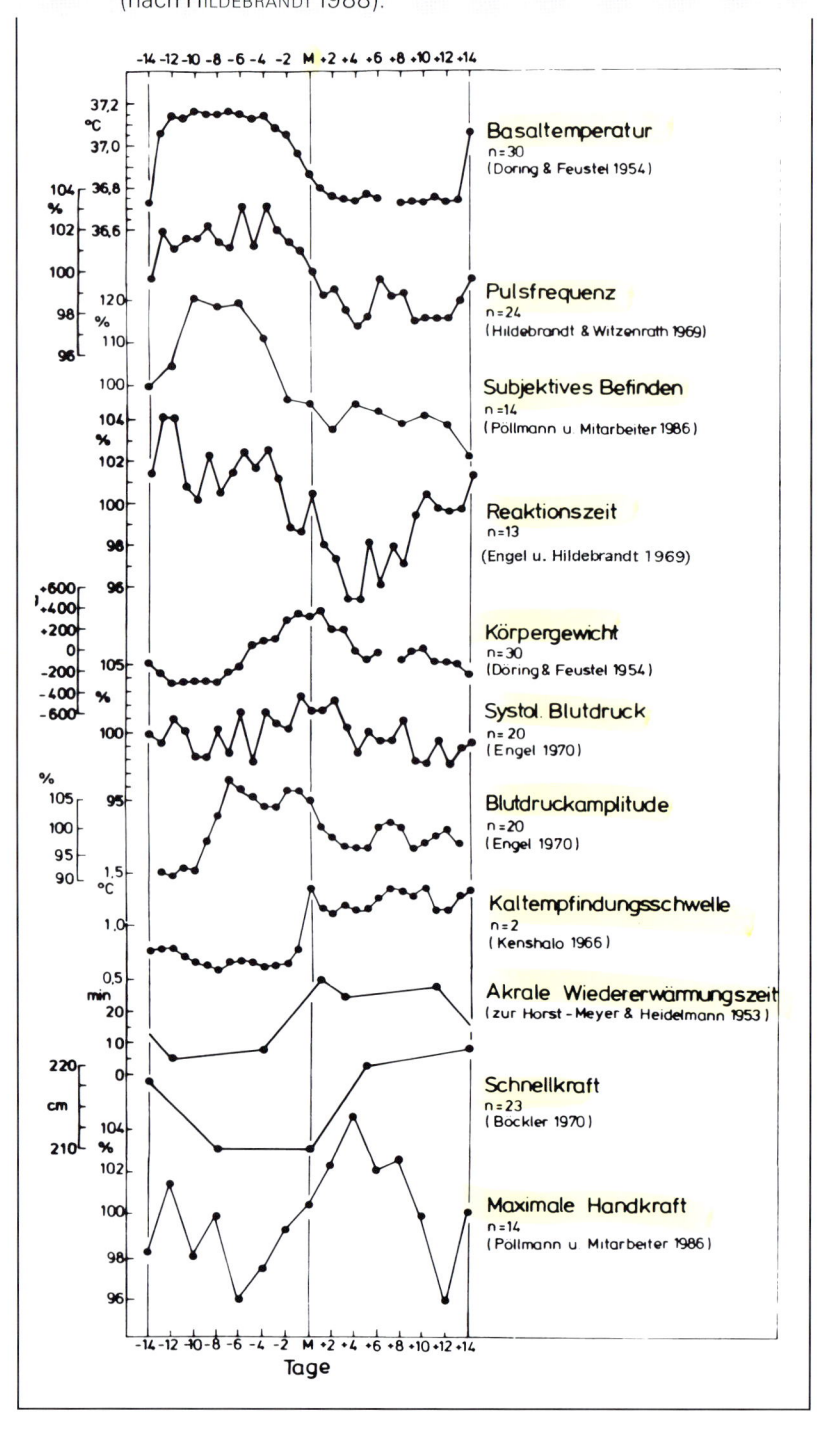

ter Folge der Meßtermine (z. B. 1–3tägige Intervalle) werden die erhaltenen Meßwert-Zeitreihen über dem Tag des Menstruationsbeginns (M) synchronisiert (49; 50). Die gesamte Beobachtungsdauer muß der individuellen Zykluslänge angepaßt werden. Selbstverständlich müssen die Meßwerte zur gleichen Tageszeit erhoben werden.

In ⊙ 33 ist eine Auswahl von menstruationsrhythmischen Schwankungen verschiedener Parameter dargestellt, wobei außer vegetativen und Leistungsgrößen auch Meßgrößen des subjektiven Befindens einbezogen sind. Voraussetzung für die Durchführung solcher Untersuchungen ist die Verfügbarkeit von Versuchspersonen, die nicht hormonal stimuliert sind, da die üblichen hormonalen Ovulationshemmer die Spontanrhythmen einebnen (28).

Zu beachten ist ferner, daß die Phasenlage der menstruationrhythmischen Umstellung von der individuellen Zyklusdauer abhängig ist, so daß Gruppenergebnisse entsprechend differenziert werden müssen (121).

Als Untersuchungsgegenstand eignen sich auch Erhebungen über die lunarrhythmische Abhängigkeit der Menarchetermine bzw. des Menstruationstermins in verschiedenen Altersstufen. Auch Krankheitsanfälligkeiten in lunarzyklischer Abhängigkeit sind neuerdings berichtet worden (220; 221) (⊙ 34).

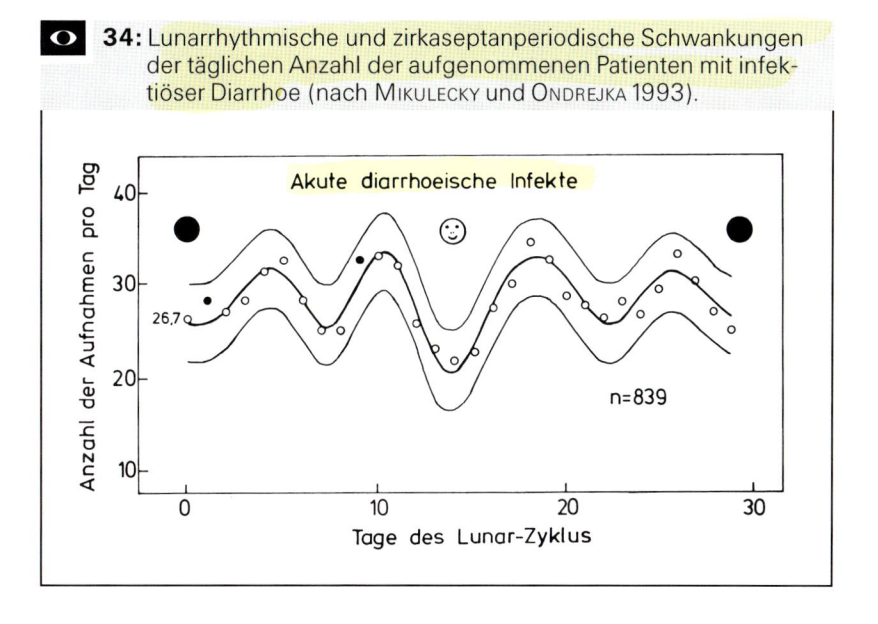

⊙ **34:** Lunarrhythmische und zirkaseptanperiodische Schwankungen der täglichen Anzahl der aufgenommenen Patienten mit infektiöser Diarrhoe (nach MIKULECKY und ONDREJKA 1993).

Lunarrhythmische Schwankungen beim Mann

Das Vorkommen lunarrhythmischer Funktionsschwankungen beim männlichen Geschlecht ist nach Befunden in der Literatur z. B. durch den Nachweis mondphasenabhängiger Schwankungen der spektralen Helligkeitsempfindlichkeit des Auges (193) belegt worden (vgl. S. 18). Lunarrhythmische Schwankungen von Stoffwechselparametern z. B. der Harnsäureausscheidung beim Manne werden noch diskutiert (103).

Wochenrhythmus (zirkaseptane Periodik)

Häufigkeitsschwankungen verschiedenster Ereignisse im Wochenrhythmus sind in der Literatur vielfach beschrieben worden. ◘ 35 gibt einige Beispiele wieder, wobei der Montag mit dem Häufigkeitsmaximum negativer Ereignisse besonders hervorsticht. Hier stellt sich, auch angesichts der Erfahrungen mit der Akzentuierung des sogenannten »blauen Montags« durch Verlängerung des freien Wochenendes die Frage, ob wirklich ein biologischer Rhythmus zugrunde liegt oder durch die soziale Wochengestaltung nur vorgetäuscht wird. Ein vorhandener biologischer Wochenrhythmus könnte durch die äußeren Einflüsse auch verdeckt (maskiert) werden.

Blauer Montag

Verschiedene Untersuchungen haben gezeigt, daß bei einer Änderung des tagesrhythmischen Zeitgeberregimes, z. B. durch Zeitzonensprünge oder Änderung der Lebensweise, die adaptiven Umstellungen der zirkadianen Phasenlage nicht schon am ersten, sondern erst am zweiten Tag in Gang kommen, so daß nach einem verlängerten Wochenende damit zu rechnen ist, daß die zirkadiane Phasenlage nicht mehr den Erfordernissen des normalen Arbeitstages entspricht (165).

Auch der an einer sehr großen Population erhobene Befund, daß die Reaktionsgeschwindigkeit einem Wochengang mit Maximum am Donnerstag unterliegt (s. 55) beweist noch nicht, daß dieser Befund Ausdruck eines endogenen und von der äußeren Woche synchronisierten Wochenrhythmus ist. Bemerkenswert ist in jedem Fall die ganzzahlige harmonische Frequenzbeziehung von Wochen- und Monatsrhythmus (94; 95; 319).

Biologischer Wochenrhythmus

Daß der menschliche Organismus tatsächlich die Fähigkeit besitzt, einen spontanen biologischen »Wochenrhythmus« zu produzieren und zu unterhalten, wurde erst durch Langzeituntersuchungen bei völliger Abschirmung von der Außenwelt bewiesen. Hier zeigte sich in verschiedenen Funktionen ein frei laufender Rhythmus, dessen mittlere Periodendauer aber eindeutig von sieben Tagen abwich, also einem zirka-7-Tage (zirkaseptanen)-Rhythmus entsprach, dessen Amplitude allerdings nur gering war (87).

Neuere Untersuchungen an Tieren verschiedener Spezies und sogar an einzelligen Algen haben den Beweis erbracht, daß es sich bei der zirkaseptanen Gliederung der Lebensvorgänge um eine endogene, in der Evolution alte Zeitstruktur handelt, die beim Menschen möglicherweise unter normalen Bedingungen vom äußeren sozialen Wochenrhythmus synchronisiert werden kann (94; 95; 154; 295). Bei Frühgeborenen und Neugeborenen dominiert der zirkaseptane Rhythmus in den Funktionsabläufen, bis mit zunehmender Reifung der Sinneskanäle ein synchronisierter Tagesrhythmus mit größerer Amplitude entwickelt ist (61; 100).

Eine ganz andere Betrachtungsweise der zirkaseptanen Rhythmen ergibt sich aus der Tatsache, daß längerfristige Reaktionen des Organismus auf Reizbelastungen verschiedenster Art häufig eine zirkaseptan-periodische Gliederung aufweisen. Diese tritt jeweils in allen Funktionssystemen

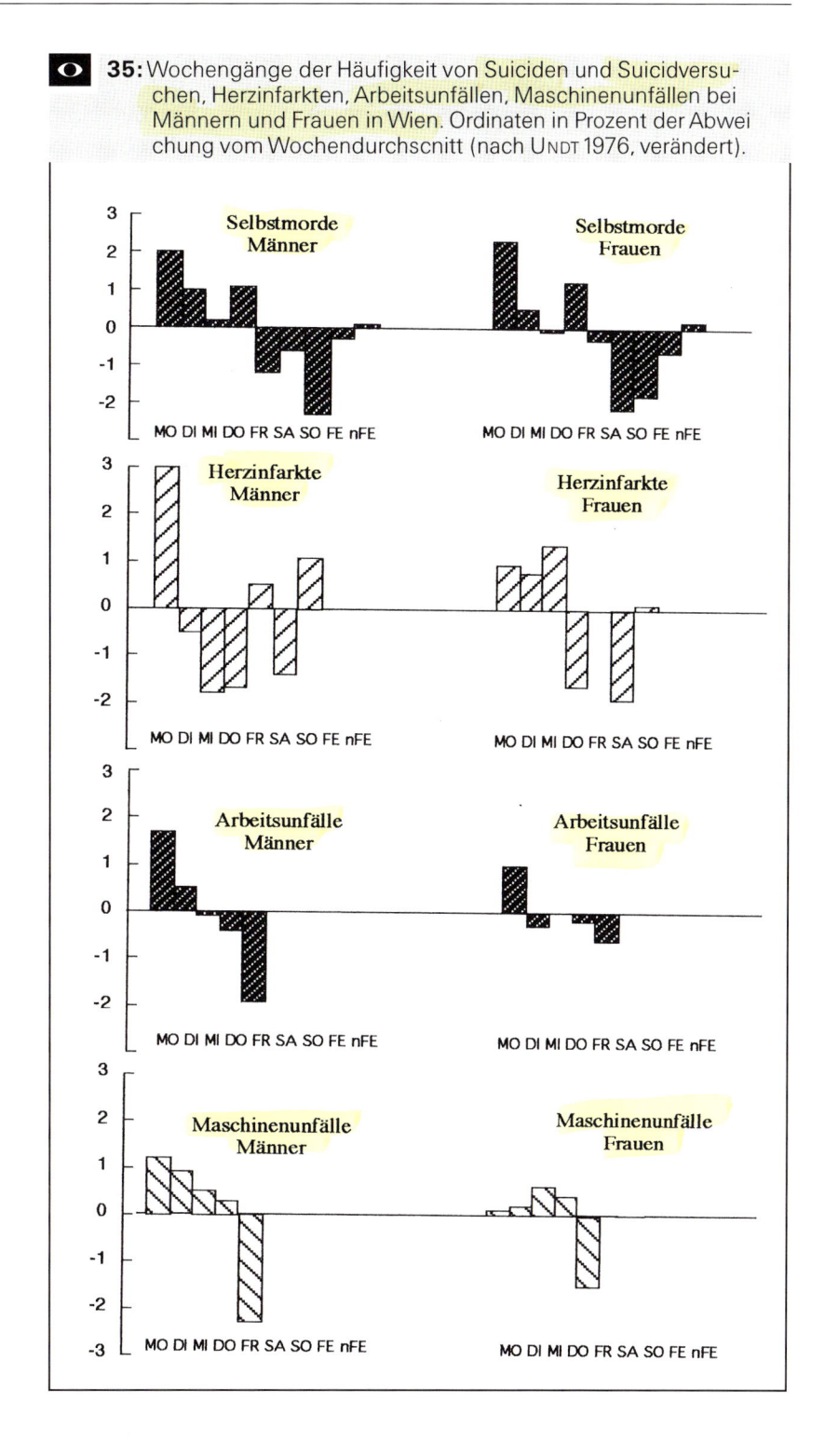

35: Wochengänge der Häufigkeit von Suiciden und Suicidversuchen, Herzinfarkten, Arbeitsunfällen, Maschinenunfällen bei Männern und Frauen in Wien. Ordinaten in Prozent der Abweichung vom Wochendurchscnitt (nach UNDT 1976, verändert).

gemeinsam auf und wurde schon von Derer (46) als eine zentral organisierte »makroperiodische« kompensatorische Reaktionsweise identifiziert. Zahlreiche Längsschnitt-Untersuchungen, insbesondere bei Kurbehandlungen, haben diese Auffassung bestätigt und als Grundlage eine periodisch fortgesetzte vegetative Gesamtumschaltung festgestellt (139). Im Unterschied zu einem spontanen Wochenrhythmus ist die Phasenlage der zirkaseptanen Reaktionsperiodik vom äußeren Wochenrhythmus unabhängig und jeweils auf den auslösenden Reiz bezogen. Die Amplituden sind initial wesentlich größer, klingen aber in der Regel mit fortschreitender adaptiver Kompensationsleistung gedämpft ab.

Zirkaseptanperiodik : Lunarrhythmus 4 : 1

Mit diesen Merkmalen muß die reaktiv ausgelöste zirkaseptane Rhythmik zu den sogenannten »reaktiven Perioden« (117; 139) gezählt werden, deren Periodendauern nicht mit denen der ständig aktiven Spontanrhythmen identisch sind, sondern bevorzugt in ganzzahlig harmonischem Verhältnis zu diesen stehen (◨ 92, S. 114). Insofern erscheint es interessant, daß die zirkaseptane Periodik zum Lunarrhythmus im Frequenzverhältnis 4:1 steht. Zu den Eigenschaften der reaktiven Periodik gehört auch das initial gebündelte Mitauftreten multipler und submultipler Frequenzen, die im Verlauf der Reaktion frühzeitig abklingen.

Krise des 3. Tages

Immerhin dürfte die bekannte »Krise des 3. Tages« Ausdruck einer ergotropen Extremauslenkung im Rahmen einer »zirkasemiseptanen« Reaktionsperiodik sein (94; 95; 139; 152; 334).

Tagesrhythmus (Zirkadianrhythmus)

Körpertemperatur und Thermoregulation

Die tagesrhythmischen Schwankungen der Körpertemperatur gehören zu den frühesten Erkenntnissen der chronobiologischen Forschung. Der Tagesverlauf der Körperkerntemperatur (◨ 36) kann als ein Leitparameter der tagesrhythmischen Umstellungen im Organismus dienen. Er ist ganz überwiegend das Ergebnis eines spontanen tagesrhythmischen Tendenzwechsels der Thermoregulation, und zwar vor allem der sog. physikalischen Thermoregulation der Wärmeabgabe des Organismus. Messungen der Hauttemperatur und der Hautdurchblutung an verschiedenen Körperregionen haben gezeigt, daß im Mittel zwischen 3 und 15 Uhr bei ansteigender Kerntemperatur die Wärmeabgabe, vor allem an den großflächigen Extremitäten, vermindert wird, d. h. eine physikalische **Aufheizungssituation** des Körpers besteht. Dagegen führt in der zweiten Tageshälfte bis nachts 3 Uhr eine erhöhte Wärmeabgabe zum Absinken der Körperkerntemperatur (sog. **Entwärmungsphase**) (110). Hinzu kommt, daß auch der Stoffwechsel gleichsinnige Veränderungen zeigt, indem während der Aufheizungsphase die Ansprechbarkeit für Stoffwechselsteigerungen erhöht ist (◨ 37).

Temperatur Leitparameter tagesrhythmischer Umstellung

Wie die Kurven der ◨ 36 zeigen, verhalten sich vor allem die Extremitäten in dem geschilderten Sinne kongruent zu den tagesrhythmischen Umstellungen der Thermoregulation. Dagegen laufen die Veränderungen von Temperatur und Durchblutung der Haut an Kopf und Stamm gleichsinnig zum Gang der Kerntemperatur. Diese Regionen verhalten sich nicht wie Stellglieder der physikalischen Temperaturregulation, sondern wie der geregelte Körperkern (1, 2).

Die Thermoregulation befindet sich also nicht in einem statischen Gleichgewichtszustand, sondern ändert sich tagesrhythmisch in einem dynamischen Wechsel zwischen zwei verschiedenen Tendenzen der

Tagesrhythmus (Zirkadianrhythmus) 69

36: Mittlere Tagesgänge der Hautdurchblutung an Stirn, Hand und Fuß von 17 Versuchspersonen unter gleichbleibenden Ruhebedingungen in der Klimakammer bei einstündlicher Kontrolle im Vergleich zum Tagesgang der Rektaltemperatur. Die unterlegten Kurven sind das Ergebnis einer einmaligen Glättung der Stundenmittelwerte durch übergreifende Dreiermittelung. Die Klammern bezeichnen den Bereich des mittleren Fehlers der Mittelwerte (nach Damm und Mitarbeitern 1974).

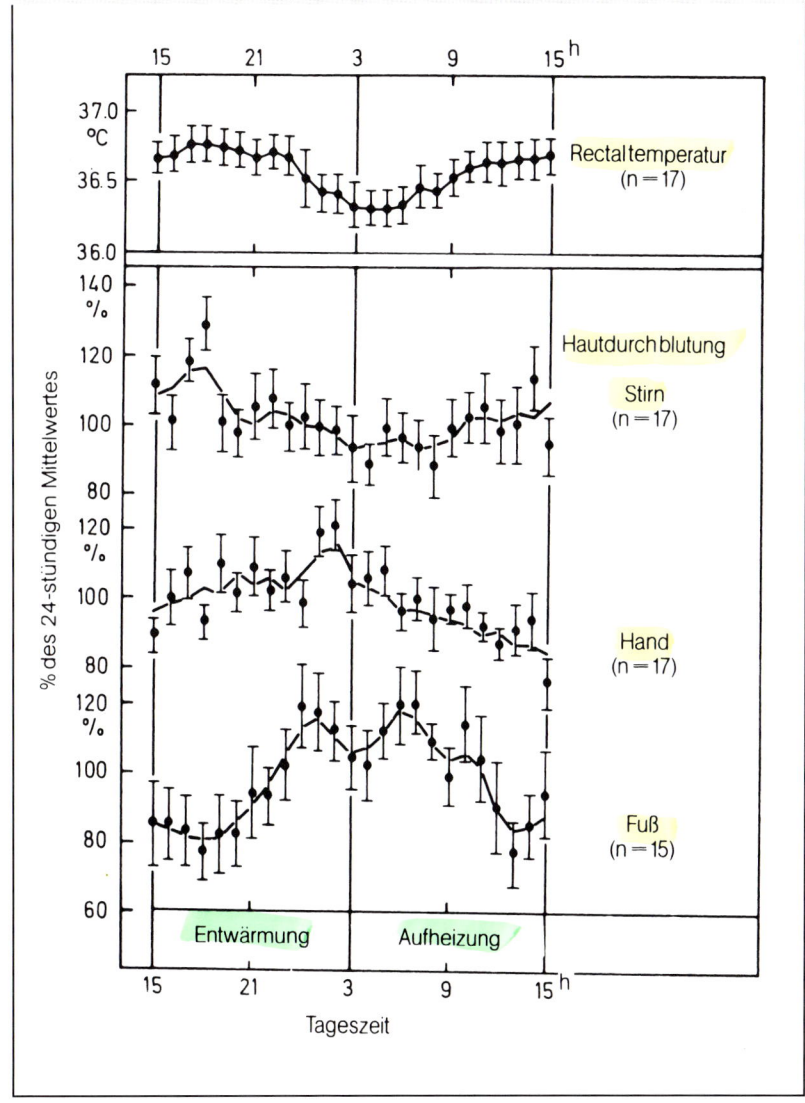

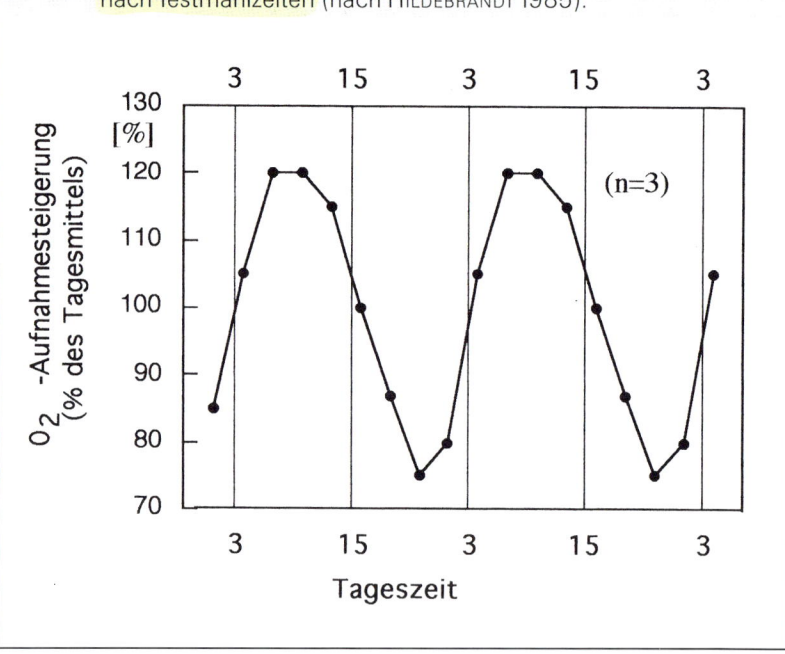

37: Mittlere Tagesgänge der spezifisch-dynamischen Reaktion nach Testmahlzeiten (nach HILDEBRANDT 1985).

Homöostase vs. Homöodynamik

Regulation. Die geläufige Theorie der Homöostase muß demnach durch das Konzept der **Homöodynamik** ersetzt werden (88; 161). Die praktische Bedeutung dieses Konzepts wird deutlich, wenn man die Beantwortung thermischer Testreize zu verschiedenen Tageszeiten vergleicht. 38 zeigt im oberen Teil an 3 Kurven, daß die Kaltreizempfindlichkeit in der Mitte der tagesrhythmischen Aufheizungsphase im Bereich von 9 Uhr ein Maximum durchläuft, während die 3 unteren Kurven zeigen, daß die Beantwortung von Warmreizen in der Mitte der Entwärmungsphase im Bereich von 21 Uhr maximal wird (1; 2; 14; 124).

Herz- und Kreislauffunktionen

Unter Ruhebedingungen

Die am leichtesten zugänglichen Meßgrößen zur Beurteilung der Herz- und Kreislauftätigkeit sind Pulsfrequenz und Blutdruck, die ohne wesentliche Störung des Probanden, auch autometrisch, gemessen werden können. Die in einem an 12 Probanden durchgeführten Seminarpraktikum gefundenen Ergebnisse sind in 39 zusammengestellt. Der mittlere tagesrhythmische Gang der Pulsfrequenz entspricht den Erfahrungen der Literatur, sowohl hinsichtlich der Phasenlage als auch der mittleren Amplitude unter Ruhebedingungen. Die mittleren Tagesgänge des systolischen und diastolischen Blutdrucks stimmen gleichfalls gut mit den in der Literatur mitgeteilten Daten für gesunde Personen überein (116; 217; 321).

Dies ist besonders bemerkenswert, weil Blutdruck und Pulsfrequenz in starkem Maße vom Verhalten mitbestimmt werden (Maskierung). Der

⊙ 38: *Von oben nach unten:* Mittlere Tagesgänge der cold-pressure Reaktion des systolischen Blutdrucks, der akralen Wiedererwärmungszeit nach kaltem Handbad (15 °C, 5 min), der akralen Wiedererwärmungszeit nach Kneippschem Onerguß, der Durchblutungsreaktionen in Muskel und Haut des Unterschenkels nach Wärmepackung sowie der Schwitzreaktion der Stirnhaut nach standardisiertem Heißreiz. Die Klammern entsprechen dem Bereich des mittleren Fehlers der Mittelwerte (nach HILDEBRANDT 1986).

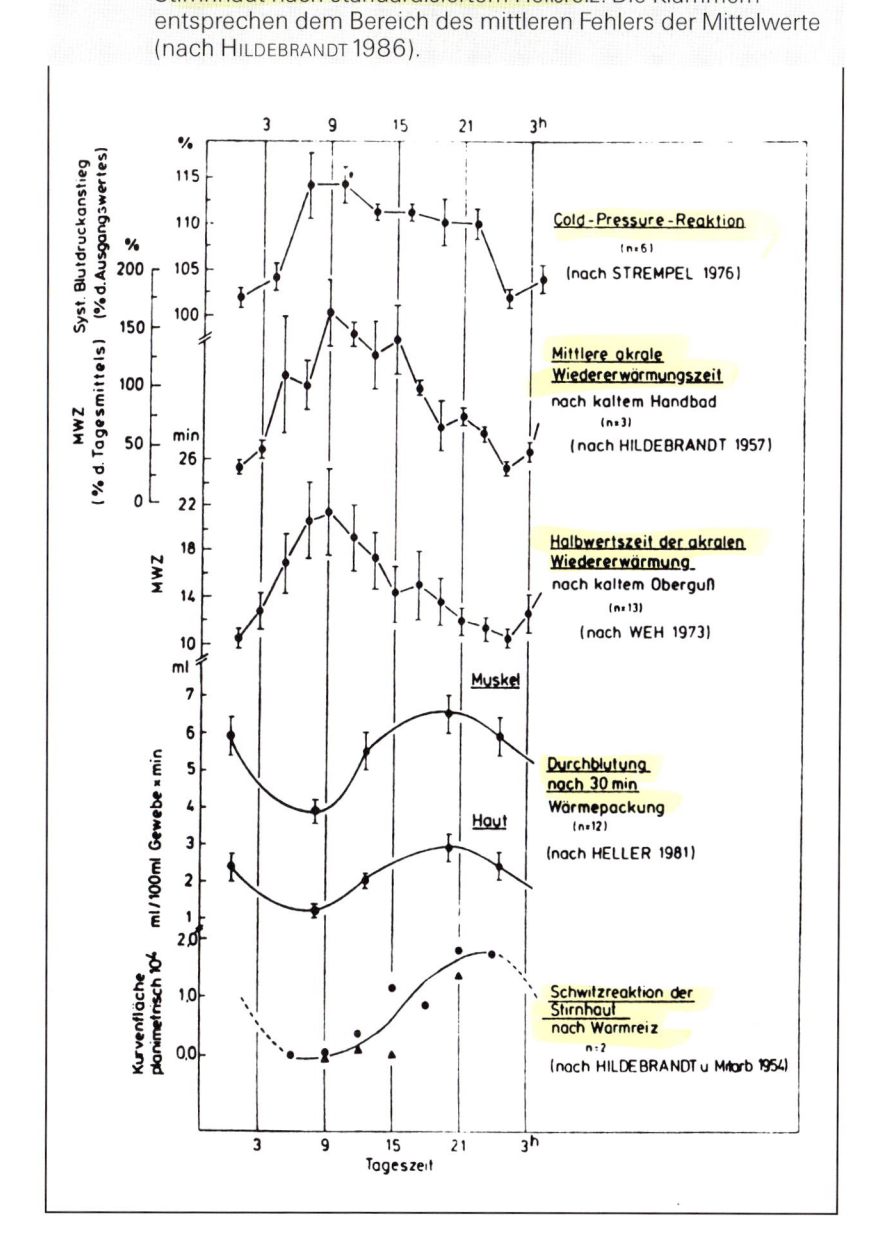

tagesrhythmische Gang des systolischen und diastolischen Blutdrucks bleibt jedoch bei streng kontrollierten Bedingungen und unter Gaben von sedierenden Substanzen mit gleicher Amplitude erhalten und ist somit keinesfalls Folge von Maskierung (323).

Die ergotrope Phase der biologischen Tagesrhythmik geht mit einem Anstieg des systolischen Drucks und einem (etwas phasenverschobenen) Rückgang des diastolischen Blutdrucks einher, so daß die aus beiden Kurven resultierende tagesrhythmische Änderung der Blutdruckamplitude (wie der systolische Blutdruck) am frühen Morgen ihr Minimum und am frühen Nachmittag ihr Maximum durchläuft (s. ◨ 39 unten).

Im Stehen bleiben die tagesrhythmischen Schwankungen von Pulsfrequenz, systolischem Blutdruck und Blutdruckamplitude im Prinzip erhalten, haben aber eine deutlich geringere Amplitude. Lediglich der gleichfalls abgeflachte Tagesgang des diastolischen Blutdrucks zeigt eine veränderte Phasenlage (◨ 40).

Die Kreislaufleistung (bzw. das Herzminutenvolumen) kann in einfacher Weise als Produkt aus Blutdruckamplitude und Herzfrequenz abgeschätzt werden (Amplituden-Frequenz-Produkt). Die aus den Versuchsergebnissen im Liegen errechneten Mittelwerte sind in ihrem Tagesgang in ◨ 41 aufgetragen. Hier tritt sehr klar die mit zunehmender Ergotropie (Ergophase) ansteigende Kreislaufgesamtleistung und deren Rückgang in der trophotropen Tageshälfte (Trophophase) hervor.

Ergophase vs. Trophophase

Darüber hinaus gibt die Berechnung des sog. Druck-Frequenzproduktes eine überschlägige Auskunft über den Sauerstoffverbrauch des Herzens (280; 311). Es handelt sich um das Produkt aus systolischem Blutdruck und Herzfrequenz, das in der Literatur häufig zur Charakterisierung des sympathischen Antriebs des Herzens und des Herzstoffwechsels genutzt wird. Die im Gruppenversuch eines Seminars gewonnenen Daten zeigen nach Umrechnung mit besonderer Deutlichkeit die grundsätzliche Umstellung des vegetativen Regulationssystems im Laufe des Tagesrhythmus (s. ◨ 41), indem der sympathische Herz-Kreislaufantrieb nach Maßgabe dieser Komplexgrößen im Laufe des biologischen Vormittags zwischen etwa 3 und 15 Uhr zunimmt, in der zweiten Tageshälfte entsprechend abnimmt.

Dem entsprechen auch Befunde unserer Arbeitsgruppe, die unter streng kontrollierten Bedingungen an 8 gesunden Versuchspersonen an weiteren Kenngrößen der Herz- und Kreislaufdynamik und des Minutenvolumens gewonnen wurden (◨ 42).

An den hier dargestellten Herz-Kreislaufumstellungen im Tageslauf zeigt sich somit mit besonderer Deutlichkeit, daß der Tagesrhythmus (Zirkadianrhythmus) ein Alternieren der beiden Grundtendenzen des Lebens (Leistung und Erholung) darstellt.

Orthostatische Kreislaufregulation

Die Kenntnis tagesrhythmischer Einflüsse auf die orthostatische Kreislaufregulation ist neben dem theoretischen auch von großem praktischen Interesse, z.B. für die Einschätzung der Kreislaufbelastung von Stehberufen. So ist bereits bekannt, daß die orthostatisch bedingte Kollapshäufigkeit bei Operateuren wie auch bei Versuchspersonen in Kipptischexperimenten ausgeprägten tagesrhythmischen Schwankungen unterliegt (218; 258).

Diese Verhältnisse lassen sich leicht zur Darstellung bringen, zumal standardisierte Kontrollmethoden des Stehversuchs mit jeweils geringem Zeitbedarf in der Literatur verfügbar sind. Während sich zur Beurteilung der Kreislaufumstellungen auch vergleichende Messungen der Vitalkapazität anbieten, sind die peripheren Veränderungen der Blutfülle nur mit aufwendigeren Methoden zu erfassen (Plethysmographie u. a.).

Den Tagesverlauf von Befunden zeigt ◙ 43. Die in 24-Stunden-Versuchen gefundenen Veränderungen der Herzfrequenzsteigerung nach Aufstehen (20. Minute) zeigen ein ausgeprägtes Maximum während der vormittäglichen Ergophase, während das Minimum in der Trophophase im Bereich um Mitternacht liegt. Die geglättete Mittelkurve der Abbildung läßt eine Überlagerung des 24-Stunden-Rhythmus mit 12- und 6stündigen Perioden erkennen, was für reaktive Zustände charakteristisch ist (158). In der Literatur sind Tagesgänge der orthostatisch bedingten Steigerung des Herzminutenvolumens sowie Schwankungen der Beinvolumenzunahme im Stehversuch mitgeteilt, die zum Vergleich in ◙ 43 dargestellt sind.

Von besonderem Interesse ist naturgemäß die Kenntnis des Blutdruckverhaltens bei orthostatischer Belastung. Hierzu liegen aus unserem Arbeitskreis systematische Untersuchungen mit 10minütigen Stehversuchen und Messungen in der jeweils zweiten, vierten und sechsten Stehminute vor. Die Verläufe der orthostatischen Änderungen des systolischen und diastolischen Blutdrucks sowie der Blutdruckamplitude sind in ◙ 44 (286) dargestellt.

Atmungsfunktionen

Der mittlere Tagesgang der Atemfrequenz ist in ◙ 45 nach den Meßergebnissen eines Grazer Seminarpraktikums sowie nach Ergebnissen der Literatur, die an 50 gesunden Probanden erhoben wurden, dargestellt. Dabei zeigt sich – von einer gewissen Niveaudifferenz abgesehen – eine sehr gute Übereinstimmung beider Kurvengänge, was belegt, daß die im Praktikum angewendete einfache Methodik der Frequenzmessung verwertbare Ergebnisse zeitigt. Die Atemfrequenz geht danach in der trophotropen Phase des Tagesrhythmus zwischen 15 und 3 Uhr bis zum Minimum im Bereich von 3 Uhr zurück, um in der ergotropen Tageshälfte wieder anzusteigen.

Atemrhythmus und Tagesrhythmus

Besondere Beachtung erfordert die Untersuchung der interindividuellen Streuung (Variabilität) der Atemfrequenzen im Laufe der tagesrhythmischen Umstellungen. So zeigt die entsprechende Kurve der ◙ 45 ein auffälliges Minimum an Gruppenstreuung in der Nacht im Bereich von 3 Uhr. Auch dieser Befund entspricht umfangreichen Erfahrungen der Literatur, nach denen die individuellen Tagesverläufe vom Niveau der Atemfrequenz (24-Std.-Mittel) abhängig sind (109; 114). Bei im Mittel hoher Atemfrequenz sinkt diese in der Nacht ab und erreicht das Minimum im Bereich von 3 Uhr morgens, während die Atemfrequenz bei niedrigem Gesamtniveau in der Nacht sogar ansteigen und im Bereich von 3 Uhr nachts ein Maximum aufweisen kann. Diese nächtliche Kon-

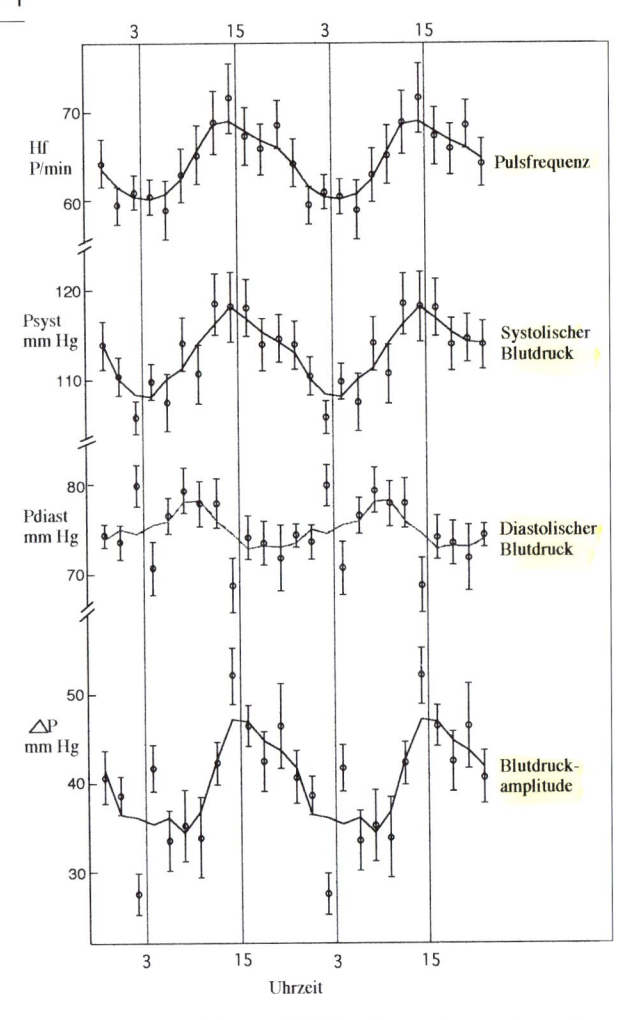

39: Mittlere Tagesgänge von Pulsfrequenz und Blutdruckwerten im Liegen nach Daten eines chronobiologischen Seminarversuchs an 12 gesunden Versuchspersonen. Die Klammern bezeichnen den Bereich des mittleren Fehlers der Mittelwerte.

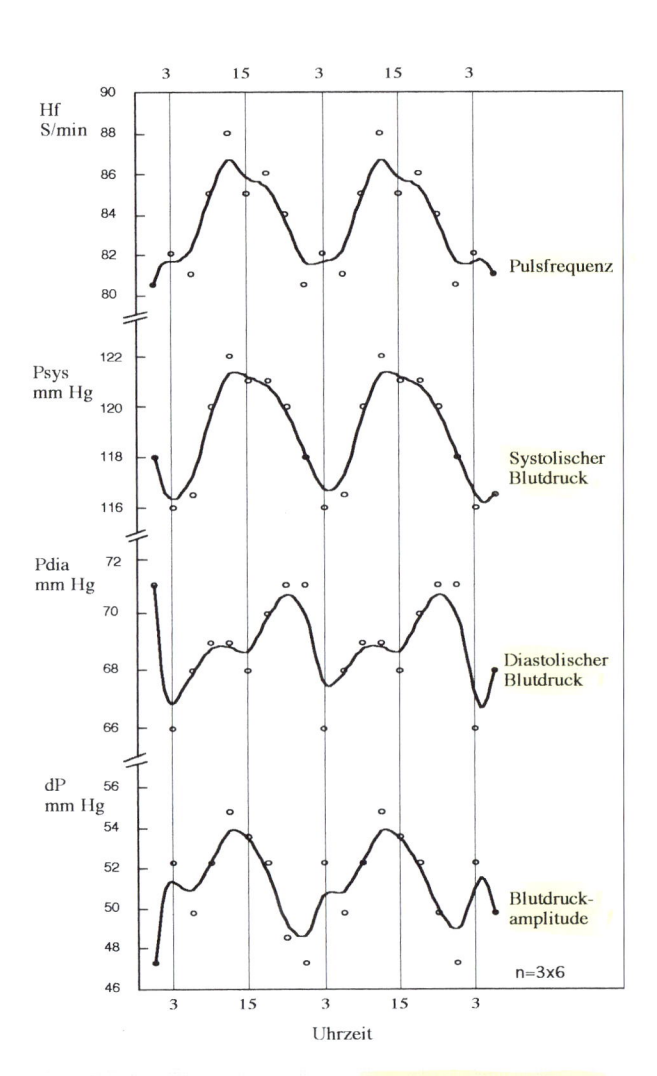

40: Mittlere Tagesgänge von Pulsfrequenz und Blutdruckwerten im Stehen von 6 gesunden Versuchspersonen, die in je 3 Tagesgängen untersucht wurden (nach Vauti & Mitarb. 1983).

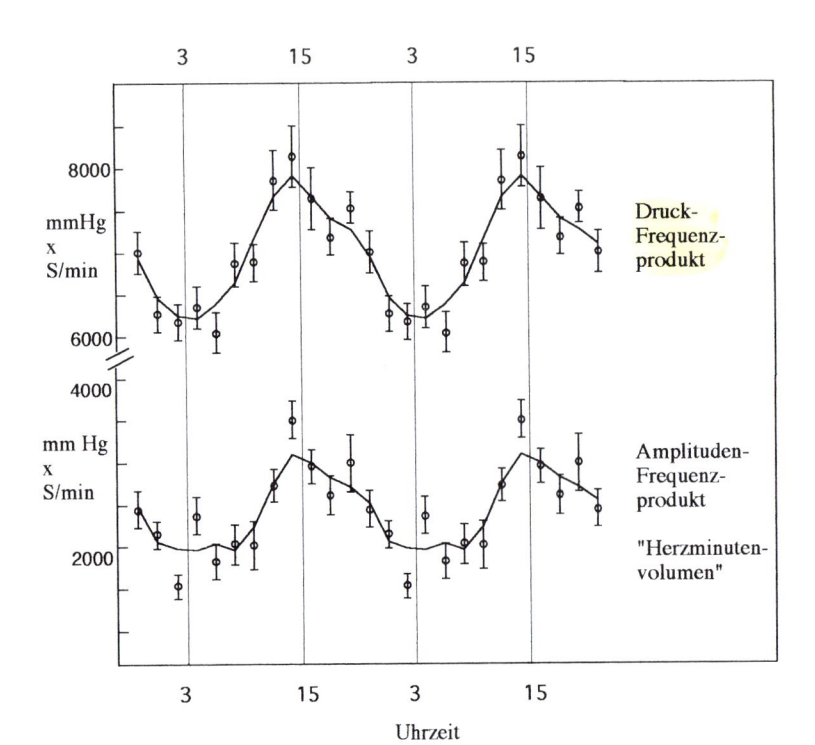

41: Mittlere Tagesgänge von Druck-Frequenzprodukt und Amplituden-Frequenzprodukt von 12 gesunden Versuchspersonen in einem Seminarversuch.

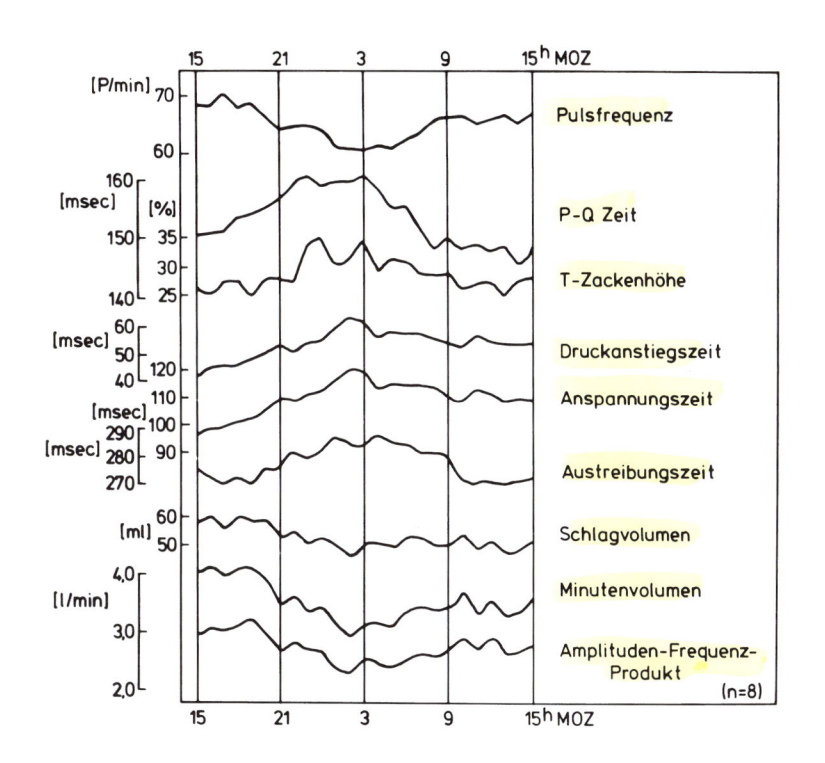

42: Mittlere Tagesgänge verschiedener herzdynamischer Kenngrößen von 8 gesunden Versuchspersonen unter strengen Ruhebedingungen (nach HILDEBRANDT & ENGELBERTZ 1953, unveröffentlicht).

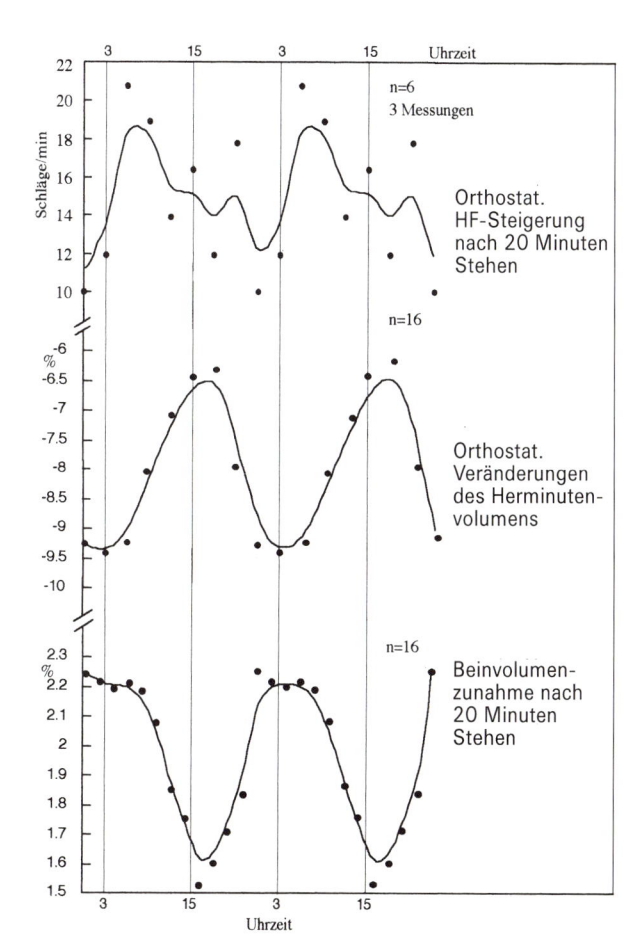

43: Mittlerer Tagesgang der Herzfrequenzzunahme nach 20minütigem Stehen *(oben)* (nach VAUTI & Mitarb. 1985), der orthostatischen Veränderung des Herzminutenvolumens *(Mitte)* (nach KLEIN & Mitarb. 1966), sowie der Zunahme des Unterschenkelvolumens nach 20minütigem Stehen *(unten)* (nach RIECK 1973). Die eingezeichneten Kurven stellen das Ergebnis einer einmaligen Glättung der Daten dar.

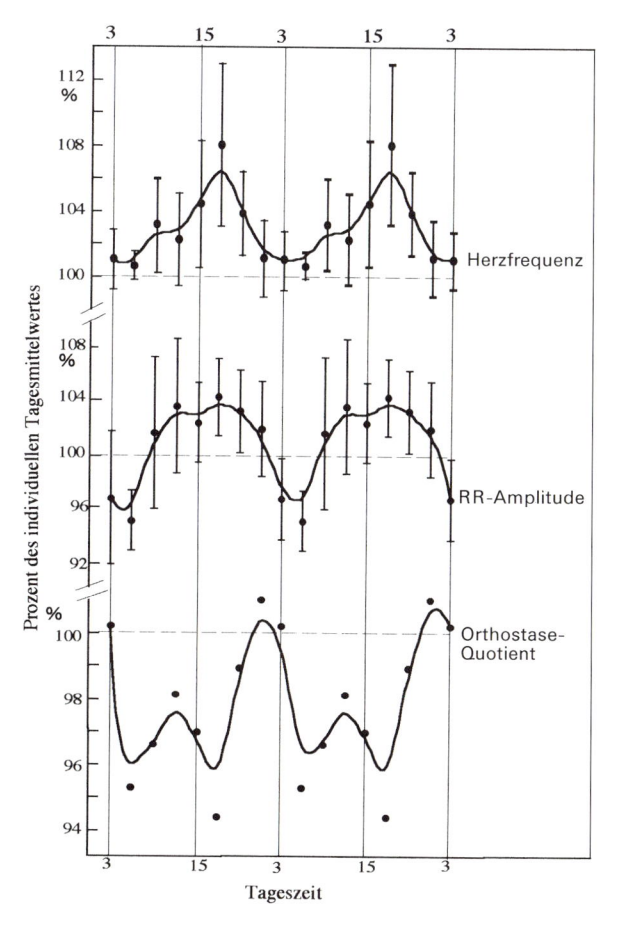

44: Mittlere Tagesgänge von Herzfrequenz, Blutdruckamplitude und Orthostase-Quotient (nach WECKENMANN 1973) im Stehversuch (nach Daten von RÜLLMANN 1997).

vergenz der individuellen Atemfrequenzen bedingt das in diesem Praktikumsversuch in ◉ 45 zutage tretende Variabilitäts- (Streuungs-) Minimum im Bereich von 3 Uhr. Dieser Zeitabschnitt mit geringster Gruppenstreuung der Atemfrequenz stellt zugleich eine Phase strenger Frequenzabstimmung zwischen Puls- und Atemrhythmus dar (◉ 46), die zugleich einem Optimum an Funktionsökonomie entspricht.

◉ **45:** Mittlere Tagesgänge der Atemfrequenz von insgesamt 50 gesunden Probanden im Liegen (nach Buck 1984) sowie von 10 Probanden des eigenen Seminarversuchs und deren interindividuelle Variabilität.

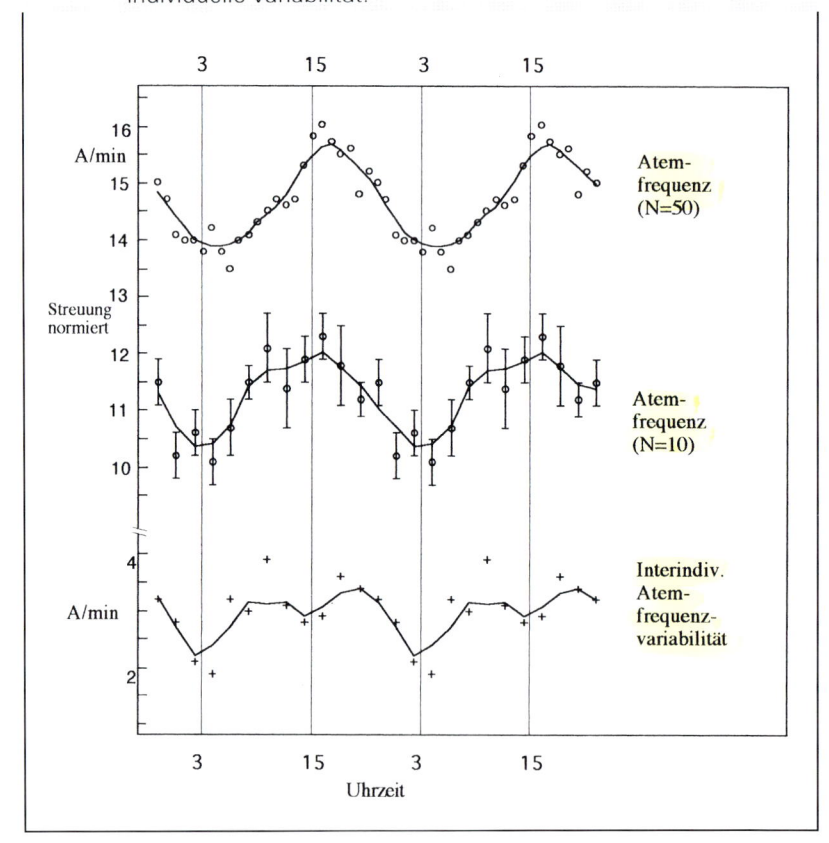

Der tagesrhythmische Gang der Vitalkapazität ist der Untersuchung in besonders einfacher Weise zugänglich (Spirometermessung). ◉ 47 zeigt in der obersten Kurve einen an 10 jungen gesunden Versuchspersonen gemessenen mittleren Tagesgang. Die Vitalkapazität fällt in der trophotrop bestimmten Tageshälfte bis zum Minimum im Bereich von 3 Uhr nachts ab, um in der ergotropen Vormittagshälfte des biologischen Tages zum Maximum anzusteigen. Der im ganzen sinusförmige Verlauf kann oft durch kürzere Perioden überlagert erscheinen.

Eine ebenso einfach zu gewinnende wichtige Meßgröße zur Beurteilung der Atemfunktion stellt die Untersuchung der maximalen Ausatmungsstromstärke beim exspiratorischen Atemstoß dar. Dabei kann entweder die maximale Exspirationsstromstärke (Pneumometerwert; 118) oder eine zeitbezogene Ausatmungskapazität (z. B. 1-s-Kapazität,

Tagesrhythmus (Zirkadianrhythmus) 77

46: Mittlere Tagesgänge des Puls-Atem-Frequenzquotienten ($Q_{P/A}$) von insgesamt 89 gesunden Probanden, die nach dem 24-Stunden-Mittelwert des Quotienten in 5 Gruppen aufgeteilt wurden. Die Klammern entsprechen dem Bereich des mittleren Fehlers der Gruppenmittelwerte. Man beachte die nächtliche Normalisierung zwischen 3 und 6 Uhr, die unabhängig von der Richtung der am Tage bestehenden Abweichung eintritt (nach Daten von PÖLLMANN, verändert, aus HILDEBRANDT 1993).

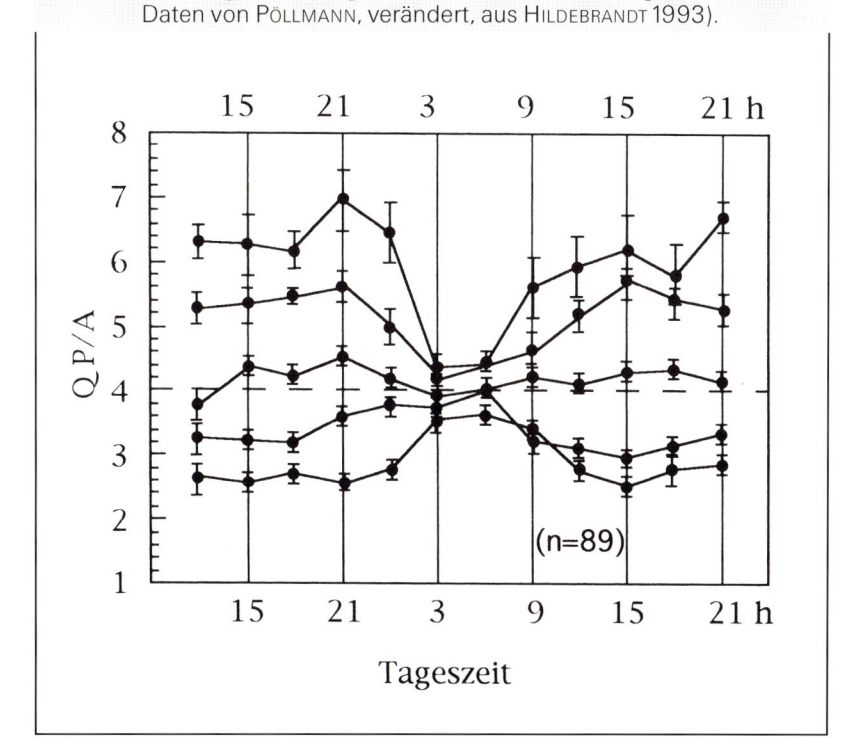

TIFFENEAU-Test, 179; 320) bestimmt werden. Die Meßgrößen lassen Schlüsse auf die Bronchialweite bzw. den Bronchialwiderstand zu und haben daher große praktische Bedeutung z. B. für der Beurteilung der obstruktiven Atemwegserkrankungen. Darum sollte zumindest einer dieser Parameter in Praktikumsversuchen berücksichtigt werden. Die in 47 gezeigte Kurve der maximalen Exspirationsstromstärke stellt Ergebnisse des technisch am wenigsten aufwendigen Verfahrens nach Daten unseres Arbeitskreises dar. Der Bronchialwiderstand durchläuft in der Nacht etwa im Bereich von 3 Uhr, wo die vegetative Gesamttendenz des Organismus das Maximum der Trophotropie erreicht hat, ein Maximum (= Minimum der max. Expirationsstromstärke) und zeigt, daß die Tendenz zu bronchospastischen Zuständen, vor allem zu Asthmaanfällen, in diesem Zeitbereich chronobiologisch gut begründet werden kann. Bei der medikamentösen Bekämpfung bzw. Vorbeugung muß der Einfluß des Tagesrhythmus entsprechend beachtet werden (vgl. S. 76).

Chronobiologische Prognose von Asthmaanfällen

47: Mittlere Tagesgänge der Vitalkapazität und der maximalen Exspirationsstromstärke bei gesunden Probanden (nach KNOERCHEN 1974) sowie Tagesgänge des Bronchialwiderstandes bei Gesunden und Patienten mit Bronchialobstruktion (nach WYLICIL & WEBER 1969) und mittlerer Tagesgang des alveolaren CO_2-Partialdrucks bei gesunden Versuchspersonen unter strengen Ruhebedingungen (nach RASCHKE 1987).

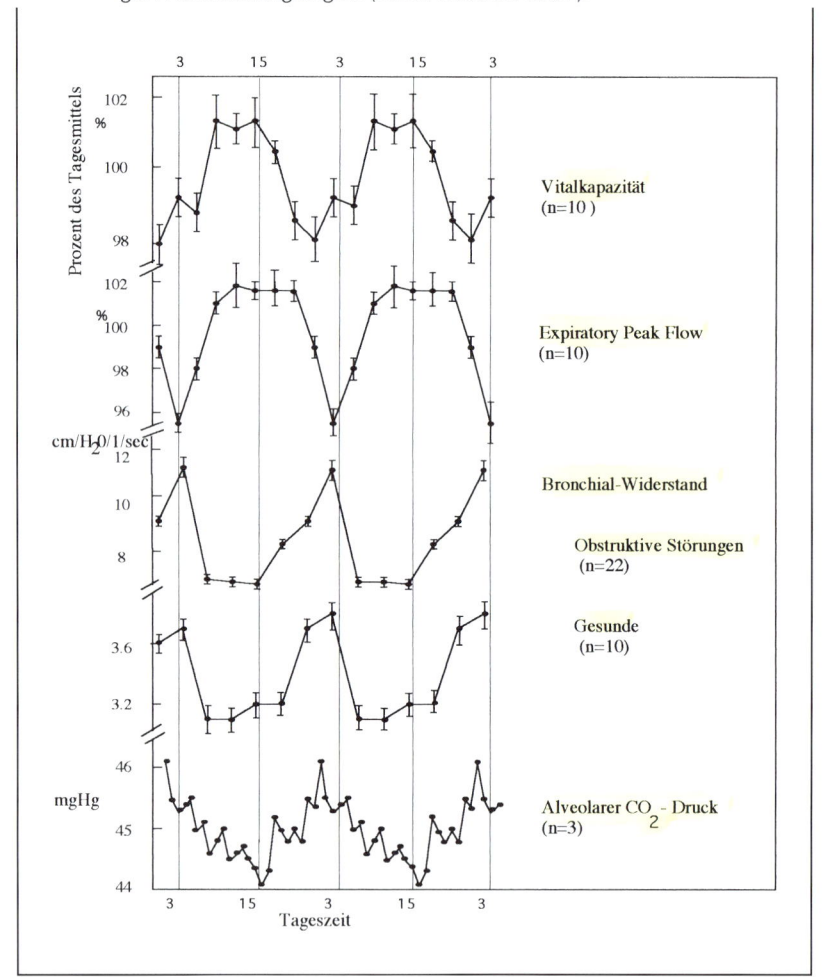

Die Bestimmung des Atem-Strömungswiderstandes (Bronchialwiderstand) ist mit größerem Aufwand auch direkt möglich. Die der Literatur entnommenen Kurven in ◉ 47 bestätigen den zu erwartenden tagesrhythmischen Gang, der aber auch mit den vorgenannten einfachen Methoden hinreichend dargestellt werden kann.

Die tagesrhythmischen Umstellungen der Atmung führen zu deutlichen Veränderungen der Gasverhältnisse in der Lunge. Als Beispiel zeigt ◉ 47 in der untersten Kurve den tagesrhythmischen Gang des CO_2-Partialdrucks nach Messungen der Literatur. Die nächtliche Anhebung des Partialdrucks macht deutlich, daß die CO_2-Empfindlichkeit der Atemzentren im tagesrhythmischen Gang während der Nacht abfällt, ein Befund, der sich bei speziellen Untersuchungen bestätigt hat (265).

Verdauung und Stoffwechsel

Die Chronobiologie der Verdauungs- und Stoffwechselfunktionen liefert zwar zahlreiche interessante und auch praktisch bedeutsame Aspekte, die dafür notwendigen Untersuchungsmethoden erfordern aber meist einen größeren Aufwand. Man ist daher vornehmlich auf Literaturbefunde angewiesen, um anschaulich zu machen, daß auch dieser Funktionsbereich von den tagesrhythmischen Umstellungen in starker Weise betroffen ist. Schon die Tatsache, daß die Nahrungsaufnahme wegen des Nachtschlafs nicht über den ganzen 24-Stunden-Tag verteilt stattfindet, verlangt Beachtung. Wegen der erheblichen Einflüsse der Nahrungsaufnahme auf die gesamte vegetative Situation ist es erforderlich, zur maskierungsarmen Untersuchung die Nahrung rund um die Uhr in gleichen Portionen und Abständen zu verteilen und zudem eiweißarme Kost zu reichen, um die spezifisch-dynamische Stoffwechselsteigerung gering zu halten. Als »Rhythmuskost« eignet sich erfahrungsgemäß die 2-, 3- oder 4stündliche Gabe einer abgewogenen Portion Vanillepudding, der aus verdünnter Milch zubereitet ist, mit Apfelmus. Auch eine gleichmässige Verteilung der Flüssigkeitszufuhr (Tee, Saft, Wasser etc.) muß gewährleistet sein.

Die Nahrung als Zeitgeber

◉ 37 (S. 70) zeigte bereits den Tagesgang der spezifisch-dynamischen Wirkung eines Testreizes und belegte, daß das Anspringen des Stoffwechsels in der ergotropen Phase des Tagesrhythmus maximal gefördert wird, während 12 Stunden später in der trophotropen Phase dieser Effekt minimal ist. Die Tagesamplitude ist beträchtlich und unterstreicht die Notwendigkeit, bei allen tagesrythmischen Untersuchungen Rhythmuskost zu verabreichen.

In ◉ 48 ist die Stoffwechselsteigerung in ihrem Verlauf nach morgendlicher und abendlicher Nahrungsaufnahme in zwei Versuchsreihen verglichen. Auch die experimentellen Untersuchungen mit ausschließlich morgendlicher oder abendlicher Nahrungszufuhr zeigen an der unterschiedlichen Richtung der Körpergewichtsentwicklung die dominierende Bedeutung der tagesrhythmischen Stoffwechselumstellung (◉ 49).

Die Sekretion der Verdauungssäfte unterliegt beträchtlichen tagesrhythmischen Schwankungen, deren Kenntnis von großer praktischer Bedeutung ist und diagnostische und therapeutische Berücksichtigung verlangt. Mit einfacher Technik lässt sich vor allem der Tagesrhythmus der Speichelsekretion darstellen. ◉ 50 zeigt Ergebnisse der Literatur. Parallel zur Sekretmenge verläuft auch der Eiweißgehalt, der im wesentlichen den Ptyalingehalt darstellt, umgekehrt dazu die elektrische Leitfähigkeit (Lit.-Übers. s. 83).

Besondere medizinische Bedeutung haben die tagesrhythmischen Schwankungen der Magensekretion, deren Ausmaß und Phasenlage bei krankhaften Störungen starke Abweichungen zeigen können. ◉ 51 zeigt das Verhalten von Sekretionsrate und basalen pH-Werten bei Gesunden sowie entsprechende tagesrhythmische Schwankungen des Serum-Gastringehaltes.

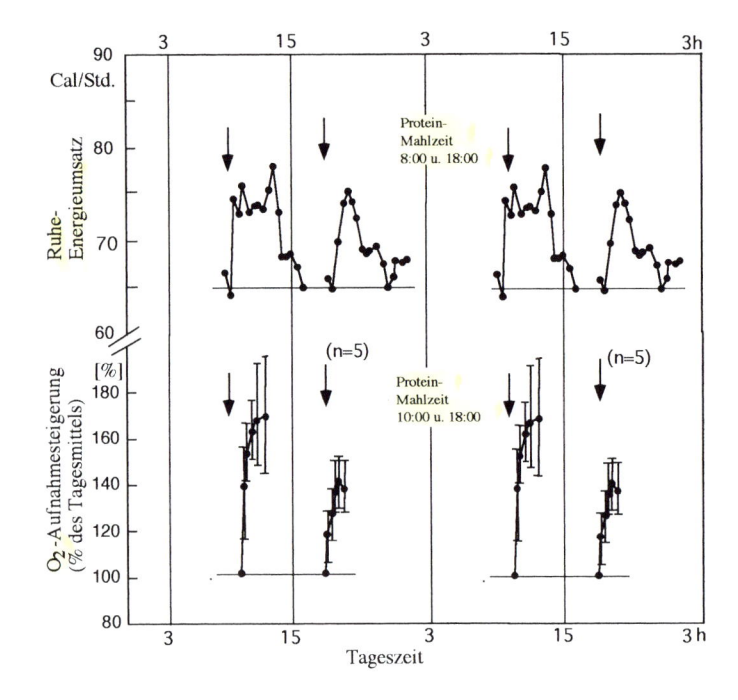

48: Mittlere Steigerung von Ruhe-Energieumsatz und O₂-Aufnahme nach gleichen Protein-Mahlzeiten um 10.00 und 18.00 Uhr (nach HILDEBRANDT 1986 *[oben]* und CAPANI & Mitarb. 1984 *[unten]*).

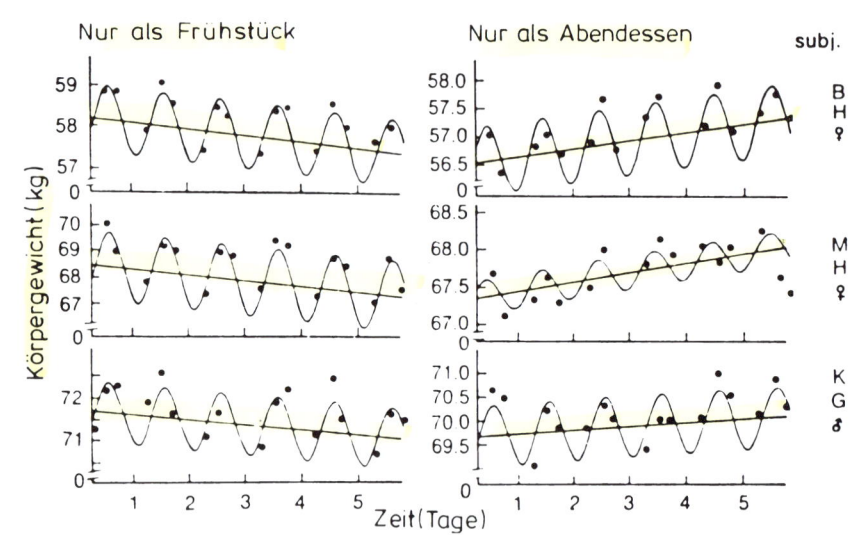

49: Individuelle Gewichtsentwicklungen mit Darstellung der tagesrhythmischen Schwankungen von 3 gesunden Versuchspersonen, deren Nahrungsaufnahme (2000 Cal.) entweder ausschließlich am Morgen oder am Abend erfolgte (nach HALBERG 1969).

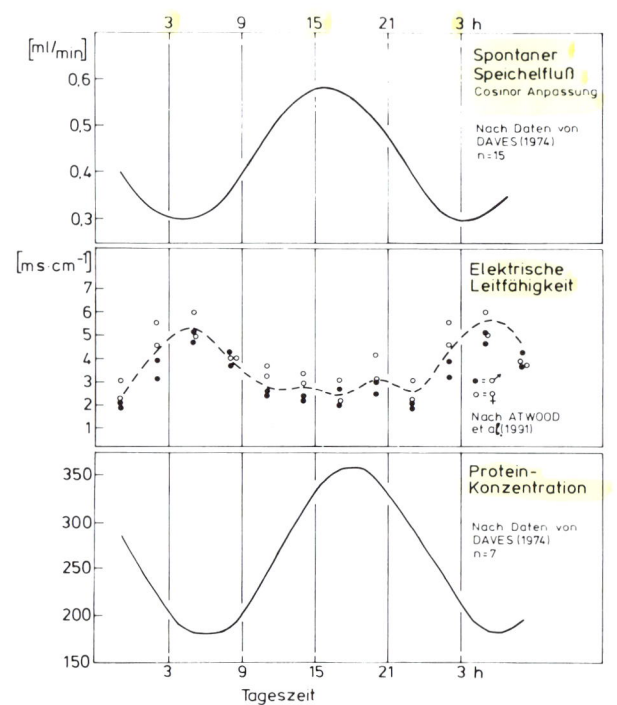

50: Mittlerer Tagesgang des spontanen Speichelflusses gesunder Probanden (nach Daten von DAVES 1974) sowie der elektrischen Leitfähigkeit (nach ATWOOD & Mitarb. 1991) und der Proteinkonzentration des Speichels (nach DAVES 1974) (aus GUTERBRUNNER & HILDEBRANDT 1994).

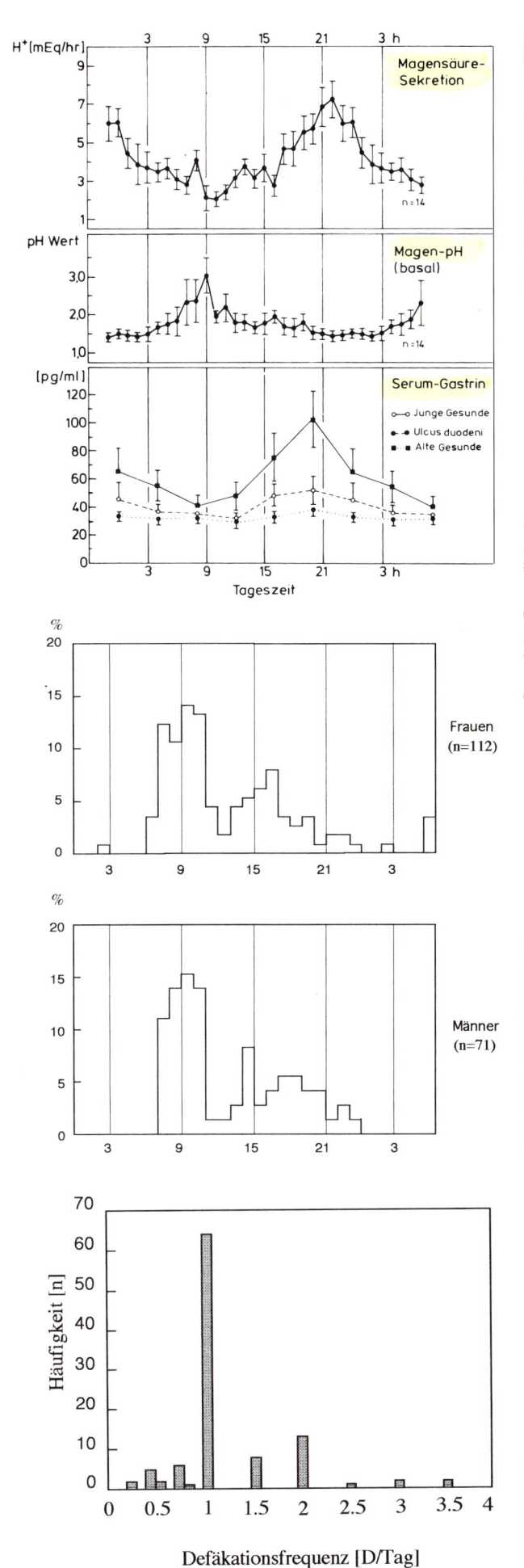

51: *Oben:* Mittlerer Tagesgang der Magensäuresekretion gesunder Versuchspersonen (nach Moore & Halfberg 1987). *Mitte:* Mittlerer Tagesgang der basalen pH-Werte im Magen gesunder Versuchspersonen (nach Daten von Moore & Goo, 1987). *Unten:* Mittlere Tagesgänge des Serum-Gastrinspiegels bei jungen Gesunden, Patienten mit Ulcus duodeni sowie alten Gesunden (nach Tarquini & Vener 1987). Die Klammern entsprechen dem Bereich des mittleren Fehlers der Mittelwerte (aus Gutenbrunner & Hildebrandt 1994).

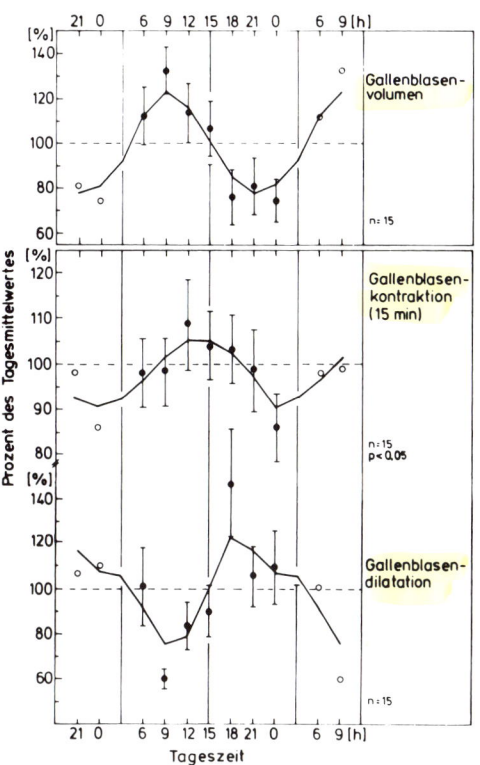

52: Mittlere Tagesgänge des mit dem Ultraschallechoverfahren bestimmten Gallenblasenvolumens, der Größe der Gallenblasenkontraktion (15 min nach Reizsetzung) sowie der nachfolgenden Dilatation (nach Gutenbrunner & Mitarb. 1994).

53: Zeitliche Häufigkeitsverteilung der Defäktionstermine bei Frauen und Männern (nach Daten von Kenner & Mitarb. 1995).

54: Häufigkeitsverteilung der individuellen Defäkationsfrequenzen bei gesunden erwachsenen Versuchspersonen (nach Daten von Kenner & Mitarb. 1995).

Chronobiologie der Galle

Auch für die Beurteilung der Gallenfunktion sind chronobiologische Kenntnisse erforderlich. Sowohl die Ruhefüllung der Gallenblase als auch das Ausmaß ihrer Kontraktion auf definierte Reize sowie das Ausmaß der nachfolgenden Dilatation zeigen erhebliche tagesrhythmische Schwankungen (◓ 52). Solche Schwankungen dürften auch für die Gestaltung einer chronobiologisch adäquaten diätetischen Therapie wichtig sein.

Tagesrhythmischen Einflüssen unterliegt weiterhin die Zeitstruktur der Darmentleerung. In ◓ 53 sind die Ergebnisse einer Befragung bei Frauen und Männern zusammengestellt, die trotz zahlreicher Störeinflüsse deutlich zeigen, daß die vegetativen Umstellungen im Rahmen der Tagesrhythmik bestimmte Vorzugsmuster der Defäkationstermine mitbestimmen, wobei auch die dominierende Defäkationsfrequenz von 1/Tag abgegrenzt werden kann (◓ 54) (vgl. dagegen 43).

Nierenfunktion. Wasser- und Elektrolythaushalt

Die Untersuchung tagesrhythmischer Veränderungen der Nierenfunktion sollte wegen der Einfachheit der Methodik stets einen besonderen Schwerpunkt chronobiologischer Untersuchungen bilden. Voraussetzung ist eine strenge zeitliche Verteilung der Flüssigkeitszufuhr sowie die Einhaltung von Rhythmuskost. Die Termine für die Harnausscheidung (im tagesrhythmischen Versuch in der Regel 2stündlich) müssen dabei strikt eingehalten werden. Durch die Bereitstellung von individuellen Harnsammelgefäßen muß gewährleistet werden, daß auch außerhalb der Termine anfallende Harnportionen berücksichtigt werden können.

Harnmenge, spezifisches Gewicht (z.B. mittels Tauchspindel) und Extinktion können von den Probanden selbständig gemessen und protokolliert werden. Weitere Untersuchungen können durch Abfüllen und Einfrieren einer definierten Probe zu einem späteren Zeitpunkt durchgeführt werden (z.B. Elektrolytgehalt, Hormonausscheidungen) (vgl. S. 54). Die zu erwartenden Ergebnisse werden anhand von Daten der Literatur in ◓ 55 dargestellt.

Der Tagesgang der Harnmenge mit der für den Gesunden charakteristischen antidiuretischen Phase der Nacht gehört zu den am frühesten in der Literatur dokumentierten Untersuchungsergebnissen. Die in ◓ 55 dargestellte mittlere Schwankung der Harnmenge mit dem Minimum in der Nacht und dem Maximum am Ende der ergotropen tagesrhythmischen Phase entspricht den Ergebnissen zahlreicher Untersucher (Lit.-Übers. s. 117; 217). Der gegensinnige Tagesgang des spezifischen Harngewichts und die Tagesschwankung des pH-Wertes im Harn sind gleichfalls vielfach bestätigt. Tagesrhythmische Untersuchungen der photometrischen Harnextinktion liegen bisher nicht vor, dürften aber dem Gang des spezifischen Gewichtes folgen.

Harnsteinbildung in der Nacht

Von den zahlreichen Harnbestandteilen sind die steinbildenden Substanzen von besonderem Interesse. Ihr tagesrhythmischer Gang läßt erkennen, daß die Steinbildungsgefahr in der Nacht wesentlich größer sein

55: Mittlerer Tagesgang der Harnausscheidungen gesunder Versuchspersonen bei konstanten Ruhebedingungen in einer Klimakammer und gleichmäßig verteilter Nahrungsaufnahme (Rhythmuskost) (nach GUTENBRUNNER 1989).

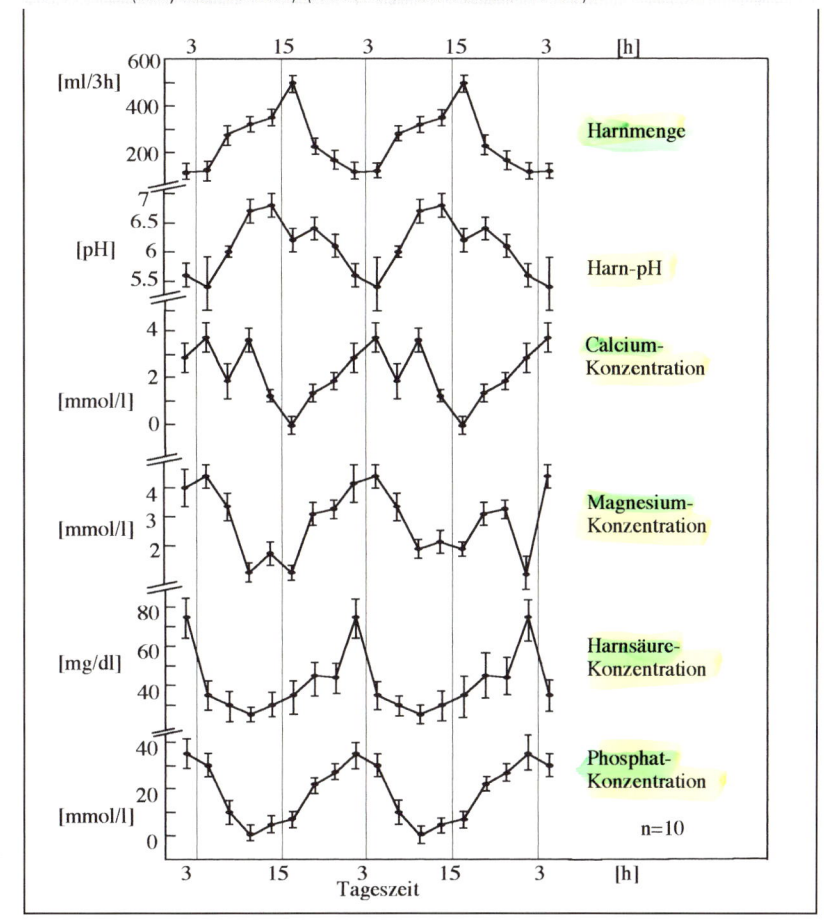

muß als am Tage. Die Ergebnisse der Harnsteinuntersuchung mit täglichen Schichtanlagerungen (◨ 56) bestätigen die Auffassung, daß das Wachstum der Harnkonkremente in der Nacht stattfindet und daß Harnsteinprophylaxe und -metaphylaxe besondere Maßnahmen zur Beeinflussung der tagesrhythmischen Schwankungen der harnsteinfördernden Substanzen verlangen (Lit.-Übers. 83).

Besonders hingewiesen sei in diesem Zusammenhang auch auf die Möglichkeit, durch Verwendung von handelsüblichen Teststreifen und Test-Stäbchen den Ergebnisumfang chronobiologischer Untersuchungen in einfacher Weise zu vergrößern.

Blut

Zelluläre Bestandteile

Die große Variabilität der Zahl zellulärer Bestandteile im zirkulierenden Blut ist seit langem bekannt. Die Zuordnung der spontanen Schwankungen zu den tagesrhythmischen Umstellungen des Organismus ist von

○ 56: Beispiel für den schichtigen Aufbau eines Harnsteins (Whewellit-Stein) (nach Schneider 1985).

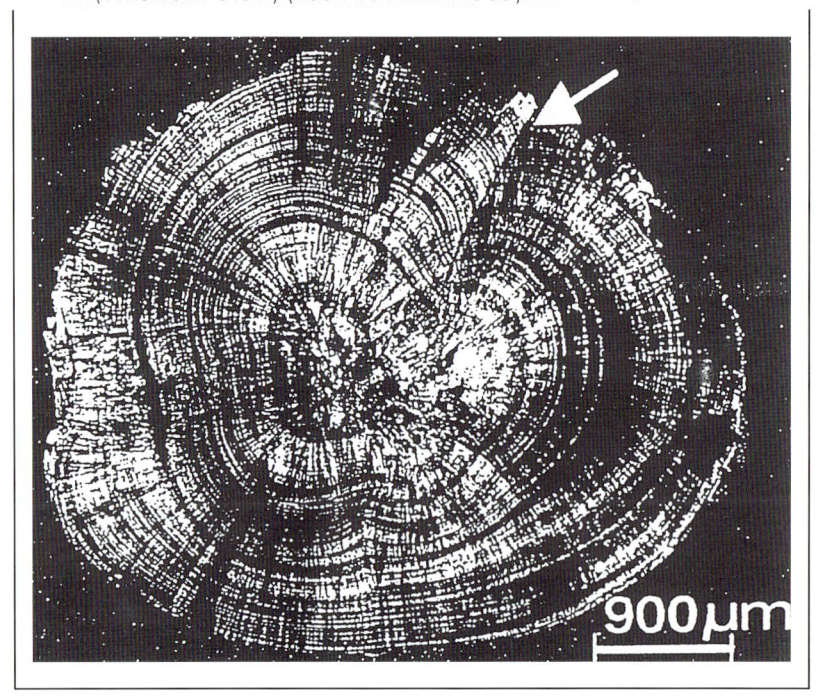

Rotes und weißes Blutbild chronobiologisch invers

großer praktischer Bedeutung. Zahlreiche Untersuchungen (321) haben zu übereinstimmenden Resultaten geführt.

Die im eigenen Arbeitskreis an gesunden liegenden Versuchspersonen gewonnenen Ergebnisse (325) ordnen sich den Resultaten der Literatur gut ein, sie sind in ○ 57 wiedergegeben. Der tagesrhythmische Gang von Erythrozytenzahl, Hämoglobin-Konzentration und Hämatokrit zeigt in der Vormittagshälfte des biologischen Tages einen gemeinsamen Anstieg, der die Tagesmaxima bereits zwischen 9 und 15 Uhr erreicht. Die Minima dieser drei Parameter werden nach dem Abfall in der Nachmittagshälfte erst am Ende der Trophophase im Bereich von 3 Uhr durchlaufen. Der tagesrhythmische Gang der Leukozytenzahl verläuft dagegen im wesentlichen umgekehrt, mit dem Tiefpunkt in der Mitte der ergophasischen Vormittagshälfte gegen 9 Uhr und dem breiteren Maximum in der Trophophase.

Plasma- und Blutdichte

Nächtliche Hydrämie des Blutes

Auch die physikalischen Eigenschaften der Blutflüssigkeit unterliegen ausgeprägten tagesrhythmischen Schwankungen. ○ 58 zeigt mittlere Tagesgänge der massendensitometrisch gemessenen Blut- und Plasmadichte im Liegen und Stehen bei einer Gruppe gesunder Probanden (325). Beide Meßparameter nehmen in der vormittäglichen Ergophase zu, in der nachmittäglichen Trophophase bis in die frühen Morgenstunden ab und zeigen damit die seit langen bekannte nächtliche Hydrämie des Blutes an (217). Bemerkenswert ist die stärkere Überlagerung des tagesrhythmischen Ganges mit submultiplen Perioden bei den Messungen im Stehen.

Tagesrhythmus (Zirkadianrhythmus)

57: Mittlere Tagesgänge von Hämatokrit, Hämoglobingehalt, Erythrozytenzahl und Leukozytenzahl im Kapillarblut von 6 gesunden, liegenden Versuchspersonen, die in je drei Tagesgängen untersucht wurden. Die eingezeichneten Kurven stellen das Ergebnis einer Glättung der Gruppenmediane dar (nach Vauti & Mitarb. 1985).

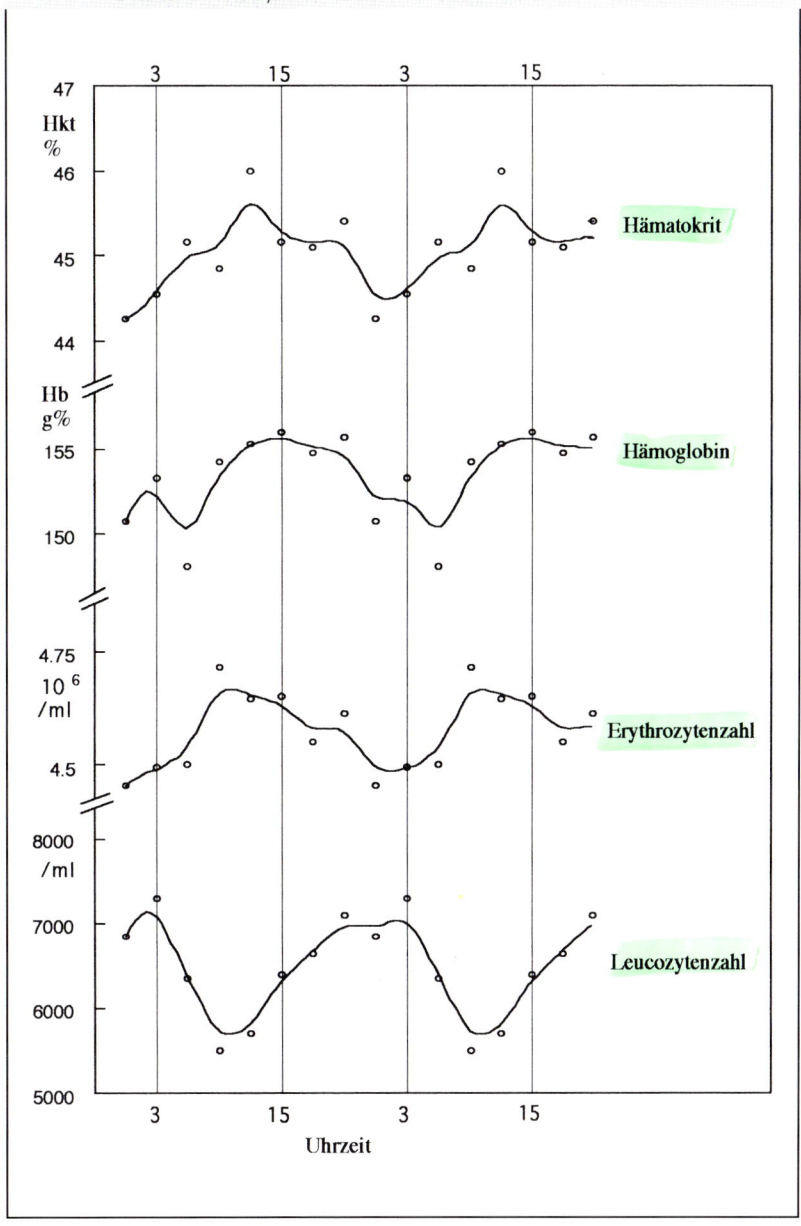

58: Mittlere Tagesgänge der massendensitometrisch gemessenen Werte der Blutdichte und Plasmadichte im Liegen und Stehen von 6 gesunden Versuchspersonen, die in je drei Tagesgängen untersucht wurden (nach Vauti & Mitarb. 1985).

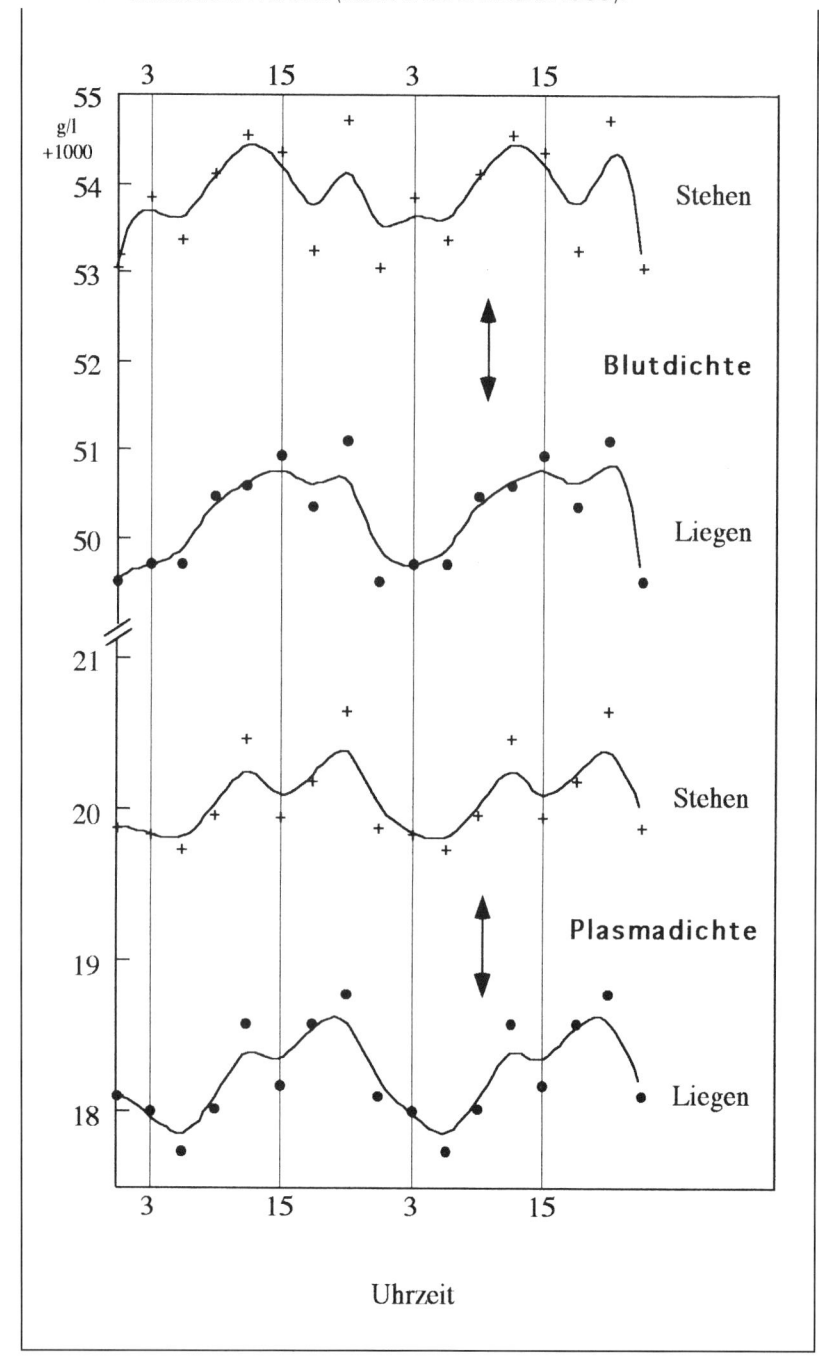

Körperliche Leistungsfähigkeit

Vorbemerkung

Parameter der körperlichen Leistungsfähigkeit lassen sich gleichfalls in eine praktische Prüfung auf tagesrhythmische Einflüsse einbeziehen. Dies gilt vor allem für solche Meßgrößen, die im Rahmen kurzfristiger Beanspruchungen erhoben werden können. Belastungstests von größerem Zeitbedarf und hoher Intensität sind dagegen nur möglich, wenn die Pausen zwischen den einzelnen Meßterminen ausreichend zur Erholung dimensioniert werden. So sind z. B. ergometrische Belastungen bis zu 100–120 Watt mit mindestens zweistündigen Intervallen durchzuführen, in denen jeweils eine strikte Ruhephase eingehalten werden muß. Eine intermittierende Anordnung der Meßtermine mit Verteilung auf mehrere Tage kann hierbei von Vorteil sein.

Muskelkraft

Muskelkraftmaximum am Tag

Messungen der tagesrhythmischen Schwankungen der Muskelkraft können mit kurzen Meßintervallen durchgeführt werden. ◐ 59 zeigt den mittleren Tagesgang der isometrischen Maximalkraft von drei verschiedenen Muskelgruppen aus drei Untersuchungsreihen mit einer dazu ermittelten Ausgleichskurve (Spline). Es ergibt sich im Mittel ein tagesrhythmischer Gang von beträchtlicher Amplitude. Das Maximum findet sich ab 15 Uhr am Nachmittag, das Minimum wird gegen 3 Uhr nachts durchlaufen. Hier besteht offensichtlich ein enger Zusammenhang mit dem Tagesgang der psychischen Leistungsbereitschaft bzw. Vigilanz, der in ◐ 61 (274), z. B. am Verlauf der Reaktionszeit, abgelesen werden kann.

Dauerleistungsfähigkeit

Maximum der Dauerleistungsfähigkeit nachts

In ◐ 60 ist das Ergebnis einer Prüfung der körperlichen Leistungsfähigkeit auf dem Fahrradergometer (physical working capacity; 330) im Tagesgang aufgetragen, wobei 2stündige Meßintervalle mit strikten Ruhephasen und gleichmäßig verteilter Nahrungsaufnahme eingehalten wurden. Es ergibt sich der auffällige Befund, daß die Arbeitskapazität bei definierter Pulszahl nicht am Tage, sondern in der Nacht im Bereich von 3 Uhr ihr Maximum durchläuft. Das Minimum findet sich im Mittel in den Nachmittagstunden. Gleichlautende Ergebnisse bietet die Literatur vor allem bei Leistungsprüfungen im mittleren Belastungsbereich, während bei hohen Belastungsintensitäten und Vita-maxima-Untersuchungen keine sicheren tagesrhythmischen Schwankungen festgestellt wurden (174; 346). Dies ist wohl darauf zurückzuführen, daß der Einfluß der vegetativen Gesamtumstellung besonders bei ausgeglichener Mittellage des vegetativen Systems hervortritt. Bei extremen ergotropen Auslenkungen mit Aktivierung autonom geschützter Reserven durch maximale Belastungen ist dagegen nicht mehr mit den physiologischen vegetativ bedingten Schwankungen zu rechnen.

Der Vergleich mit dem Tagesgang der Vigilanz in ◐ 61, gemessen an der Reaktionszeit, läßt eine praktisch bedeutsame Phasenbeziehung beider Funktionsbereiche erkennen. Danach wird das Maximum der Leistungs-

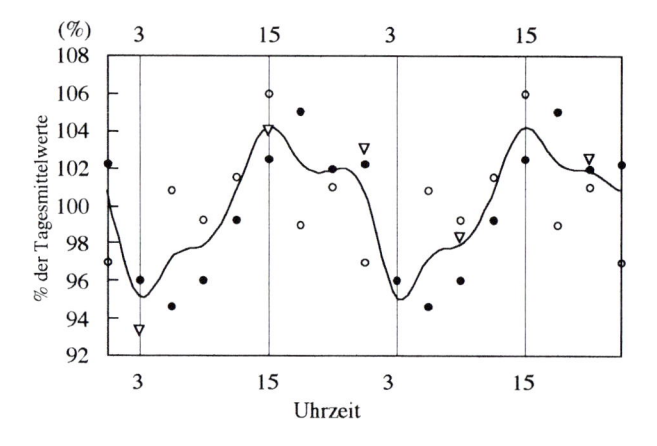

59: Mittlerer Tagesgang der isometrischen Maximalkraft in drei verschiedenen Untersuchungsanordnungen (nach Daten von RIECK & Mitarb. 1976).

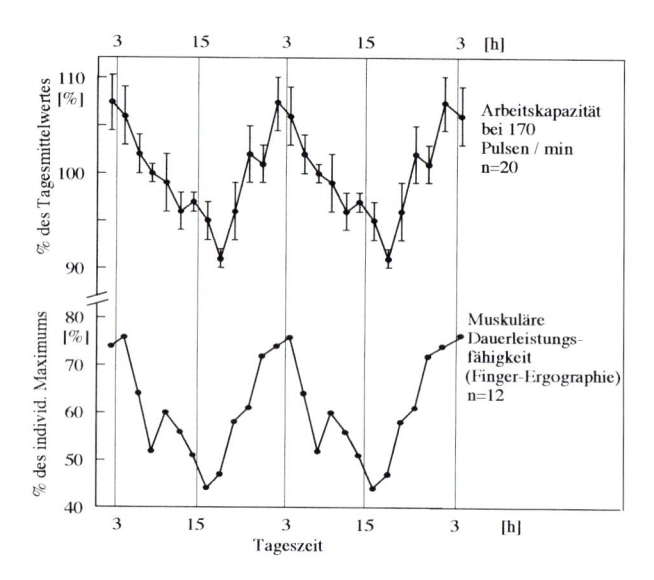

60: *Oben:* Mittlerer Tagesgang der Physical Working Capacity (PWC) (WAHLUND 1948) für 170 Pulse/min von 20 gesunden Versuchspersonen bei 2stündlicher Kontrolle (nach VOIGT & Mitarb. 1968). *Unten:* Mittlerer Tagesgang der muskulären Arbeitskapazität am Finger-Ergometer von 12 Versuchspersonen bei 2stündlicher Kontrolle (nach BOCHNIK 1958).

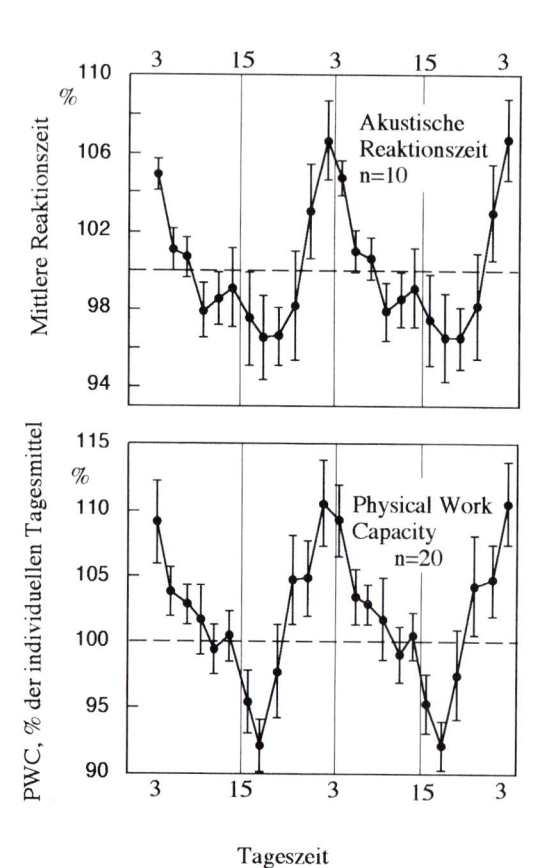

61: Vergleich der mittleren Tagesgänge von akustischer Reaktionszeit und Physical Working Capacity (PWC) für 170 Pulse/min. Der Korrelationseffizient für die Beziehung beider Kurven beträgt r = 0,866 (p < 0,001) (nach VOIGT & Mitarb. 1968).

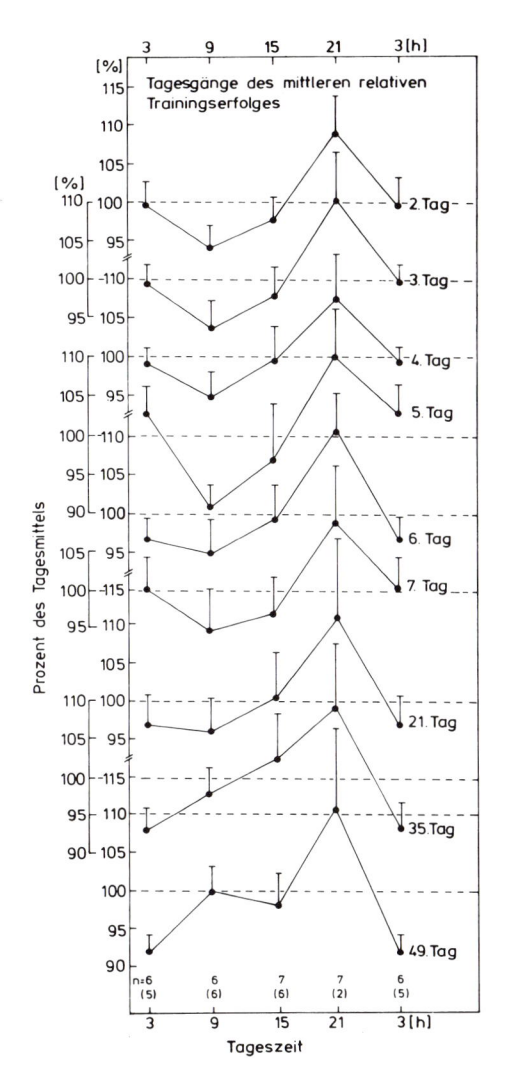

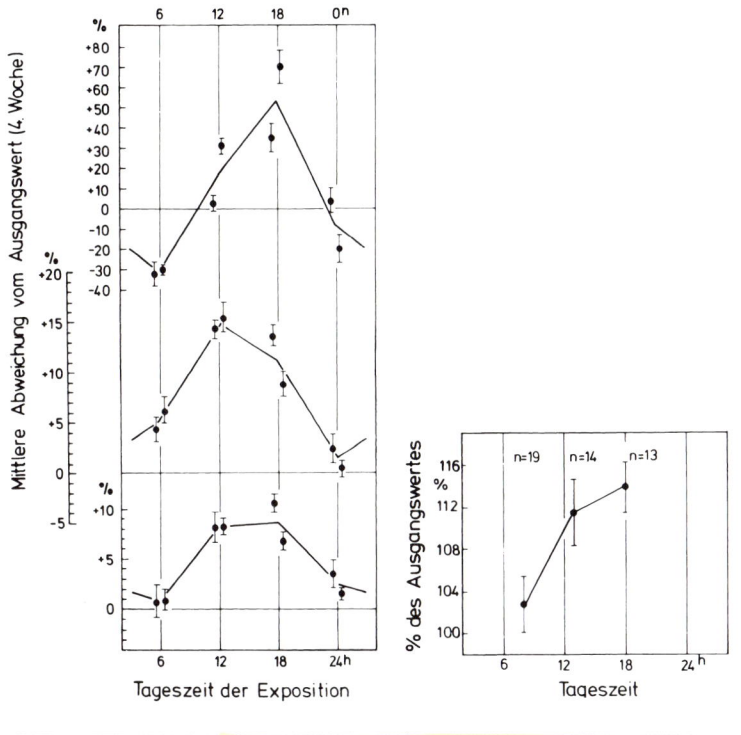

62: Tagesgang des mittleren relativen Trainingserfolges (Zuwachs der maximalen Muskelkraft) bei und nach einem 7tägigen isometrischen Muskelkrafttraining von 3 verschiedenen Muskelgruppen von je vier Probanden, die um 3.00, 9.00, 15.00 und 21.00 Uhr trainierten. Zur besseren Übersicht sind die Daten des 3.00-Uhr-Trainings zweimal aufgetragen (nach Daten von HILDEBRANDT & Mitarb. 1977).

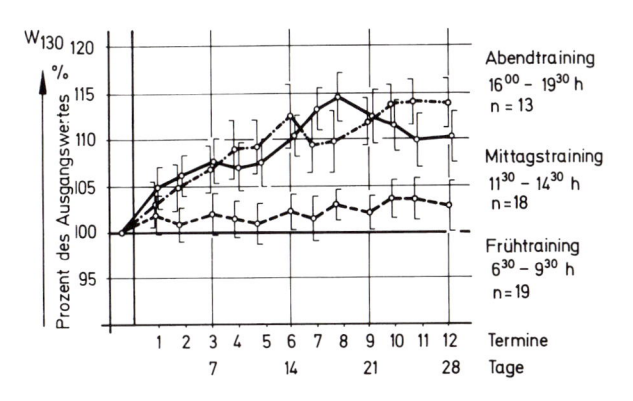

63: Mittlerer Verlauf der Physical Working Capacity (PWC 130) während eines 4wöchigen Trainings von drei Gruppen gesunder Versuchspersonen, die zu verschiedenen Tageszeiten auf dem Laufband-Ergometer trainierten (nach BAIER & ROMPEL 1977).

64: *Links:* Mittlere Veränderungen von Retikulozyten-, Erythrozytenzahl und Hämoglobingehalt in der vierten Woche nach Unterdruckexposition (Nennhöhe 2000 m) bei je zwei Probanden, die an sechs aufeinanderfolgenden Tagen um 6.00, 12.00, 18.00 oder 24.00 Uhr exponiert wurden (nach HECKMANN & Mitarb. 1979).
Rechts: Mittlere Veränderungen der körperlichen Leistungsfähigkeit nach 4wöchigem Ausdauerleistungstraining zu verschiedenen Tageszeiten (nach BAIER & ROMPEL 1977). Die Klammern bezeichnen den mittleren Fehler des Mittelwertes.

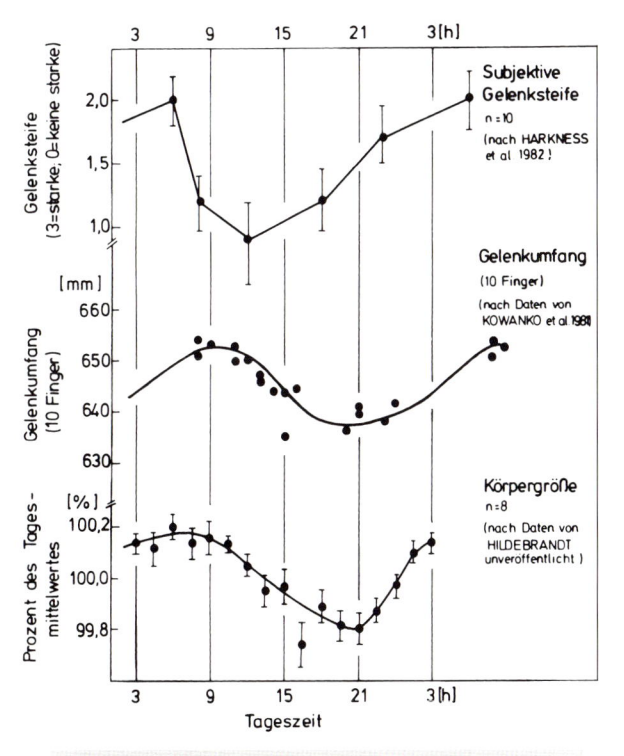

65: Tagesrhythmische Veränderungen des Bindegewebsturgors, dargestellt anhand der subjektiven Gelenksteife, des Gelenkumfangs sowie der Körpergröße (nach Daten verschiedener Autoren: aus HILDEBRANDT 1988).

Nachtarbeit stört Phasenzusammenhang

fähigkeit, das auf der extrem trophotropen Einstellung des vegetativen Systems während der Nacht beruht, durch das gleichzeitige Minimum der psychischen Leistungsbereitschaft sorgfältig vor Ausbeutung geschützt, um die nächtliche Erholung und Regeneration im Hinblick auf den folgenden Tag sicherzustellen. Eine Störung dieses Phasenzusammenhanges, wie er vor allem durch Nachtarbeit erzwungen werden kann, muß immer zu Erholungsdefiziten führen, wenn nicht eine entsprechende Umsynchronisation der Zirkadianrhythmik erfolgt (125, 134). Die Prüfung der Dauerleistungsfähigkeit einzelner Muskelgruppen bei einseitig-dynamischer Belastung am Fingerergometer hat schon in älteren Untersuchungen das physiologische nächtliche Maximum der muskulären Dauerleistungsfähigkeit dargestellt (24) (s. ⌧ 60).

Trainingswirkungen

Mit entsprechend größerem zeitlichem Aufwand lassen sich in besonderen Fällen (Sportmedizin) auch die tagesrhythmischen Schwankungen der Trainierbarkeit von Muskelkraft und Ausdauerleistungsfähigkeit zur Darstellung bringen, z. B. durch entsprechende Anordnung von Auslösung und Kontrolle der adaptiven Veränderungen.

⌧ 62 zeigt als Beispiel den unterschiedlichen Kraftzuwachs beim isometrischen Muskeltraining in 4 verschiedenen Gruppen, die an 7 aufeinanderfolgenden Tagen zu verschiedenen Tageszeiten trainiert und bis zum 49. Tag kontrolliert wurden (81).

⌧ 63 zeigt die Zunahme der Dauerleistungsfähigkeit bei gleich dosiertem Training auf dem Laufbandergometer zu verschiedenen Tageszeiten, wobei die maximalen Zunahmen der körperlichen Leistungsfähigkeit (W 130) am Mittag und besonders gegen Abend erzielt werden (19). Gleichlautende Ergebnisse wurden auch beim Wiederauftrainieren von Infarktkranken, v. a. in frühen Stadien der Rehabilitation, gewonnen (45).

Tagesgang der Erythropoiese

Da der adaptogene Reiz des Dauerleistungstrainings der Sauerstoffmangel ist, interessiert in diesem Zusammenhang die Tatsache, daß auch bei Sauerstoffmangelexposition in der Unterdruckkammer zu 4 verschiedenen Tageszeiten die erythropoietische Reaktion bei den mittags und abends exponierten Probanden am größten war (⌧ 104; 187).

Körpergröße, Bindegewebsturgor

Angesichts der Komplexität der tagesrhythmischen Umstellungen, die vermuten läßt, daß es praktisch keine Funktionen gibt, die nicht daran beteiligt wären, kann die Auswahl weiterer Parameter für chronobiologische Versuche am Menschen in erster Linie unter dem Gesichtspunkt der Praktikabilität der Meßmethoden, aber auch im Hinblick auf das allgemeine Interesse vorgenommen werden.

⌧ 65 zeigt z. B. das mittlere Ergebnis von Messungen der Körpergröße im 24-Stundenversuch. Die im Stehen gewonnenen Meßwerte zeigen ein morgendliches Maximum, um im Laufe des Tages fortlaufend abzunehmen (vgl. 150). Die Vermutung, daß es sich dabei um eine Folge der orthostatischen Belastung der Zwischenwirbelscheiben handelt (336), kann schon dadurch in Frage gestellt werden, daß die Probanden in dem beschriebenen 24-Stunden-Versuch zwischen den Messungen jeweils liegen mußten. Ein weiterer Beleg dafür, daß es sich um die Folge einer spontanen tagesrhythmischen Schwankung des Bindegewebsturgors handelt, ergibt sich daraus, daß auch die Schwankungen der Gelenkumfänge an den nicht orthostatisch belasteten Fingern den gleichen Tagesgang aufweisen. Die bekannte morgendliche Ausprägung der Gelenksteifigkeit beim Rheumatiker verläuft nach Ergebnissen der Literatur entsprechend umgekehrt, was auf eine systemische Beteiligung des Schwellungszustandes der gesamten Körperbindegewebe am Tagesrhythmus schließen läßt.

Psychische Leistungsbereitschaft und Sinnesleistungen

Vorbemerkung

Steuerung des Schlaf-Wach Rhythmus durch speziellen Oszillator?

Unter den tagesrhythmischen Umstellungen ist der spontane Wechsel zwischen Wachen und Schlafen das auffälligste Phänomen. Die Freiheitsgrade dieses tagesrhythmischen Symptoms sind allerdings wesentlich größer (z. B. interpolierte »Naps«, Mittagsschlaf) als bei den vegetativen Meßgrößen (349, 350). Es wird daher diskutiert, ob der Schlaf-Wach-Zyklus, der auch unter Zeitgeberausschluß im Isolationsexperiment erhalten bleibt, von einem besonderen »Oszillator« gesteuert wird, der nur mehr oder weniger streng an den Rhythmus der vegetativen Umstellungen gekoppelt ist (26; 27; 40; 342).

Die bei chronobiologischen Untersuchungen anfallenden Schlafprotokolle können durch eine autometrische Beteiligung der Probanden an den Meßterminen gestört sein. Es ist demgegenüber wesentlich aufschlußreicher, den jeweiligen Grad an Müdigkeit, subjektiv empfundener Vigilanz bzw. Schlafbedürfnis auf vorgegebenen Skalen schätzen zu lassen. Im folgenden wird daher eine Auswahl von diesbezüglichen Ergebnissen aus eigenen Versuchen und der einschlägigen Literatur zusammengestellt. Solche Daten können je nach apparativem Aufwand durch objektive Messungen ergänzt und fundiert werden (302).

Reaktionszeit, Aufmerksamkeit, sensomotorische Koordination

Reaktionszeit ist vigilanzgebunden

Die objektive Erfassung dieser tagesrhythmischen Vigilanzschwankungen gelingt schon mit der einfachen Methode des Linealfalltests. In ☉ 66 sind die mittleren Ergebnisse eines solchen 24-Stunden-Gruppenversuchs mit denen verglichen, die in der Literatur mit aufwendigeren Methoden der akustischen Reaktionszeitmessung mitgeteilt wurden. Der Vergleich zeigt, daß bis auf die unterschiedliche Ausprägung der Tagesamplitude sehr gute Übereinstimmung besteht. Das Maximum der Reaktionszeiten bzw. das Minimum der Reaktionsgeschwindigkeit liegt in beiden Versuchsreihen um 3 Uhr nachts, das breitere Reaktionszeitminimum in den frühen Nachmittagsstunden.

Motorische Koordinations- bzw. sensomotorische Leistungen wurden in Praktikumsversuchen durch Prüfung mit einem Labyrinthtest (vgl. S. 56) geprüft und zum Vergleich Meßergebnisse von Tapping-Tests und Zielverfolgungstests (Pursuit-Rotor-Test) herangezogen. Die Ergebnisse finden sich in ⊂ 66 zusammengestellt. Alle Verfahren bringen das nächtliche Minimum der Vigilanz im engeren Bereich um 3 Uhr übereinstimmend zur Darstellung, auch die Verlaufsform am Tage mit einem breiten Leistungsmaximum, das zum Teil durch eine **Mittagssenke** gegliedert ist, wird deutlich.

Hirnleistungen: Merkfähigkeit, Rechenleistung (Düker-Test)

Naturgemäß unterliegen auch die verschiedenen Hirnleistungen schon wegen der starken Abhängigkeit vom Vigilanzniveau entsprechenden tagesrhythmischen Schwankungen. In der Literatur wird z. B. von Veränderungen der Rechengeschwindigkeit und Merkfähigkeit berichtet. Diese können mit entsprechend einfachen und wenig zeitraubenden Methoden zur Darstellung gebracht werden (63; 64; 65) (⊂ 67) Inwieweit die bekannten **ultradianen Seitigkeitswechsel der zentralen Durchblutung**, wie sie auch an dem Rhythmus der Nasenatmung in Erscheinung treten, mit seitenspezifischen Änderungen der zerebralen Leistungen verbunden sind, wird derzeit diskutiert (296).

Sinnesleistungen: Sehschärfe, Schmerzempfindlichkeit, Placeboeffekte

Die Prüfung sensomotorischer Leistungen läßt zunächst offen, wieweit die afferent-sensorischen Anteile an den tagesrhythmischen Schwankungen beteiligt sind. Im Rahmen praktischer Übungen konnten z. B. Sehschärfe (räumliches Auflösungsvermögen) und Schmerzempfindlichkeit im Tageslauf kontrolliert werden.

Im oberen Teil der ⊂ 68 sind die Ergebnisse der Sehschärfenprüfungen dargestellt und mit Daten der Literatur verglichen, die nicht im fortlaufenden 24-Stunden-Versuch, sondern bei intermittierender Anordnung mit einwöchigen Pausen zwischen den einzelnen Messungen gewonnen wurden. Es ergibt sich eine gute prinzipielle Übereinstimmung der Resultate mit den Literaturdaten. Die nächtlichen Minima beider Kurven liegen gemeinsam im Bereich von 3 Uhr, die Tagesmaxima zwischen 12 und 16 Uhr. Die geringe Phasenvoreilung der Tagesrhythmik in den Praktikumsdaten kann verschiedene Ursachen haben, die teils die unterschiedliche Methodik, teils aber auch die individuellen Unterschiede der zirkadianen Phasenlage (Morgentyp, Abendtyp) betreffen.

In ⊂ 69 ist der mittlere Tagesgang der in derselben Versuchsreihe gefundenen *epikritischen* (Nadelstich-) Schmerzschwelle der Fingerkuppenhaut dargestellt. Demnach zeigt die so bestimmte Empfindungsschwelle ein tagesrhythmisches Maximum (im Sinne verminderter Empfindlichkeit) in der Nacht im Bereich von 3 Uhr, das Schwellenminimum am Tage während der Mittagsstunden im Sinne größter epikritischer Schmerzempfindlichkeit. Damit verläuft diese tagesrhythmische Schwankung in einer plausiblen Beziehung zu der der Vigilanz.

Schwankung der afferent-sensorischen Funktionen

Epikritische vs. protopathische Schmerzempfindlichkeit

Die Bestimmung der *protopathischen* Schmerzschwelle mittels Prüfung der Kaltreizempfindlichkeit der Zähne erweist sich bei ungeübten Untersuchern als sehr fehleranfällig. Es sollen deshalb hier Ergebnisse der Literatur über die tagesrhythmischen Wechselbeziehungen zwischen epikritischer und protopathischer Schmerzempfindlichkeit herangezogen werden. Wie ◉ 70 zeigt, verlaufen die tagesrhythmischen Umstellungen beider Schmerzqualitäten auch bei Anwendung verschiedener Meßmethoden auffällig gegensinnig, indem am Tage im Bereich der Mittagsstunden die epikritische Schmerzempfindlichkeit ihr Maximum durchläuft, die protopathische Schmerzempfindlichkeit dagegen in der Nacht im Bereich von 3 Uhr. Methodisch sei dazu angemerkt, daß die protopathische Schmerzschwelle an den Frontzähnen bei elektrischer und thermischer Reizung gleiche Ergebnisse liefert (vgl. ◉ 70, oberes Kurvenpaar). Die Tagesschwankung der epikritischen Empfindlichkeit kommt auch bei Bestimmung der taktilen Empfindlichkeit der Frontzähne im Drahtstärken-Paarvergleichstest zur Darstellung.

Tagesgang der Schmerzmittelwirkung

In diesem Zusammenhang ist auch von Interesse, daß die Beeinflussung der Schmerzempfindlichkeit durch Medikamente und Placebogabe tagesrhythmisch variiert (vgl. S. 95). Wie ◉ 71 zeigt, unterliegt auch die Wirkungsdauer einer Lokalanästhesie beträchtlichen tagesrhythmischen Schwankungen mit einem Maximum im Bereich von 15 Uhr. Die Wirkung einer Tablette des Schmerzmittels Novalgin® ist gleichfalls zu verschiedenen Tageszeiten sehr unterschiedlich, wie ◉ 72 (oben) an der Größe der positiven Auslenkungen der protopathischen Schmerzschwelle der Zähne aus ihrem spontanen tagesrhythmischen Verlauf zeigt.

Auch der schwellenanhebende Effekt einer Placebogabe unterliegt diesem tagesrhythmischen Einfluß (◉ 73). Er wird im Bereich des nächtlichen Minimums der protopathischen Schmerzschwelle (Empfindlichkeitsmaximum) minimal, während am Tage beträchtliche Placeboeffekte die Schmerzschwelle jeweils über Stunden anheben. Nach Untersuchungen von PÖLLMANN u. HILDEBRANDT (253) kann der Anteil des Placeboeffektes an einer medikamentösen Schmerzstillung am Tage bis zu 50% betragen, während er in der Nacht unter 10% ausmacht (◉73).

Stimmung, Antrieb, innere Unruhe (»Nervosität«)

In ◉ 74 sind die mittleren Tagesgänge subjektiv geschätzter Skalenwerte von Stimmung, Antrieb und Nervositätsgrad aus einem tagesrhythmischen Gruppenpraktikum zusammengestellt. Dabei wurden jeweils 17teilige Schätzskalen vorgegeben. Für die beiden erstgenannten Parameter ergibt sich ein übereinstimmender und deutlich ausgeprägter tagesrhythmischer Verlauf mit einem Minimum im Bereich von 3 Uhr nachts, während das Maximum mittäglich im Bereich von 11 bis 16 Uhr durchlaufen wird.

In den mittleren Tagesgängen von Stimmung und Antrieb finden sich angedeutet Überlagerungen mit ultradianen Perioden (12- und 8stündige). Bei näherer Prüfung der Schätzwerte fanden sich zudem Anhalte für einen Einfluß des individuellen Niveaus auf den Tagesverlauf. Der

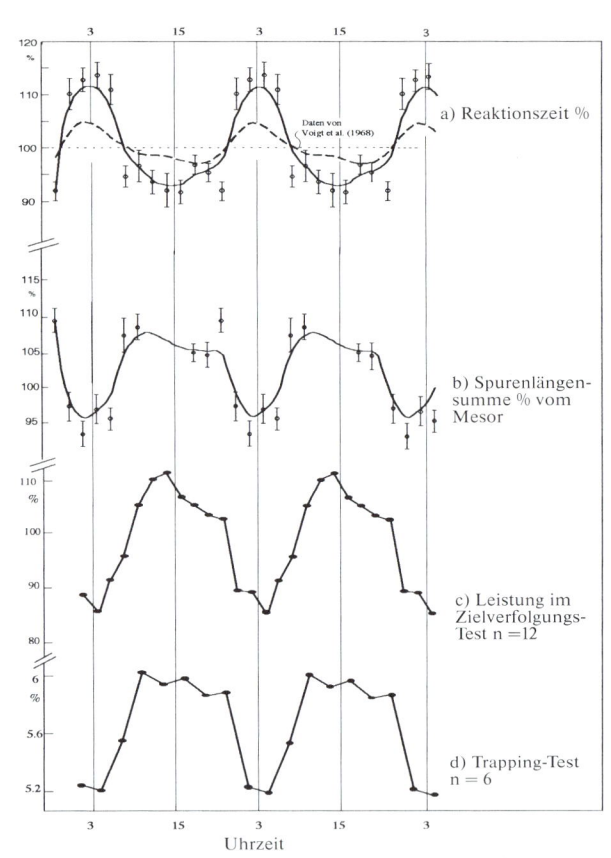

66: Zirkadiane Veränderung der mittleren Reaktionszeit, gemessen mit dem Lineal-Fall-Test (a, Daten von Voigt & Mitarb. 1968 sind den Daten aus einem Seminarversuch hinterlegt) sowie der Spurenlänge im Labyrinth-Test (b, Daten aus einem Seminarversuch) (Mittelwert ± SEM, n=12) und der Leistung im Zielverfolgungstest (c, Abweichung vom individuellen Tagesmittel, Daten von Jansen & Mitarb. 1966) sowie der Leistung im Tapping-Test (d, nach Daten von Aschoff & Mitarb. 1972).

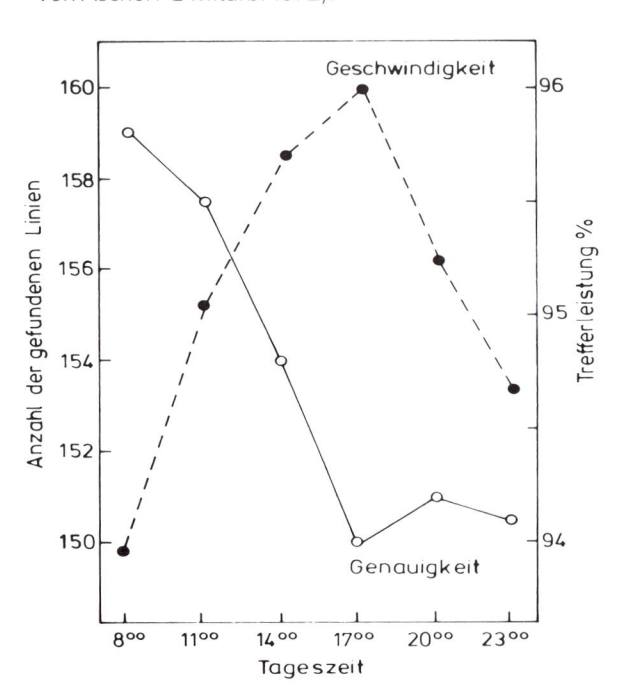

67: Der tageszeitliche Einfluß auf Geschwindigkeit und Genauigkeit bei einem seriellen Suchtest (nach Folkard & Monk 1983).

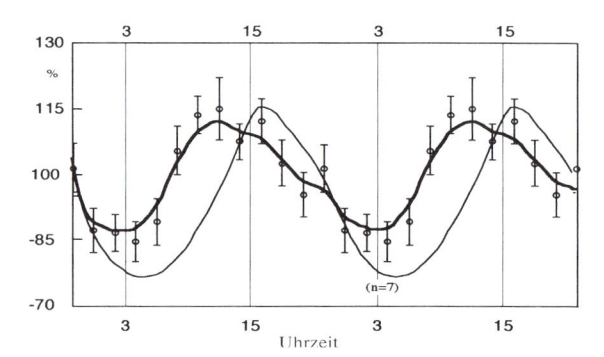

68: Zirkadiane Veränderung der Sehschärfe (des räumlichen Auflösungsvermögens), dargestellt als prozentuelle Abweichung vom individuellen Tagesmittel (Mittelwert ± SEM, n=12) (Daten von Knoerchen & Mitarb. sind den eigenen Daten aus einem Seminarversuch hintergelegt).

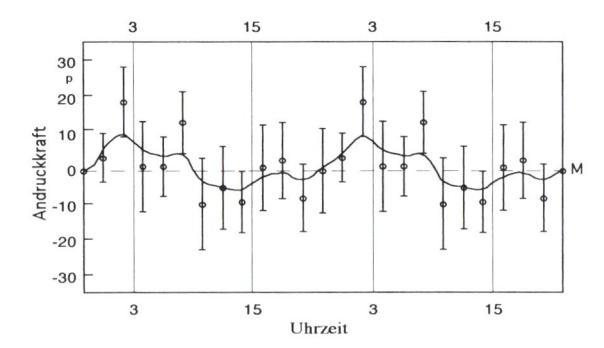

69: Zirkadiane Veränderung der epikritischen Schmerzschwelle, gemessen mit dem Nadelstich-Test und dargestellt als Abweichung vom individuellen Tagesmittel (M=358 pond, Mittelwert ± SEM, n=12, Daten aus einem Seminarversuch).

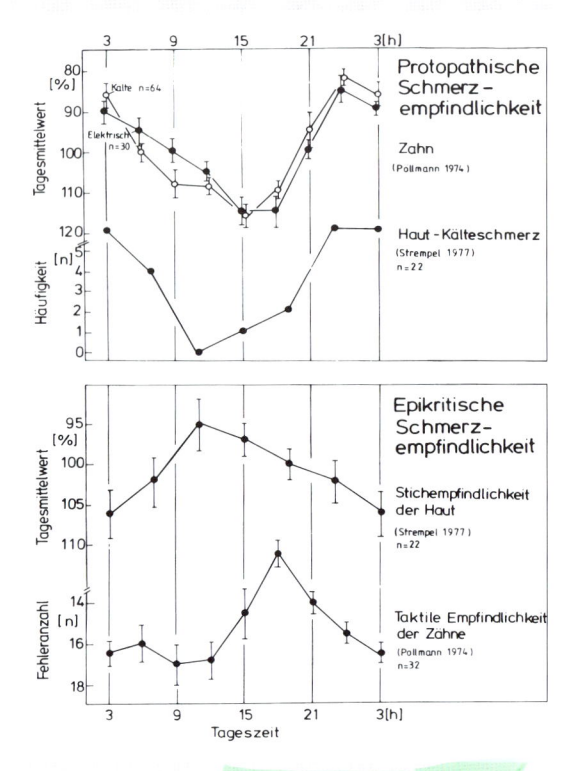

70: Tagesgänge der protopathischen Schmerzempfindlichkeit *(oben)* sowie der epikritischen Schmerzempfindlichkeit *(unten)* (aus Hildebrandt & Mitarb. 1993).

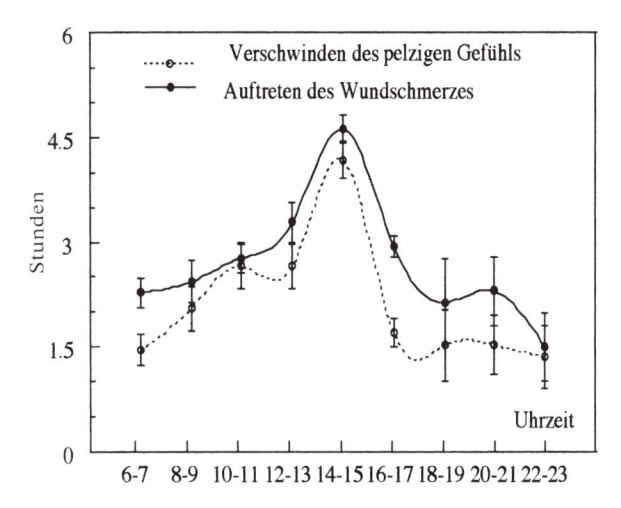

71: Mittlere Wirkungsdauer eines Lokalanästhetikums im Rahmen kieferchirurgischer Behandlungen nach Injektion zu verschiedenen Tageszeiten. Die Klammern bezeichnen den Bereich des mittleren Fehlers der Mittelwerte (nach PÖLLMANN 1984).

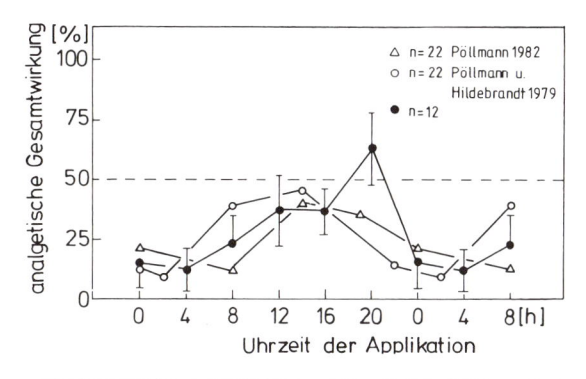

73: Tagesgang des Anteils der Plazebowirkung an der analgetischen Gesamtwirkung eines Schmerzmittels in drei verschiedenen Versuchsgruppen (nach Daten von PÖLLMANN & HILDEBRANDT 1979).

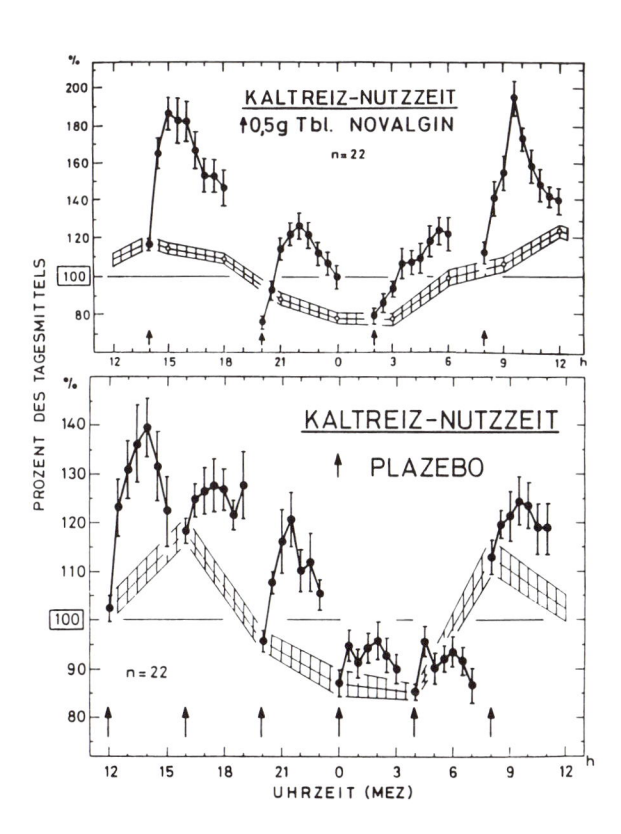

72: Mittlerer Verlauf der Kaltreiznutzzeit zur Schmerzauslösung an einem gesunden mittleren Schneidezahn im Oberkiefer nach Gabe eines Schmerzmittels (Novalgin®) *(oben)* und eines Plazebos *(unten)* zu sechs verschiedenen Tageszeiten bei 22 gesunden Versuchspersonen. Die Meßwerte vor der Applikation sind zum spontanen Tagesgang der Schmerzschwelle verbunden. Die Klammern bezeichnen den Bereich des mittleren Fehlers der Mittelwerte. Ordinate in Prozent des individuellen Tagesmittelwertes (nach PÖLLMANN & HILDEBRANDT 1979; PÖLLMANN 1980).

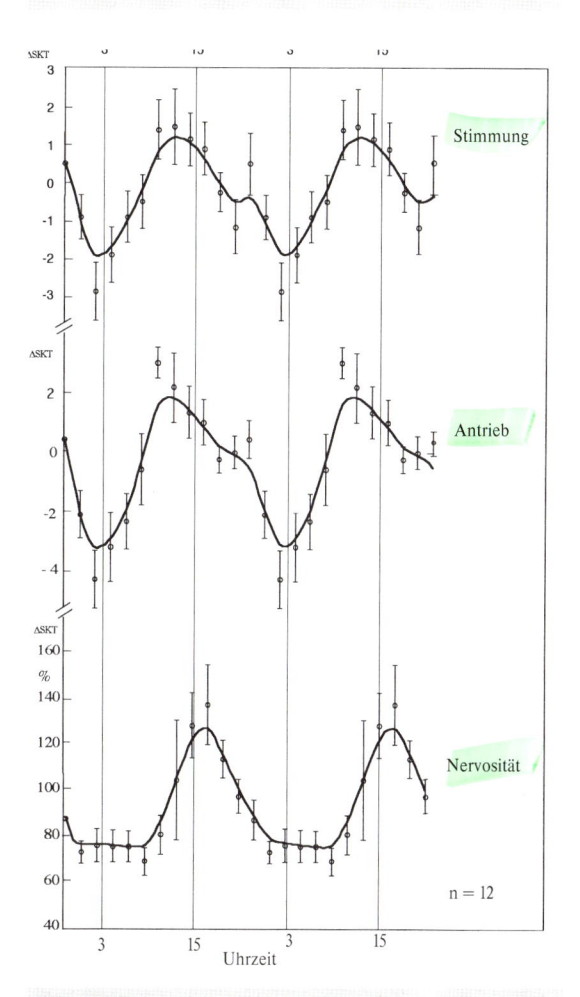

74: Zirkadiane Veränderung der mittleren Stimmung, des mittleren Antriebs, der mittleren Nervosität (Mittelwert ± SEM, n=12), dargestellt als Abweichung vom individuellen Tagesmittel (nach Daten aus einem Seminarversuch).

Tagesgang der Nervosität spiegelt den Grad des adrenergen Antriebs, dessen Tagesmaximum im Bereich von 15 Uhr vorgefunden wird.

Hormonaler Status im Tagesrhythmus

Die Bestimmung von Hormonspiegeln im spontanen und stimulierten Speichel hat die Möglichkeiten, auf unblutigem Wege Einblicke in Hormonstatus und Stoffwechsel zu gewinnen, stark erweitert (z. B. Cortisol, Kallikrein, Laktoferrin) (318; 321). Von besonderer Bedeutung ist der Nachweis, daß Produktion und Freisetzung zahlreicher Hormone nicht kontinuierlich erfolgen, sondern in Form intermittierender Episoden mit ultradian-rhythmischer Zeitstruktur, die einen jeweils eigenen Informationsgehalt besitzt. Diese Tatsache stellt hohe Anforderungen an eine adäquate Erfassung und Beurteilung hormonaler Funktionen unter chronobiologischen Gesichtspunkten (166; 329; 331).

Hormonsekretion: Episoden mit ultradian-rhythmischer Zeitstruktur

Wehenbeginn und Geburtenhäufigkeit

Es ist seit langem bekannt, daß der Geburtsvorgang tagesrhythmischen Einflüssen unterliegt. Das zeitliche Häufigkeitsmaximum der Weheneinsätze liegt unter physiologischen Spontanbedingungen bei 0 bis 2 h

75: Zirkadianer Häufigkeitsverlauf des spontanen Wehenbeginns sowie der spontanen Geburtstermine *(links)* und tageszeitlicher Häufigkeitsverlauf eingeleiteter Weheneinsätze und Geburten *(rechts)*. Zusammenstellung aus zahlreichen Berichten (nach Smolensky & Mitarb. 1972).

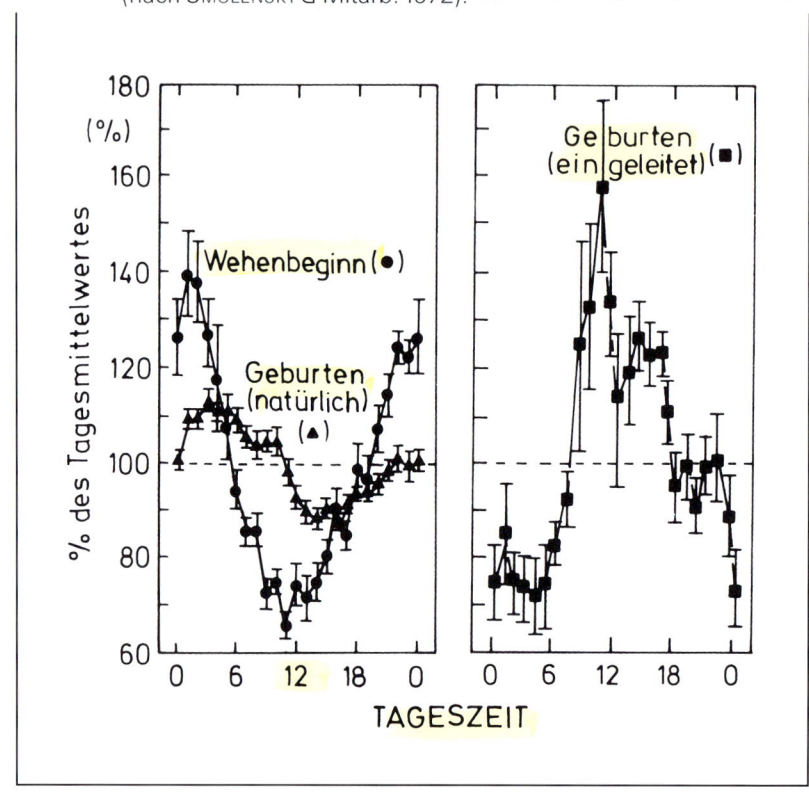

»Sozialer Zeitgeber des Wehenbeginns«

nachts, das Maximum der Geburtenhäufigkeit im Bereich zwischen 4 und 8 Uhr (◉ 75, links). Diese natürliche rhythmische Ordnung wird allerdings durch den maskierenden Einfluß künstlich steuernder Eingriffe völlig überdeckt, so daß die Häufigkeitsmaxima von Geburt und Wehenbeginn heute vielfach den Bedingungen ärztlicher Tagarbeit angepaßt sind (◉ 75, rechts).

Ultradiane Rhythmen

Allgemeines

Die Rhythmen des ultradianen Bereichs unterliegen einer autonomen Frequenz- und Phasenordnung (Koordination). Zur Vermittlung eines Verständnisses für die Charakteristik dieses Frequenzbereiches ist es daher notwendig, außer einer rein phänomenologischen Beschreibung der leichter zugänglichen Rhythmen auch Beispiele für deren Ordnungszusammenhänge zur Darstellung zu bringen. In ◉ 76 ist ein Spektrum der ultradianen Rhythmen beim Menschen zusammengestellt, wobei funktionell drei Bereiche zu unterscheiden sind (Stoffwechselsystem, rhythmische Transport- und Verteilungssysteme, Informationssystem). Wie die horizontale Schraffur zeigt, haben die rhythmischen Aktionen des Nervensystems die größte Variationsbreite ihrer Frequenz. Sie sind verantwortlich für Transport und Verarbeitung der Informationen, indem sie den momentanen Erregungsgrad durch Frequenzmodulation anzeigen. Lediglich während des Schlafes werden die Rhythmen des Zentralnervensystems partiell zu bestimmten Frequenzbanden des EEG synchronisiert.

Frequenzmodulation ultradianer Rhythmen

◉ 76: Frequenzverhalten der endogenen ultradianen Rhythmen in den verschiedenen Abschnitten des Spektrums. Schwarze senkrechte Balken zeigen die bevorzugten Frequenzbanden an, horizontale Schraffuren den Bereich der Frequenzmodulationen, nähere Erklärung im Text (nach Hildebrandt 1985).

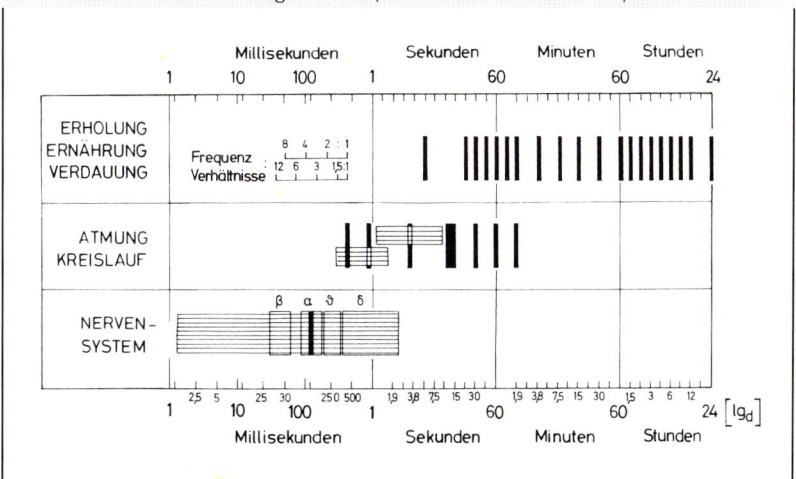

Im Gegensatz dazu bevorzugen die längerwelligen Rhythmen des Stoffwechselsystems bestimmte Frequenzbanden, die in ganzzahligen Verhältnissen zueinander stehen. Sie sind in der Abbildung als schwarze Banden dargestellt. Für einige von ihnen sind stabilisierende Mechanismen nachgewiesen, z.B. hinsichtlich der Temperaturabhängigkeit. Bei logarithmischer Abszisse gelten die im linken oberen Abbildungsteil angegebenen einfach ganzzahligen Frequenzverhältnisse in allen Teilen des Spektrums. Um diese zeitliche Ordnung beständig zu halten, neigen die rhythmischen Funktionen dazu, auf Störungen mit Änderungen der Phasenbeziehungen zu antworten, während Frequenzänderungen durch Frequenzsprünge in andere Vorzugsbanden des harmonischen Systems verarbeitet werden. Diese Rhythmen des Stoffwechselsystems sind durch Phasenantworten charakterisiert, die zu Frequenzmultiplikationen oder -de-multiplikationen führen.

Stoffwechselsystem: Frequenz(de)multiplikationen

Im mittleren Bereich zeigen die rhythmischen Funktionen der Transport- und Verteilungssysteme bei funktioneller Belastung sowohl Frequenzmodulationen als auch Frequenzsprünge zwischen den vorgegebenen Banden des harmonisch geordneten Systems.

Hinsichtlich der Interaktionen der verschiedenen rhythmischen Funktionen ist nach diesen strukturellen Prinzipien zu erwarten, daß die jeweils langsameren Rhythmen auf die schnelleren vorzugsweise im Sinne der Frequenzmodulation wirken, während die jeweils schnelleren Rhythmen Phasenantworten der langsameren Rhythmen hervorrufen können und dadurch bestimmte Phasenkoppelungsphänomene erzeugen. Beide Phänomene, Frequenzkoordination und Phasenkoordination stehen im Dienste der Ökonomie des Systems (158).

Ökonomie als Ziel des Systems

Seitigkeitsrhythmen, Nasenseitigkeit

Am einfachsten zu verfolgen ist der rhythmische Ablauf des spontanen Seitenwechsels der Nasenatmung, bei dem normalerweise etwa 80% der Gesamtventilation nur durch ein Nasenloch erfolgt (176). Der schnell ablaufende spontane Seitenwechsel kann durch seitenbetonte mechanische Reize (z.B. Kneifen der Rumpfhaut) auch reaktiv ausgelöst werden, so daß hier »Maskierungseffekte« des spontanen rhythmischen Seitigkeitswechsels besonders sorgfältig vermieden werden müssen (180).

Auf die Möglichkeit, den zugrundeliegenden Seitigkeitsrhythmus des Kreislaufs, der über die Schwellkörper des Nasenraumes die Verteilung des Atemstroms bestimmt (315), auch an peripheren Durchblutungs- bzw. Temperaturdifferenzen zu verfolgen, sei hingewiesen (17).

Seitigkeitswechsel der Nasenatmung

◘ 77 zeigt einige ausgewählte Beispiele für den rhythmischen Ablauf des Seitigkeitswechsels der Nasenatmung, wobei sich erhebliche interindividuelle Unterschiede der Periodendauer erkennen lassen. Es scheinen dabei aber Submultiple der 24stündigen Periode, am häufigsten eine 8stündige Periodik bevorzugt zu werden (176). Bei wiederholter Darstellung des Seitigkeitsrhythmus an ein und derselben Versuchsperson, auch in größeren Abständen, stimmen die Phasen so weitgehend überein,

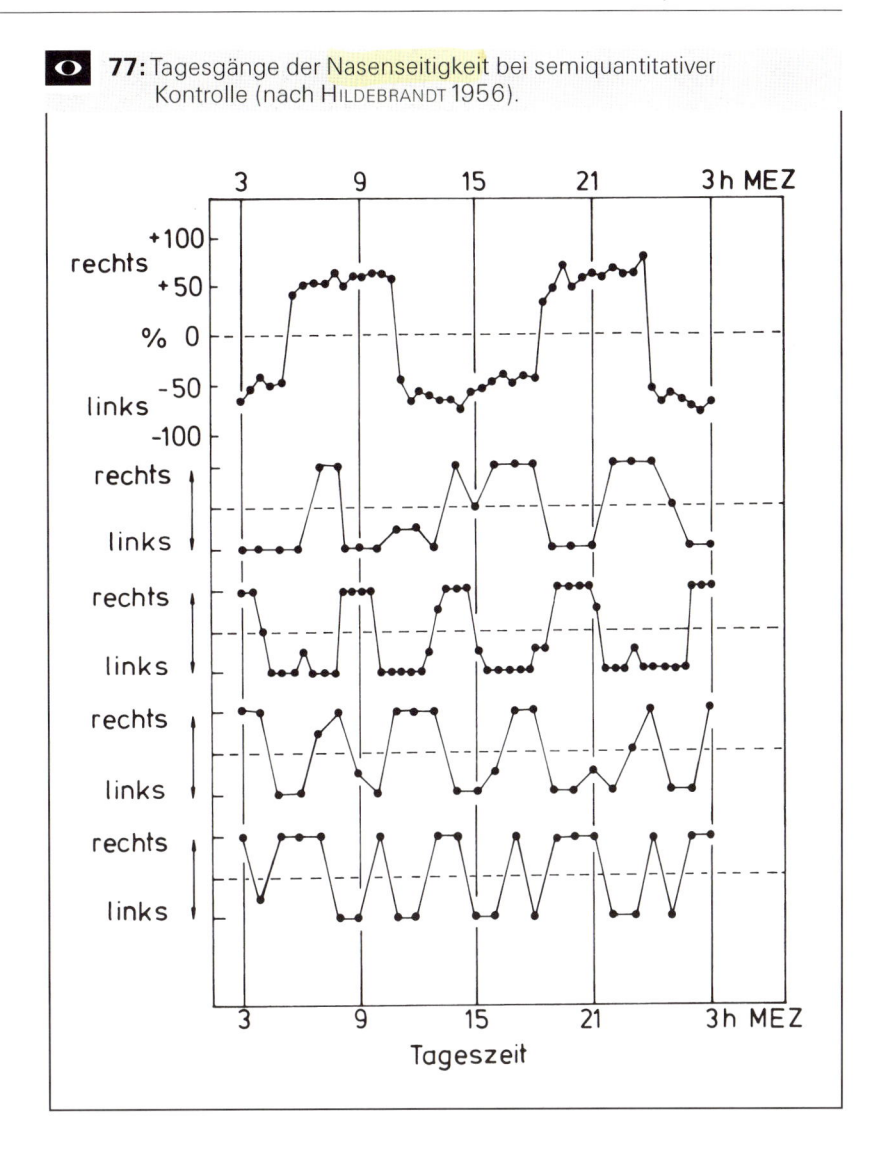

77: Tagesgänge der Nasenseitigkeit bei semiquantitativer Kontrolle (nach Hildebrandt 1956).

daß eine Ankoppelung an tagesrhythmisch synchronisierte Umstellungen anzunehmen ist (👁78).

Zirka-4-Stunden-Rhythmen

Spontanrhythmik im 4-Stunden-Takt

Während von den submultiplen Perioden des 24-Stunden-Rhythmus die 12-, 8- und 6stündigen Perioden in der Regel offensichtlich als reaktive Perioden auftreten (219), kann die 4stündige Rhythmik eher als Spontanrhythmik betrachtet werden, da sie unter den verschiedensten Bedingungen ohne zeitlich markierten Auslösereiz beobachtet werden kann.

So wurde z. B. bei Neugeborenen gefunden, daß die Abstände zwischen den selbst verlangten Mahlzeiten unabhängig von der jeweils aufgenommenen Nahrungsmenge im noch nicht tagesrhythmisch synchronisierten Zustand bevorzugt zirka 4 Stunden betrugen und mit zunehmender Reifung auf multiple Abstände von 8 bzw. 12 Stunden verlängert wurden (👁79, 240).

78: Seitigkeits-Wechsel der Nasenatmung im Tagesverlauf, an derselben Versuchsperson an vier verschiedenen Tagen gemessen. Der Kurvenverlauf zeigt eine konstante Beziehung zur Tageszeit (nach Daten von GRÜNWIDL 1996).

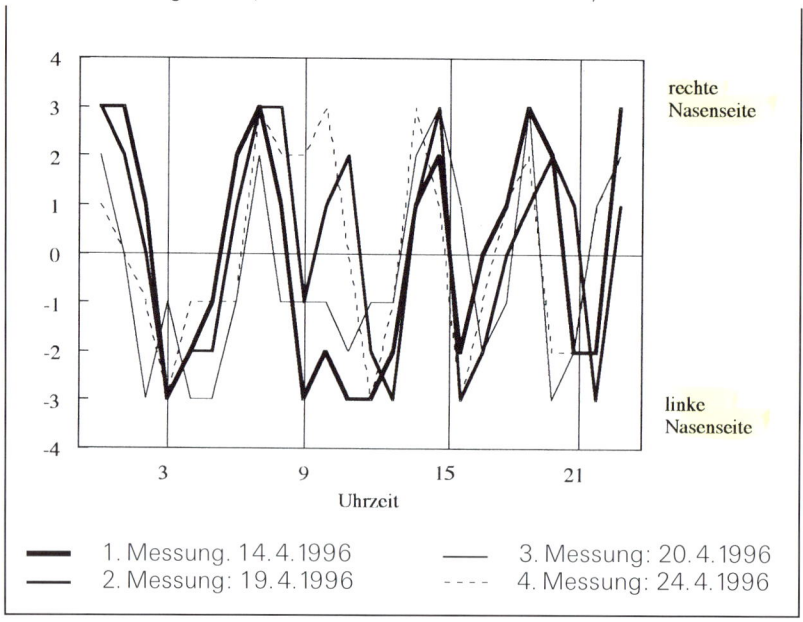

— 1. Messung: 14.4.1996
— 2. Messung: 19.4.1996
— 3. Messung: 20.4.1996
---- 4. Messung: 24.4.1996

79: Häufigkeitsverteilung der Intervalle zwischen selbst verlangten Mahlzeiten bei Säuglingen bis zur 20. Lebenswoche (nach MORATH 1974).

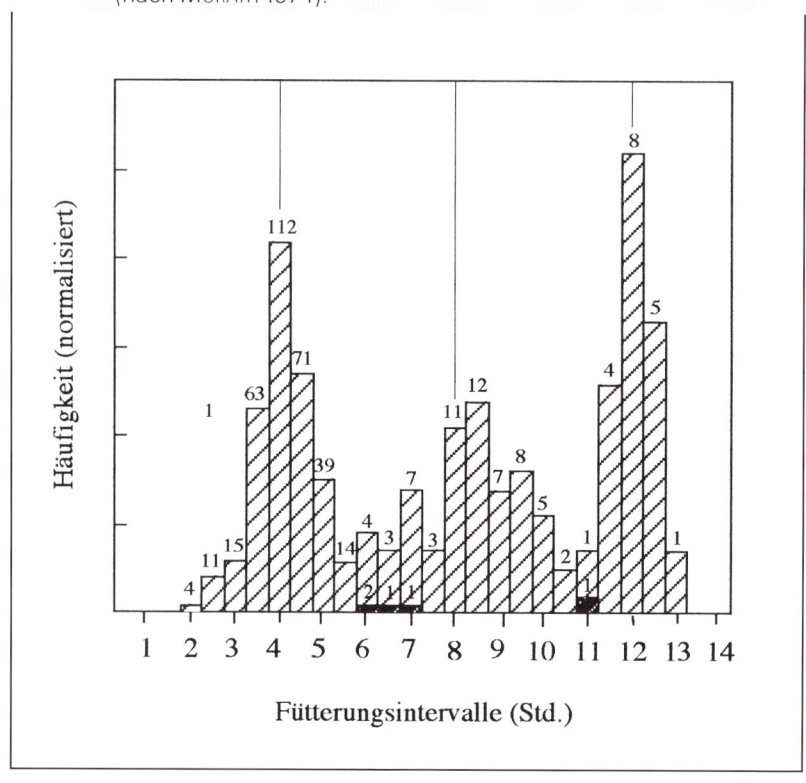

Auch das spontane Schlafbedürfnis zeigt – allerdings bei erhöhtem Schlafbedürfnis – einen 4stündigen Rhythmus über den ganzen Tag hin (◉ 80) (349; 350).

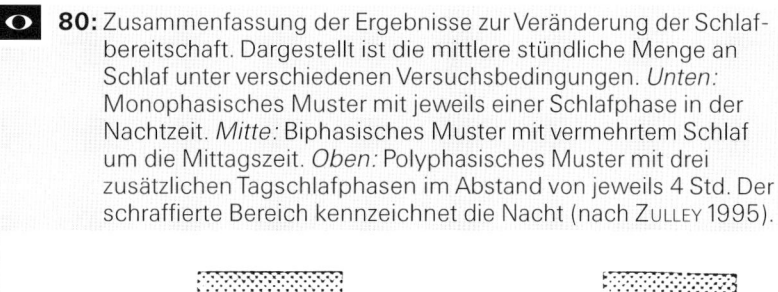

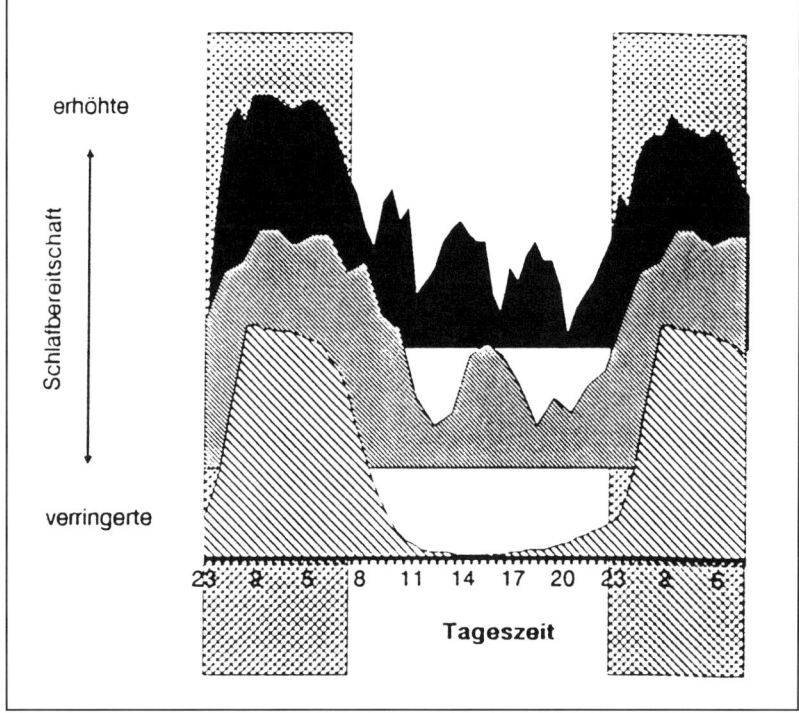

◉ **80:** Zusammenfassung der Ergebnisse zur Veränderung der Schlafbereitschaft. Dargestellt ist die mittlere stündliche Menge an Schlaf unter verschiedenen Versuchsbedingungen. *Unten:* Monophasisches Muster mit jeweils einer Schlafphase in der Nachtzeit. *Mitte:* Biphasisches Muster mit vermehrtem Schlaf um die Mittagszeit. *Oben:* Polyphasisches Muster mit drei zusätzlichen Tagschlafphasen im Abstand von jeweils 4 Std. Der schraffierte Bereich kennzeichnet die Nacht (nach ZULLEY 1995).

Basaler Aktivitätsrhythmus (Basic Rest – Activity Cycle (BRAC))

Die Darstellung dieses Rhythmus, der vor allem durch die rhythmische Gliederung des Schlaftiefenverlaufs bekannt ist und eine Periodendauer von 75–120 min (im Mittel 90 min) besitzt (◉ 81), gelingt – abgesehen von Schlaf-EEG-Aufzeichnungen mit Abgrenzung der REM Phasen – nach Angaben der Literatur durch engmaschige Kontrollen von Vigilanzschätzungen, Reaktionszeitmessungen, Bestimmung der protopathischen Schmerzschwelle, Einschlaflatenz u. a. Dabei ist deutlich dargestellt worden, daß der basale Aktivitätsrhythmus auch am Tage, zumindest am Vormittag mit gleicher Frequenz weiterläuft (146; 202 u. a.), und daß ganzzahlige Frequenzbeziehungen zu langsameren ultradianen Schwankungen sowie zur 24-Stunden-Periode bestehen. Auch die Beteiligung vegetativer Meßgrößen (z. B. Pulsfrequenz und Atemfrequenz) ist belegt (255).

Rhythmische Gliederung des Schlaftiefenverlaufes

81: Periodischer Verlauf des Schlafes bei gesunden Erwachsenen, schematisch dargestellt (nach SCHANDRY 1988).

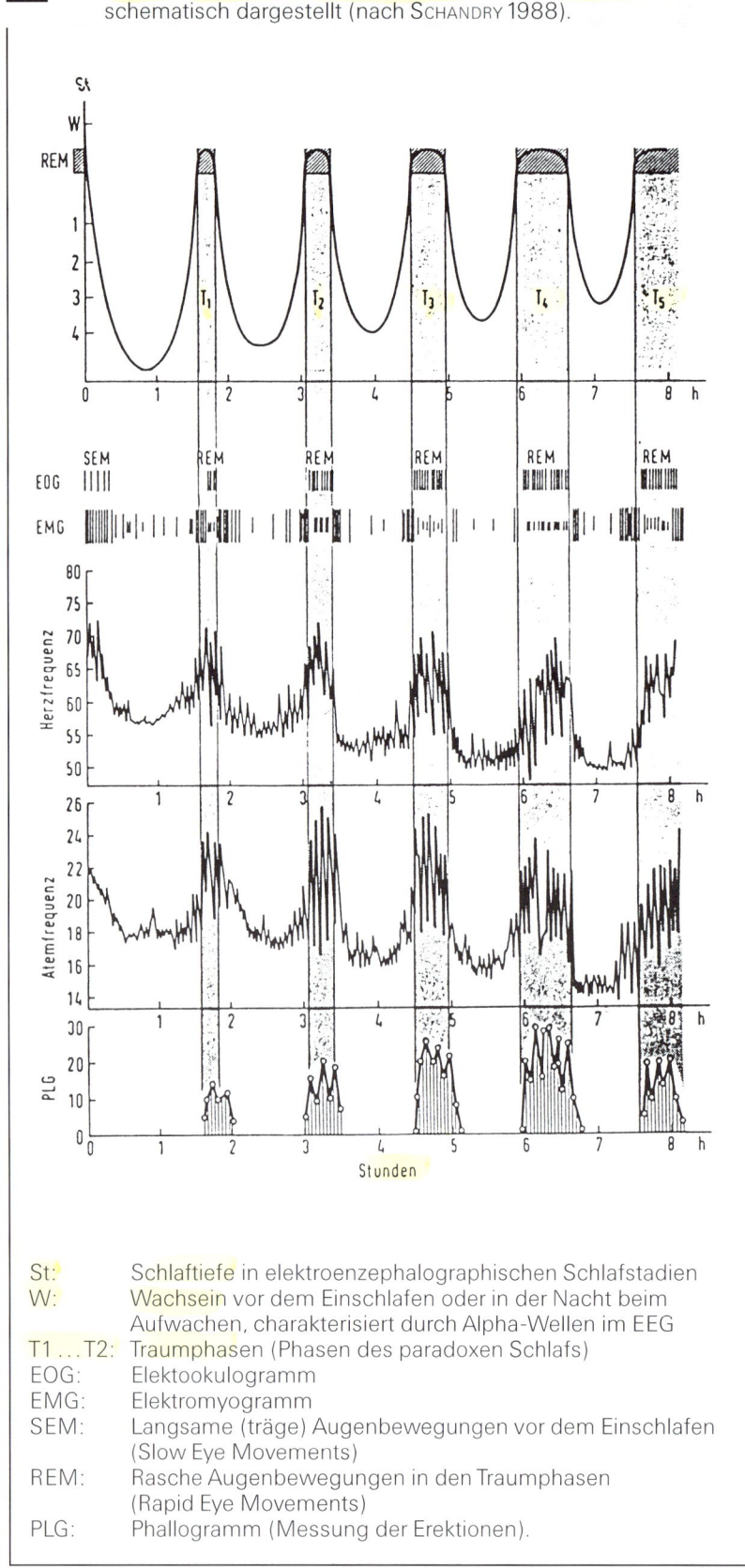

St: Schlaftiefe in elektroenzephalographischen Schlafstadien
W: Wachsein vor dem Einschlafen oder in der Nacht beim Aufwachen, charakterisiert durch Alpha-Wellen im EEG
T1...T2: Traumphasen (Phasen des paradoxen Schlafs)
EOG: Elektookulogramm
EMG: Elektromyogramm
SEM: Langsame (träge) Augenbewegungen vor dem Einschlafen (Slow Eye Movements)
REM: Rasche Augenbewegungen in den Traumphasen (Rapid Eye Movements)
PLG: Phallogramm (Messung der Erektionen).

Kaltreiznutzzeit des Zahnschmerzes

In ◉ 82 sind vormittägliche Verläufe der protopathischen Zahnschmerzschwelle (Kaltreiznutzzeit) von Probanden zusammengestellt, die in unterschiedlichen Intervallen jeweils 3mal untersucht wurden. Die Phasenlage des ultradianen Aktivitätszyklus mit ca. zweistündiger Periodendauer ist auch bei mehrwöchigem Abstand der Untersuchungen unverändert, was zeigt, daß dieser ultradiane Rhythmus an den synchronisierten Rhythmus des Zirkadiansystems angekoppelt ist.

◉ 82: Verlauf der Kaltreiznutzzeiten der Schmerzauslösung (thermisch bestimmte Schmerzschwelle an einem Frontzahn) von 3 Versuchspersonen an je 3 verschiedenen Tagen. Die Bestimmung der Schmerzschwelle erfolgte in Abständen < 30 min. Die Werte sind in Prozent des individuellen Tagesmittels dargestellt (nach PÖLLMANN 1980).

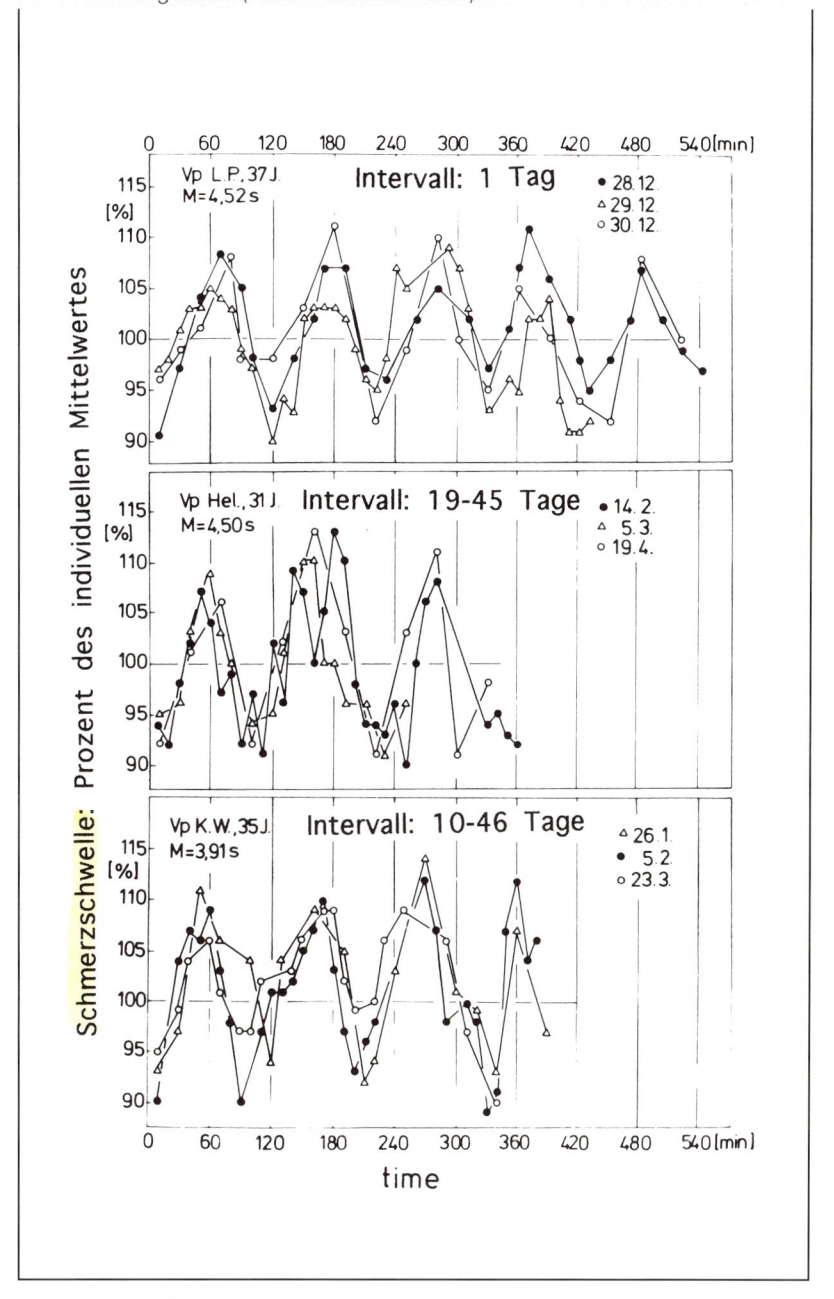

Minuten-Rhythmik

Die Darstellung dieses vor allem im glattmuskulären System ausgeprägten und vom Zentralnervensystem synchron gesteuerten Rhythmus ist auf vielfältige Weise möglich. So kommt diese Rhythmik v. a. bei kontinuierlichen Durchblutungsmessungen von Haut, Schleimhaut und Muskulatur beim Menschen zur Erscheinung (vgl. ◉ 13, S. 26), zum anderen können auch mehr organspezifische glattmuskuläre Rhythmen im 1-Minuten-Bereich beobachtet werden (z. B. Wehenmotorik, Hautmuskulatur an Haarbalg und Skrotumhaut) sowie Motilitätsrhythmen verschiedener Abschnitte des Verdauungstraktes. Dabei wird deutlich, daß die Minutenrhythmik ein ganzes Spektrum von ganzzahlig geordneten Periodendauern im Sinne von Bandenspektren umfaßt (76) (◉ 83, ◉ 84).

◉ **83:** Häufigkeitsverteilung der Periodendauern spontaner Aktivitätsschwankungen einer isolierten Taenia coli vom Meerschweinchen. Alle Werte von einem Versuch, in dem die Spontanaktivität 18 Stunden lang unter konstanten Bedingungen registriert wurde (nach GOLENHOFEN & v. LOH 1970).

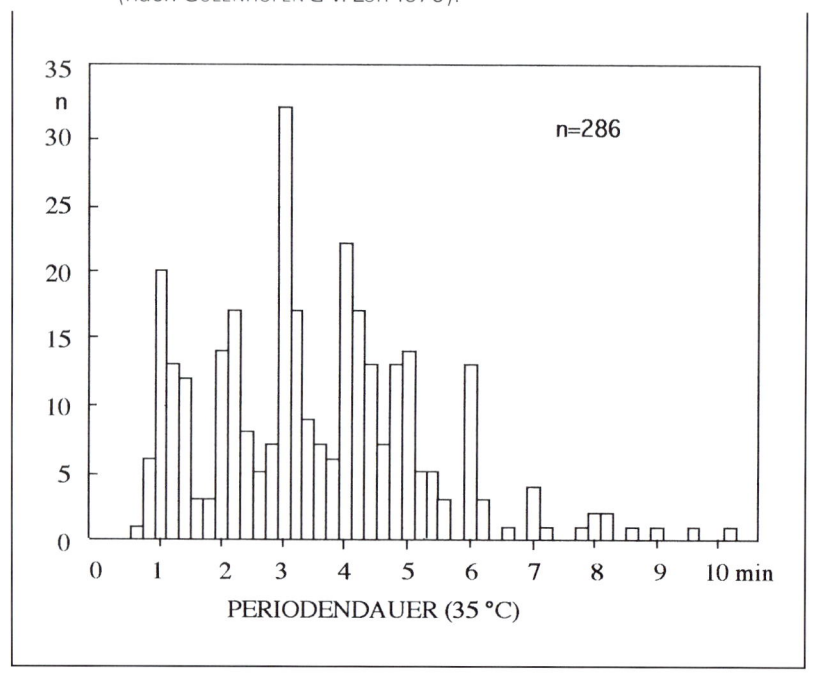

84: Häufigkeitsverteilung der Zeitintervalle von kolikartigen Schmerzattacken bei zwei erwachsenen Personen (nach HILDEBRANDT & Mitarb. 1993).

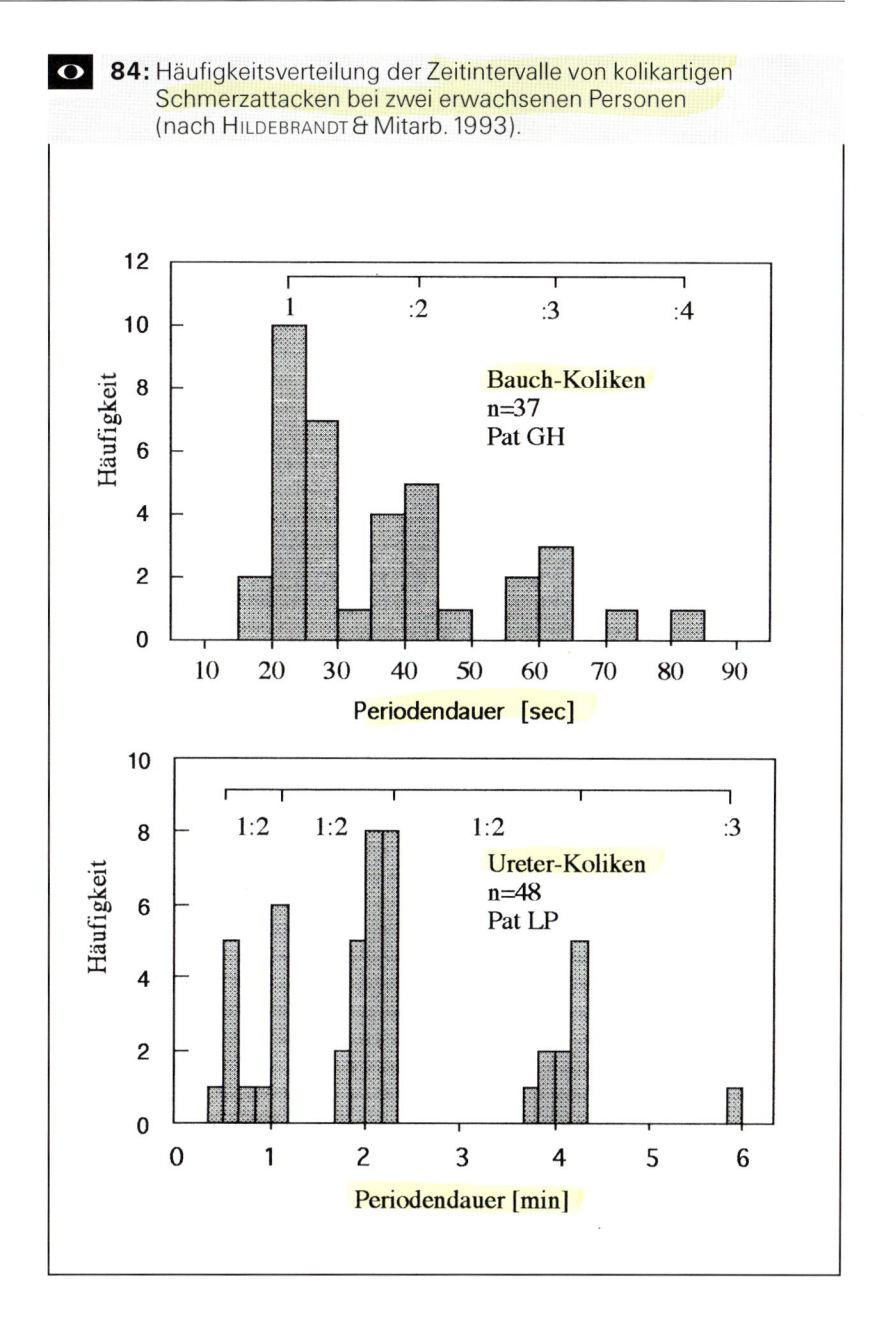

10-Sekunden-Rhythmus des Blutdrucks

Bei der heutigen Verbreitung von automatischen Blutdruckmeßgeräten, die auf auskultatorischer oder oszillometrischer Basis arbeiten und kurze Meßintervalle ermöglichen, dürfte die Darstellung und Beobachtung des 10-Sekunden-Rhythmus des Blutdrucks keine Schwierigkeiten bereiten (◉ 85).

Dabei ist zu beachten, daß auch die Periodendauer des Blutdruckrhythmus tagesrhythmischen Schwankungen unterliegt (48; 72; 192; 227; 248; 249; 251; 265; 301).

85: Phasenkoppelung im Sinne einer relativen Koordination zwischen Atmung und Blutdruckrhythmus. Die senkrechten Striche bezeichnen die angestrebte Lage des unteren Umkehrpunktes der Blutdruckkurve. Bei willkürlich verlangsamter Atmung *(oben)* stellt sich die Atmung auf den Blutdruckrhythmus ein, bei Atmung nach vorgegebenem ungünstig gewählten Atemtakt *(unten)* wechselt der Blutdruckrhythmus wiederholt seine Periodendauer, um die angestrebte Koaktionslage einzuhalten (nach GOLENHOFEN & HILDEBRANDT 1958).

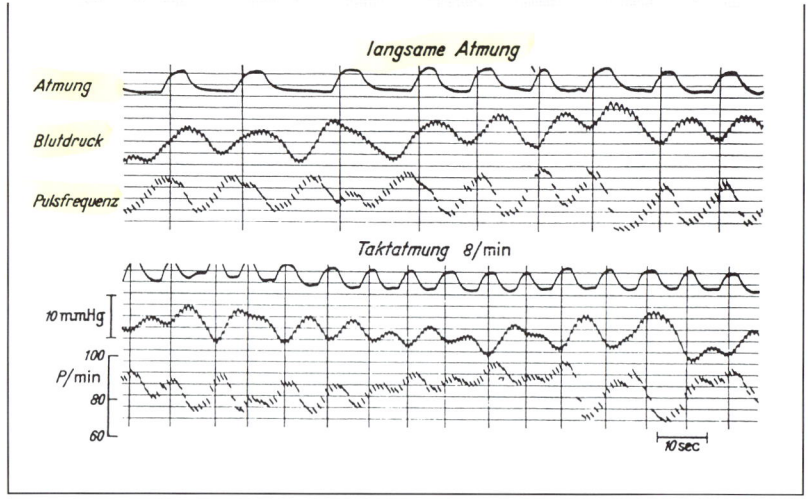

Phasenkoppelung ultradianer Spontanrhythmen

Weiterhin kann am Beispiel des Blutdruckrhythmus bei synchroner Darstellung des spontanen Atemrhythmus (thermischer Nasenfühler) ein Beispiel für die Phasenkoppelung ultradianer Rhythmen beobachtet werden (73). Unter Nutzung von überwiegend psychophysischen Meßgrößen wurde in jüngster Zeit beim Menschen ein spontaner 9-Sekunden-Rhythmus dargestellt (307). Die Beziehung zum 10 sec-Rhythmus des Blutdrucks, dessen Periodendauer zwischen 8 und 15 Sekunden schwanken kann, ist allerdings noch nicht endgültig geklärt.

Vasomotionsrhythmus der Hautgefäße

Diese Rhythmik kann mit der Methode der Ultraschall-Doppler-Flußmessung leicht dargestellt werden. Bei Prüfung der Temperaturabhängigkeit der Vasomotionsfrequenz (**86**) (291) kann anschaulich gemacht werden, daß der Vasomotionsrhythmus in seiner Periodendauer stark modulationsfähig ist, eine Eigenschaft, die mit zunehmender Frequenz der ultradianen Rhythmen im Spektrum weiter zunimmt. Die Periodendauer der Vasomotionsrhythmik zeigt im indifferenten Temperaturbereich das Häufigkeitsmaximum im Bereich von 7,5 Sekunden, läßt aber noch Vorzugsfrequenzbeziehungen zum Atemrhythmus erkennen (80).

86: Vasomotionsrhythmik des Menschen bei Registrierung mit dem Laser-Doppler-Flowmeter bei verschiedenen Temperaturen (nach ERTL & SCHNIZER 1984).

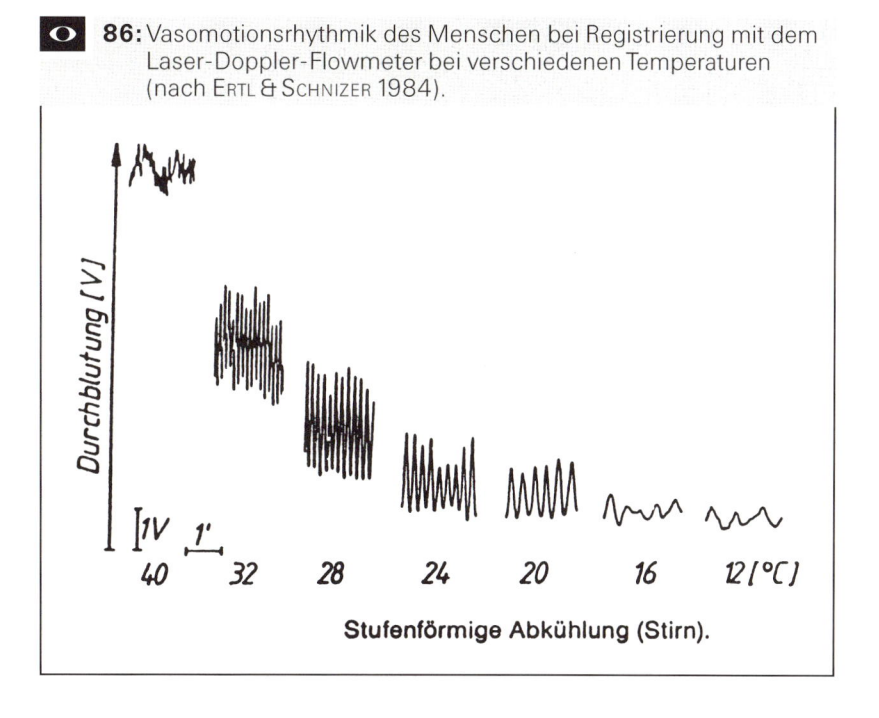

Atemrhythmus

Die spontane Atemfrequenz des Erwachsenen zeigt im ruhigen Liegen ein Häufigkeitsmaximum bei 18/min. Von besonderer Bedeutung bei der Messung des Atemablaufs ist die starke Störbarkeit des spontanen Atemrhythmus durch innere und äußere Einflüsse. Die beste Methode zur Bestimmung der spontanen Atemfrequenz ist daher die vom Probanden unbemerkte Beobachtung der Atemexkursionen. Bei fortlaufender Registrierung der Atmung dürfen auf keinen Fall solche Verfahren angewendet werden, die den Strömungswiderstand der Atmung verändern oder auch nur den Probanden bewußt werden lassen, daß die Atmung Gegenstand der Untersuchung ist. Am besten bewährt hat sich die Registrierung des Temperaturumschlags im Naseneingang, wobei wegen des Seitigkeitsrhythmus (vgl. S. 98f) jeweils beide Nasenlöcher erfaßt werden müssen.

Temperaturumschlagsmessung mittels thermischer Nasenfühler

Der Atemrhythmus ist in vielfältiger Weise in die Frequenzordnung der ultradianen Rhythmen einbezogen (bevorzugt ganzzahlige Abstimmung mit der Herzfrequenz) und zeigt vielfältige Phasenkoppelungsphänomene mit anderen Rhythmen dieses Frequenzbereichs (● 87) (148, 162).

Diese Koordinationsphänomene werden zudem von der längerwelligen zirkadianen Umstellung moduliert. Die Frequenz- und Phasenkoordinationen werden vor allem im Nachtschlaf intensiviert, so daß zu ihrer Darstellung auch Schlaf- bzw. Nachtuntersuchungen erforderlich sind. Bei fortlaufender Atemregistrierung lassen sich häufig auch längerwellige Modulationen von Atemfrequenz und -amplitude zur Darstellung bringen (Beispiel ● 88).

87: Phasenkoppelung von Herz- und Atemrhythmus mit verschiedenen motorischen Rhythmen beim Menschen (nach Hildebrandt 1988).

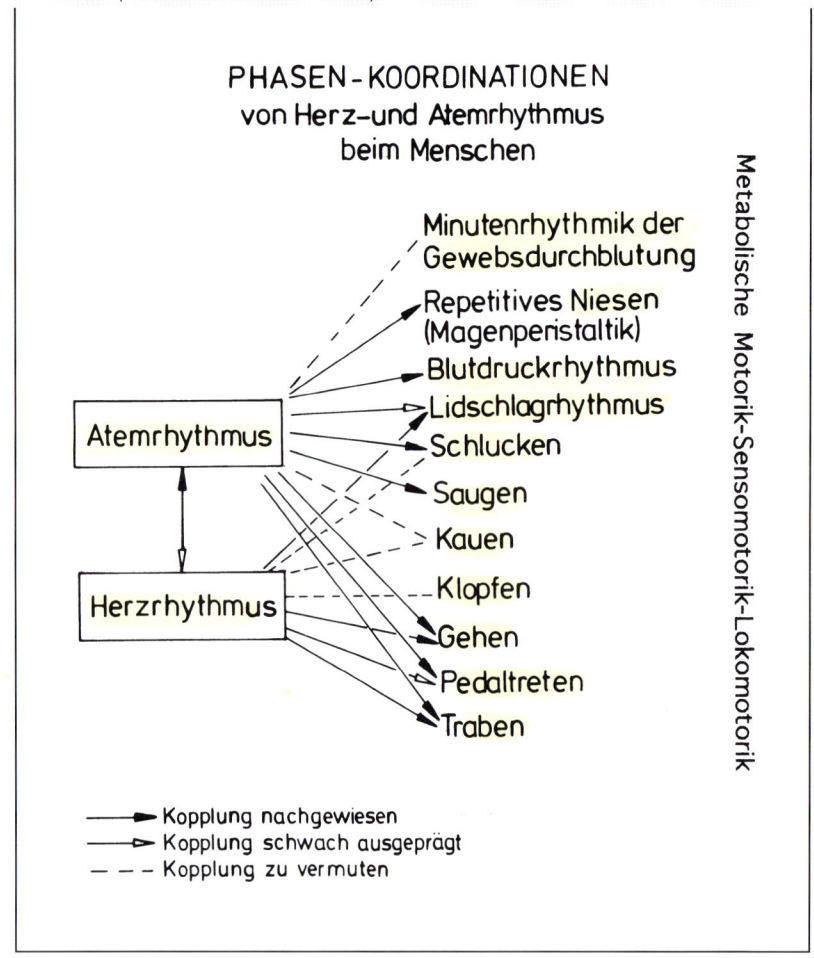

PHASEN-KOORDINATIONEN
von Herz- und Atemrhythmus
beim Menschen

Atemrhythmus ↕ Herzrhythmus

- Minutenrhythmik der Gewebsdurchblutung
- Repetitives Niesen (Magenperistaltik)
- Blutdruckrhythmus
- Lidschlagrhythmus
- Schlucken
- Saugen
- Kauen
- Klopfen
- Gehen
- Pedaltreten
- Traben

Metabolische Motorik-Sensomotorik-Lokomotorik

──▶ Kopplung nachgewiesen
──▷ Kopplung schwach ausgeprägt
─ ─ ─ Kopplung zu vermuten

88: Verlauf von Momentanpulsfrequenz, Hautdurchblutung (Wärmeleitmessung) und Spontanatmung einer ruhenden Versuchsperson (nach Hildebrandt 1961).

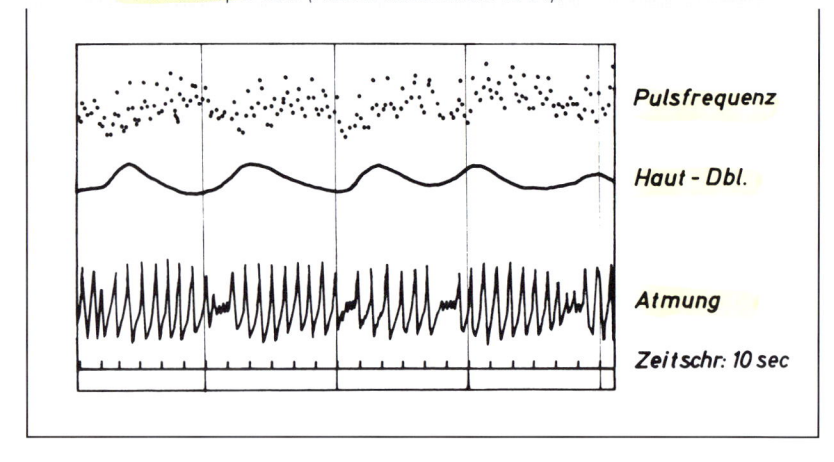

Pulsfrequenz
Haut - Dbl.
Atmung
Zeitschr. 10 sec

Ultradiane Rhythmen

89: Herzfrequenzvariabilität: Originalregistrierung der Herzfrequenzvariabilität *(oben)*, daraus berechnete Spektralanalyse, die drei Gipfel zeigt *(Mitte)*, die mit Bandfiltern bearbeiteten Originaldaten zeigen die Aktivität der langsamen, mittleren und schnellen Herzrhythmik *(unten)* (nach Moser & Mitarb. 1995).

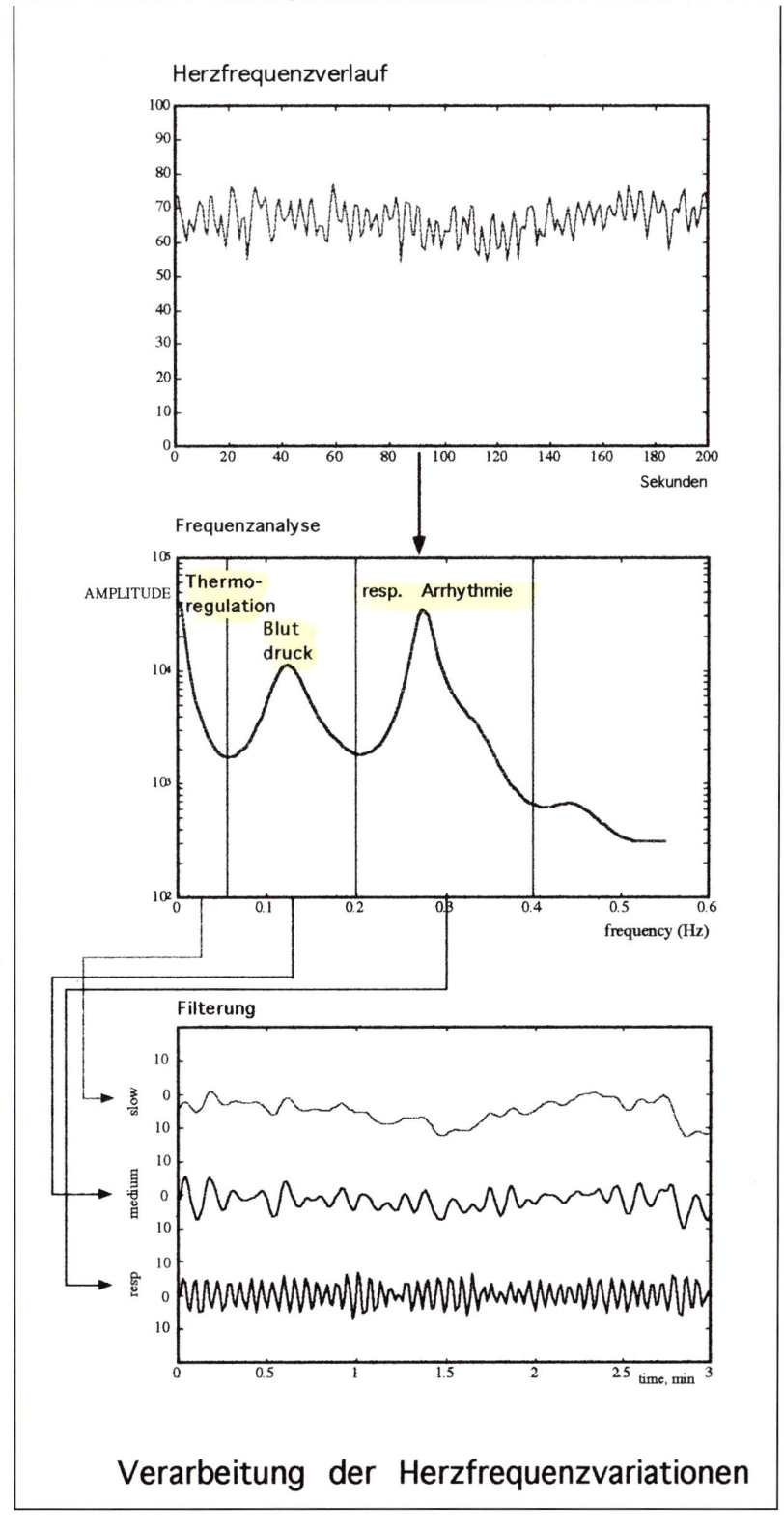

Verarbeitung der Herzfrequenzvariationen

90: Beispiele für die Puls-Atemkoppelung bei verschiedenen Versuchspersonen, rechts liegt eine deutliche Koppelung vor, die Inspirationen finden vorwiegend zu drei Zeitpunkten des Herzzyklus statt, in der Mitte wird nur der erste Gipfel der Inspirationsreihe bevorzugt, links erfolgt die Inspiration zufällig und gleich verteilt (nach MOSER u. Mitarb. 1995).

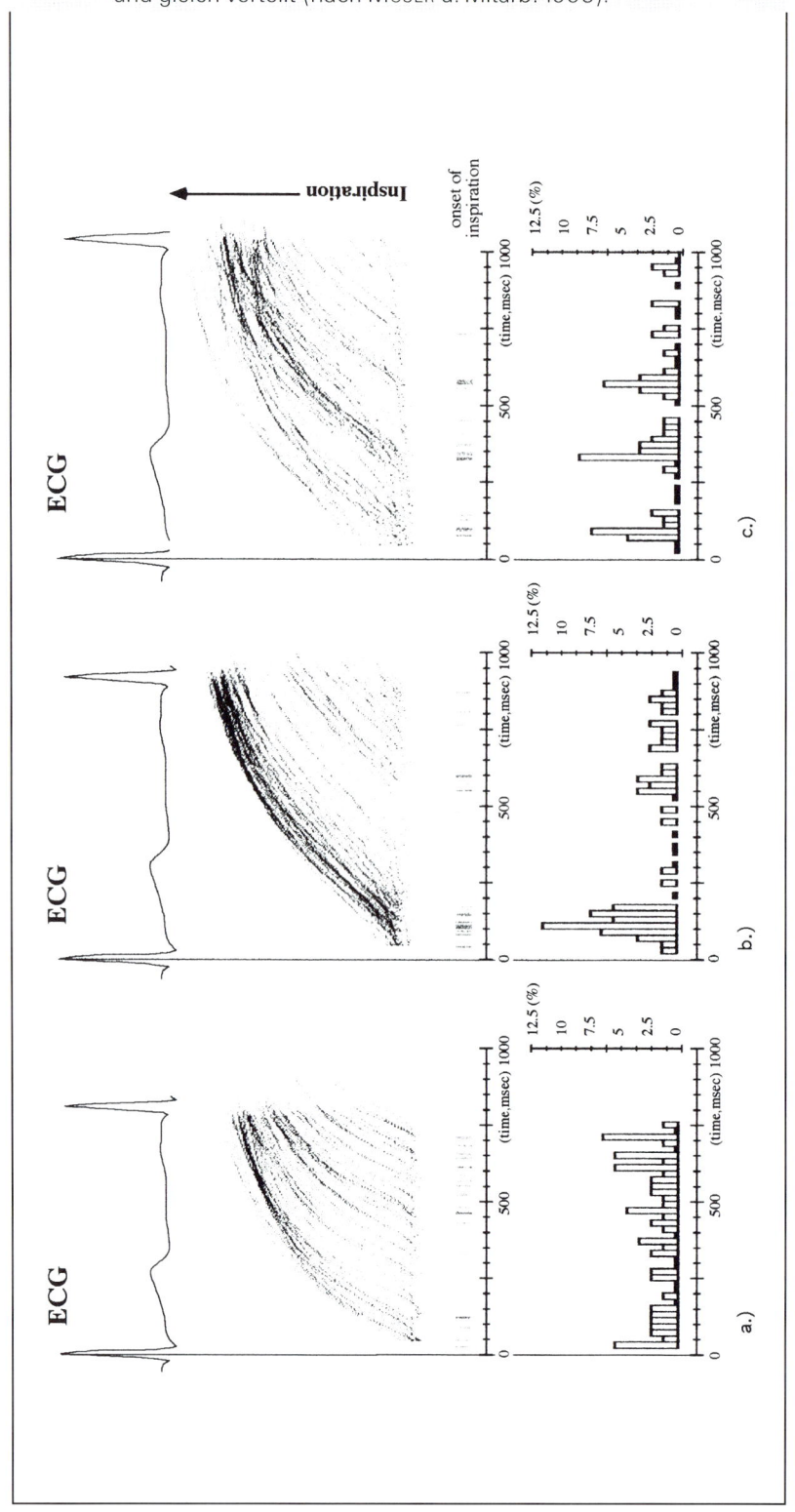

Herzrhythmus

Die Frequenz des Herzrhythmus unterliegt starken Modulationen durch längerwellige Rhythmen und ist überdies erheblichen reaktiven Störauslenkungen unterworfen. Die Darstellung der Spontanverhältnisse verlangt daher eine besonders sorgfältige Standardisierung der Untersuchungsbedingungen. Ebenso sind die Phänomene der Frequenz- und Phasenkoordination mit anderen Rhythmen, v. a. dem Atemrhythmus, sehr leicht störbar. Auch hier kann die Intensivierung der Koordinationen während der nächtlich betont trophotropen Phase der Tagesrhythmik zur Verdeutlichung genutzt werden.

Intensivierung der Koordination während Trophotropie

Außer den koordinativen Phänomenen können die modulierenden Einflüsse längerwelliger Rhythmen im ultradianen Bereich durch die Variabilität der Herzschlagabstände dargestellt werden (◘ 89) (z. B. respiratorische Sinusarrhythmie; 72; 168; 243; 261; 263). In neuerer Zeit hat die Analyse der Herzfrequenzvariabilität als Indikator des vegetativ-nervalen Tonus besonderes praktisches Interesse gewonnen (242). Zur Untersuchung von Phasenkopplungen kann die R-Zacke im EKG als gut definierter Kopplungspunkt genutzt werden (◘ 90).

Arterielle Grundschwingung

Die arterielle Grundschwingung, die als stehende Welle im longitudinalen Arterien-System Herz-Fuß durch den rhythmischen Blutauswurf aus dem Herzen hervorgerufen wird, kann in ihrer Periodendauer am Zeitabstand zwischen Pulsgipfel und Maximum der dikroten Welle im peripheren Arterienpuls gemessen werden.

Ganzzahlige Abstimmung von Herzperioden- und Grundschwingungsdauer

An dem Verhältnis von Herzperiodendauer und Grundschwingungsdauer, das beim Gesunden normalerweise 2:1 oder (bei Bradykarden) 3:1 beträgt, kann dargestellt werden, daß der Organismus Phasenabstimmungen zwischen Rhythmen unterschiedlicher Frequenz zur Steigerung der Funktionsökonomie nutzt (120; 183; 222; 223; 341). Funktionelle Kreislaufstörungen sind durch einen frühzeitigen Verlust dieser Koordination gekennzeichnet (◘ 91) (52; 53; 71; 222). Nach SIUTS (303) sowie Kümmell u. Mitarb. (198) kann eine Wiederherstellung der ganzzahligen Abstimmung auch durch medikamentöse Maßnahmen erreicht werden (122, 142). Die arterielle Grundschwingungsdauer im Armbereich ist kürzer als im longitudinalen System, ist aber gleichfalls mit dem Herzrhythmus frequenz- und phasenkoordiniert.

91: Häufigkeitsverteilung der Quotienten aus Herzperiodendauer und arterieller Grundschwingungsdauer (Wellenlänge der Puls-Dikrotie) unter Ruhebedingungen bei Leistungssportlern *(oben)*, gesunden Erwachsenen *(Mitte)* und ambulanten Patienten mit funktionellen Herz-Kreislaufstörungen *(unten)* (nach Daten von GADERMANN & Mitarb. 1961).

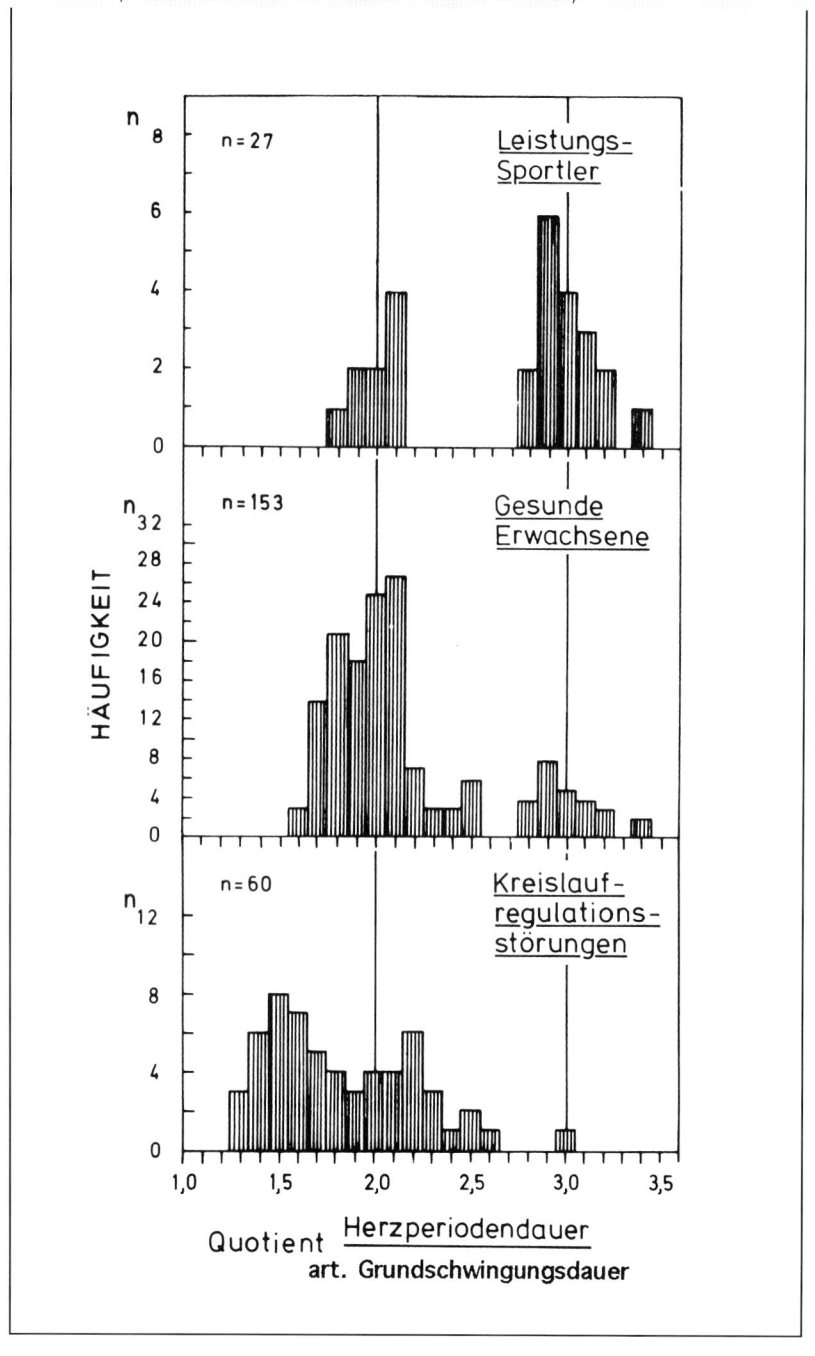

Reaktive Periodik (Rhythmische Reaktionen)

Allgemeines

Die seit langem bekannte Tatsache, daß der Organismus die Fähigkeit besitzt, auch seine Reaktionen auf Reizbelastung bzw. pathogene Noxen rhythmisch (periodisch) zu gliedern, sollte wegen der großen praktischen Bedeutung dieser Phänomene auch im chronobiologischen Unterricht erlebbar und anschaulich gemacht werden. Unter spontanen Ruhebedingungen und im Zustand vollständiger Adaptation stützt sich die zeitliche Organisation und Steuerung der Funktionen in erster Linie auf die ständig aktiven Spontanrhythmen.

Die durch Reize ausgelösten reaktiven Perioden besitzen demgegenüber folgende Eigenschaften (☞ 92):

- Ihre Periodendauern sind nicht identisch mit denen der Spontanrhythmen, sie liegen vielmehr jeweils dazwischen, stehen aber bevorzugt in einfachen ganzzahlig-harmonischen Frequenzverhältnissen (117, 137).
- Die Amplituden der reaktiven Perioden sind initial größer als die der im Spektrum benachbarten Spontanrhythmen, sie klingen aber bei zunehmender Kompensationsleistung bzw. Adaptation gedämpft aus.
- Die Phasenlage reaktiver Perioden ist auf den auslösenden Reizzeitpunkt hingeordnet.
- Ihrer Natur nach stellen die reaktiven Perioden das Hervortreten einer in der zeitlichen Gesamtorganisation bereitliegenden und verankerten endogenen Zeitstruktur dar (sog. zeitliche Notordnungen; adjuvante Zeitordnungen; 137, 158).
- Bei der Auslösung reaktiver Perioden können ganze »Bündel« multipler und submultipler Perioden der im weiteren Verlauf dominierenden Periodik mitauftreten, wobei auch verschiedene Funktionssysteme unterschiedliche Periodendauern gewinnen können (333, 334).

Frequenz- und Periodenmultiplikation

Vom Standpunkt des im Spektrum benachbarten langsameren Spontanrhythmus bedeutet die Auslösung einer schnelleren reaktiven Periodik eine **Frequenzmultiplikation**. Diese ermöglicht eine bessere Ausnutzung der aktuellen Funktionskapazität durch schnelleren Wechsel zwischen Leistung und Erholung nach dem bekannten Prinzip der sog. lohnenden Pause (203) bzw. des Intervalltrainings.

Vom Standpunkt des im Spektrum benachbarten schnelleren Spontanrhythmus stellt das Auftreten einer langsameren reaktiven Periodik eine **Periodenmultiplikation** dar, wodurch die autonomen Amplituden erhöht werden und längerdauernde und intensivere Erholungsprozesse mit adaptiver Kapazitätssteigerung ermöglicht werden.

Insofern besitzt das Auftreten einer reaktiven Periodik zwischen den bevorzugten Spontanrhythmen (vgl. ☞ 92) eine Schlüsselfunktion für die adaptive Steigerung sowohl der funktionellen Ökonomie als auch der organischen Kapazität. Darüber hinaus ist es bedeutsam, daß die bevorzugten Periodendauern der reaktiven Perioden in ganzzahlig-harmonischen Beziehungen zu denen der Spontanrhythmen stehen, denn dadurch wird die Rückkehr der reaktiv ausgelenkten Funktionen in die normale spontane rhythmische Ordnung des autonomen Systems erleichtert (117, 137; 292).

92: Die Eingliederung der reaktiven Perioden in die hierarchische Ordnung der Spontanrhythmen des Menschen und ihre funktionelle Bedeutung (nach HILDEBRANDT 1977).

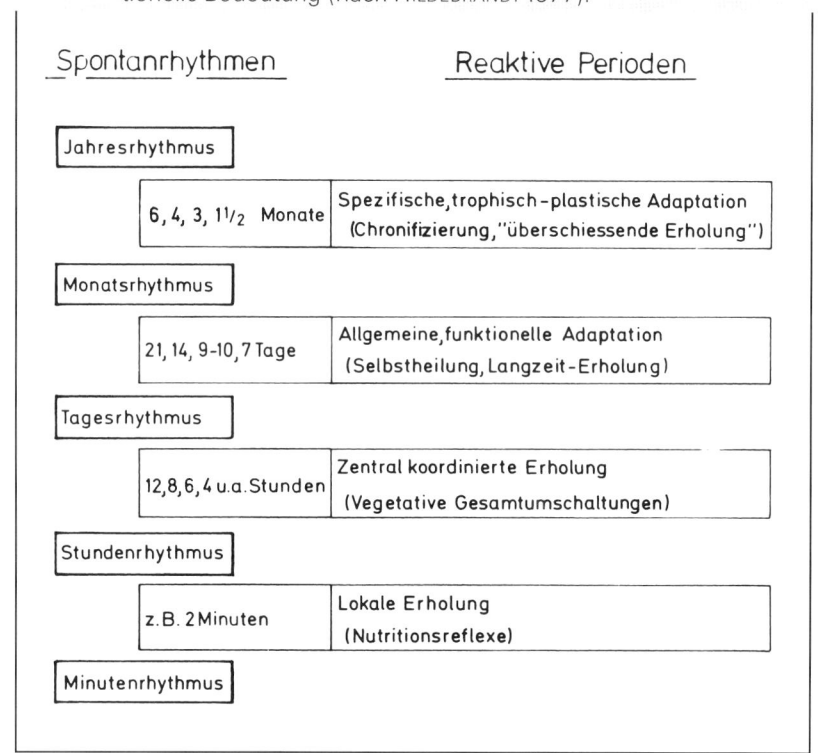

Spontanrhythmen	Reaktive Perioden
Jahresrhythmus	
6, 4, 3, 1½ Monate	Spezifische, trophisch-plastische Adaptation (Chronifizierung, "überschiessende Erholung")
Monatsrhythmus	
21, 14, 9-10, 7 Tage	Allgemeine, funktionelle Adaptation (Selbstheilung, Langzeit-Erholung)
Tagesrhythmus	
12, 8, 6, 4 u.a. Stunden	Zentral koordinierte Erholung (Vegetative Gesamtumschaltungen)
Stundenrhythmus	
z.B. 2 Minuten	Lokale Erholung (Nutritionsreflexe)
Minutenrhythmus	

Ultradiane reaktive Perioden

Die Darstellung von reaktiven Perioden dieses Frequenzbereichs ergibt sich schon durch die Beachtung der überlagernden ultradianen Wellen der tagesrhythmischen Verläufe. Diese zeigen in der Regel am Morgen bzw. am Vormittag als Folge der Aktivierung maximale Amplituden und klingen im Laufe des Tages bzw. der folgenden Nacht gedämpft aus. Die bevorzugten Periodendauern von 12, 8, 6, etc. Stunden erweisen sich als Submultiple des 24 Stunden-Rhythmus. Verschiedene Beispiele sind in 93 zusammengestellt.

Submultiple des 24-Stunden-Rhythmus

Infradiane reaktive Perioden (Zirkasemiseptan-, Zirkaseptan-, Zirkasemidekan-, Zirkadekanperiodik)

Auch im Infradianbereich werden bei entsprechender Reizbelastung jeweils komplexe periodische Reaktionsmuster ausgelöst, in denen aber in der Regel eine Periode dominierend hervortritt, während die anderen früher gedämpft abklingen.

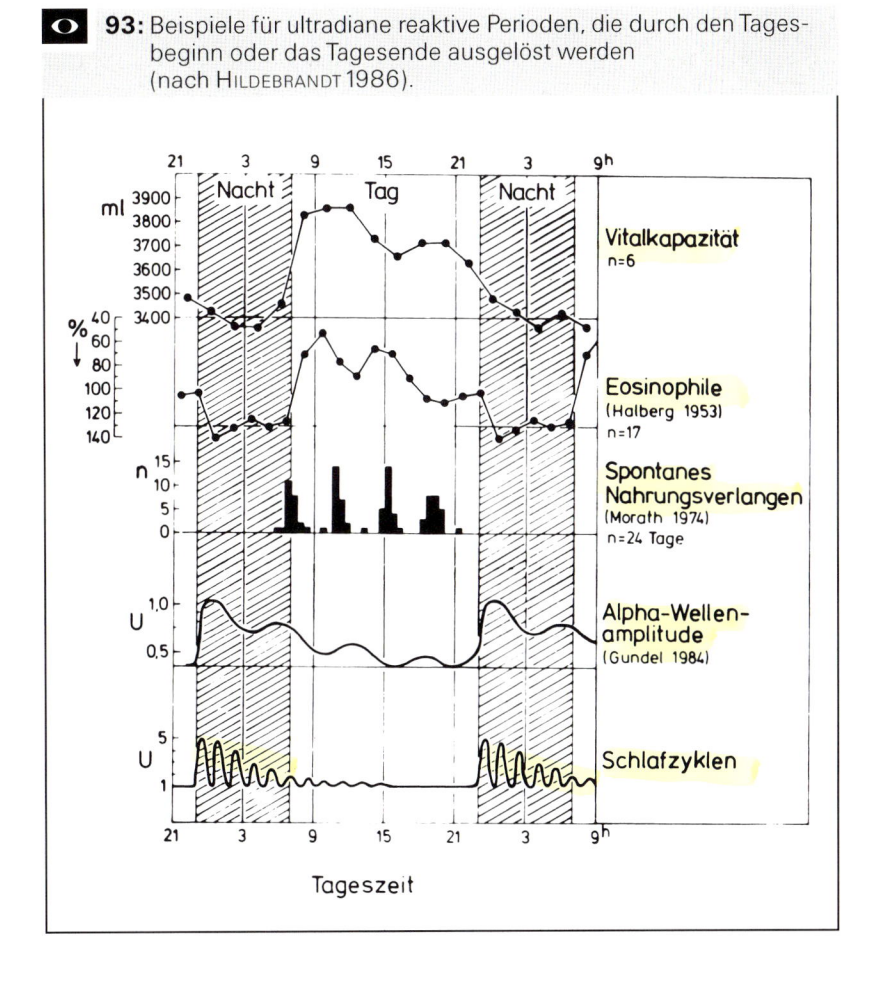

Abb. 93: Beispiele für ultradiane reaktive Perioden, die durch den Tagesbeginn oder das Tagesende ausgelöst werden (nach HILDEBRANDT 1986).

In diesem Zusammenhang sollen hier vor allem Beispiele dafür demonstriert werden, wie durch Erhebungen aus vorhandenem Aktenmaterial sowie durch einfache Längsschnittbeobachtungen krankhafter und therapeutischer Prozesse (z. B. Tagebuchaufzeichnungen der Patienten) verschiedene Typen reaktiver Perioden im infradianen Bereich dargestellt werden können. Hier handelt es sich vor allem um die zirkaseptane und die zirkadekane Reaktionsperiodik, die für die Zeitstruktur funktionell-adaptiver und therapeutischer Prozesse von dominierender Bedeutung sind.

Zirkaseptane und zirkadekane Reaktionsperiodik

Abb. 94 zeigt z. B. während 4wöchiger Kurbehandlungen den mittleren Verlauf von 4 verschiedenen Meßgrößen in Patientengruppen im Vergleich zu den Häufigkeitsverläufen von verschiedenen Kurkrisensymptomen nach Erhebungen an verschiedenen Kurorten. Die klar zirkaseptanperiodisch gegliederten Verläufe mit gedämpft abnehmenden Amplituden zeigen, daß im Bereich des 7., 14. und 21. Kurtages kritische Häufigkeitsmaxima durchlaufen werden. Diese sind den jeweils ergotrop gerichteten Extremauslenkungen der periodisch fortgesetzten vegetativen Gesamtumschaltungen zugeordnet (139; 177).

Vegetative Gesamtumschaltungen

94: *Oben:* Periodische Kurverläufe verschiedener Meßgrößen während unterschiedlicher Formen der Kurbehandlung (Zusammenstellung nach Ergebnissen der Literatur). *Unten:* Kurverlauf der Häufigkeit von Schlafstörungen, der Aktivierung rheumatischer Prozesse, des Beginns eitriger Zahnerkrankungen sowie der Sterbehäufigkeit von Kurpatienten an einem Kurort (nach HILDEBRANDT 1989).

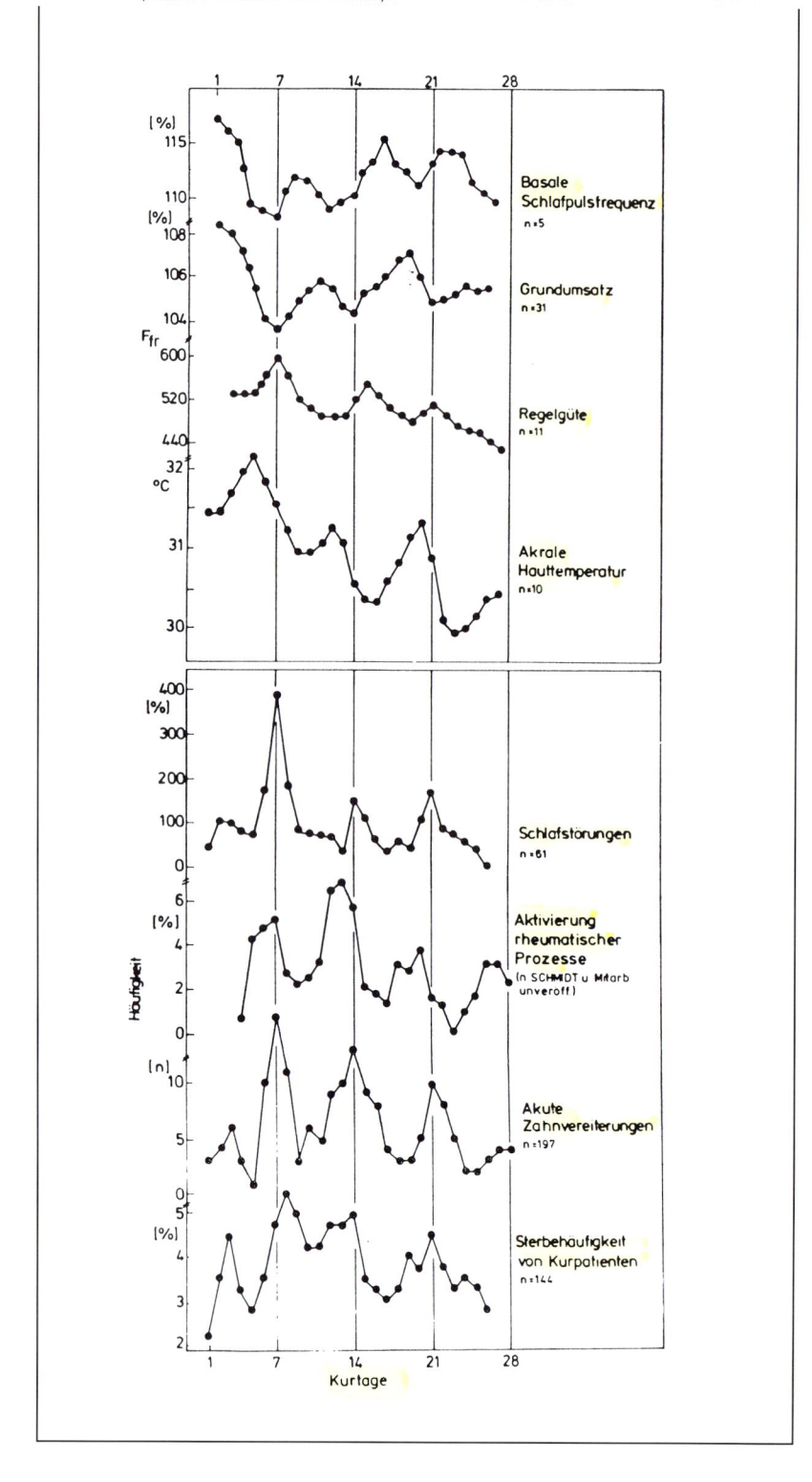

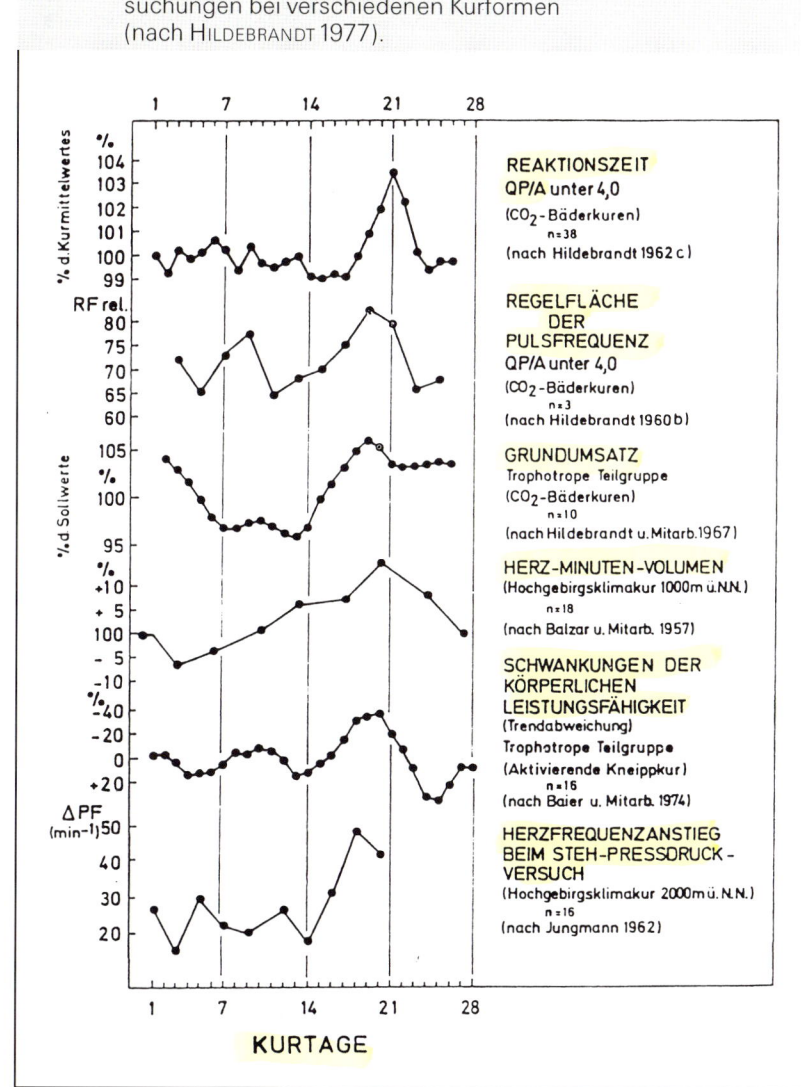

95: Beispiele für den mittleren Kurverlauf verschiedener Funktionsgrößen im spätreaktiven Muster. Ergebnisse von Untersuchungen bei verschiedenen Kurformen (nach Hildebrandt 1977).

Die beiden untersten Kurven der ◯ 94 lassen im Bereich der ersten Beobachtungswoche auch die Beteiligung einer zirkasemiseptanen Periode (Krise des 3. Tages) erkennen (94, 97).

In ◯ 95 sind mittlere Kurverläufe verschiedener Funktionsgrößen mit einer etwa 10tägigen (zirkadekanen) reaktiven Periodik zusammengestellt. Die Amplituden dieser Perioden nehmen im Gegensatz zur zirkaseptanen Struktur im Verlauf zu, so daß im Bereich des 20. Tages eine krisenhafte Extremauslenkung auftritt. Dieser Verlaufstyp wurde auch bei systematischer Kontrolle von Befindensparametern gefunden (18; 139).

Krisenhafte Extremauslenkungen zirkadekaner Perioden

Die periodisch fortgesetzten vegetativen Gesamtumschaltungen betreffen insbesondere auch die immunologischen Funktionen des Organismus. So ist für verschiedene Infektionskrankheiten seit langem das Dominieren einer zirkaseptanen Periodik im Krankheits- bzw. Fieberver-

96: Mittlere Fieberverläufe von Kindern mit Scharlach ohne antibiotische Behandlung bei Synchronisation über dem Fiebergipfel. *Von oben nach unten:* Komplikationsloser Heilungsverlauf; Auftreten von Scharlach-Otitis am Ende der zweiten Woche nach Fiebergipfel; Auftreten von Scharlach-Nephritis am Ende der dritten Woche; Auftreten von Varizellen als Nachkrankheit am Ende der vierten Woche (nach HILDEBRANDT 1977).

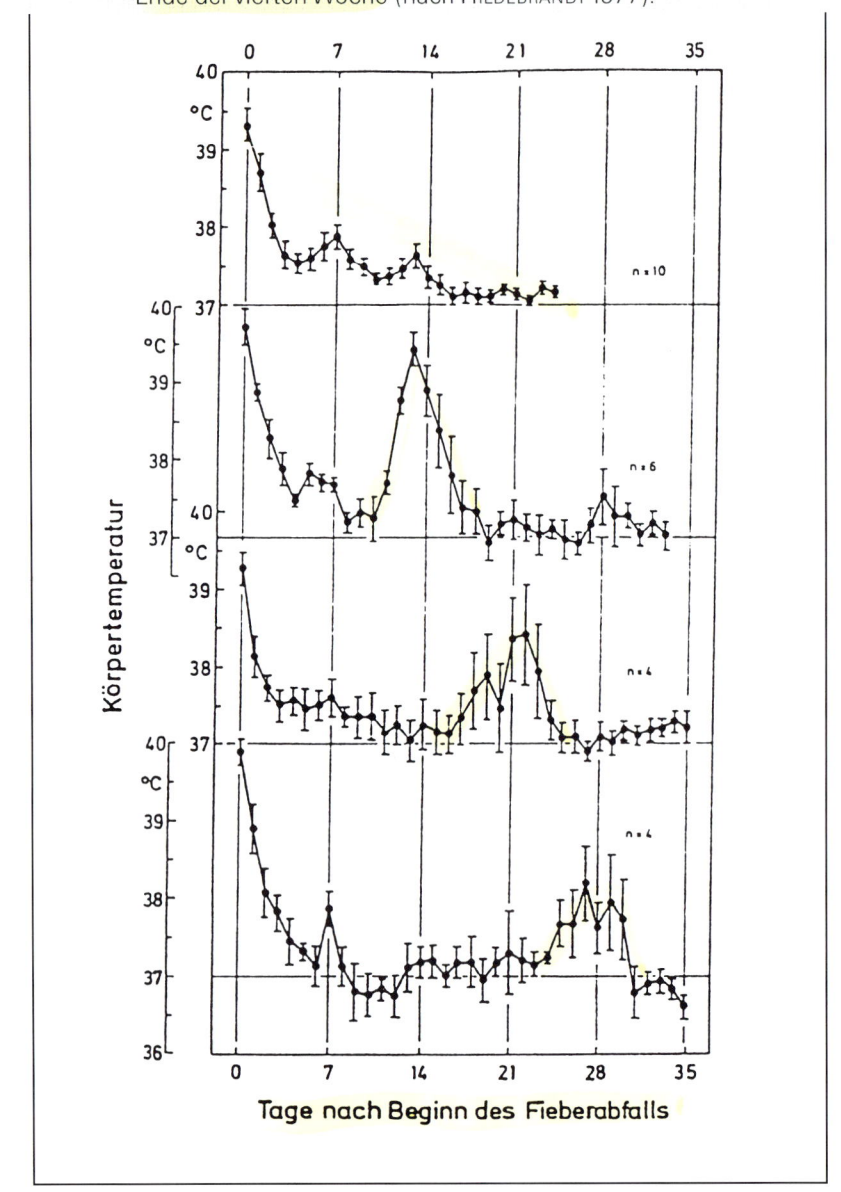

lauf bekannt. ◉ 96 zeigt als Beispiel mittlere Fieberverläufe von Scharlachkranken ohne und mit verschiedenen Komplikationen. In allen Kurven ist die grundlegende Zirkaseptanperiodik auch bei Periodenmultiplikationen erkennbar. Am besten bekannt ist heute wohl die zirkaseptanperiodische Verlaufsgliederung nach Organtransplantationen, wofür ◉ 97 ein Beispiel am Häufigkeitsverlauf der Abstossungsreaktionen gibt. Die zeitliche Prävalenz kritischer Krankheitsereignisse mit Häufungen im

Reaktive Periodik (Rhythmische Reaktionen) 119

97: Zeitlicher Häufigkeitsverlauf von Abstoßungsreaktionen nach Nierentransplantation. Zusammenstellung von Daten aus drei verschiedenen Untersuchungsreihen mit unterschiedlicher Behandlung (aus Levi & Halberg 1982).

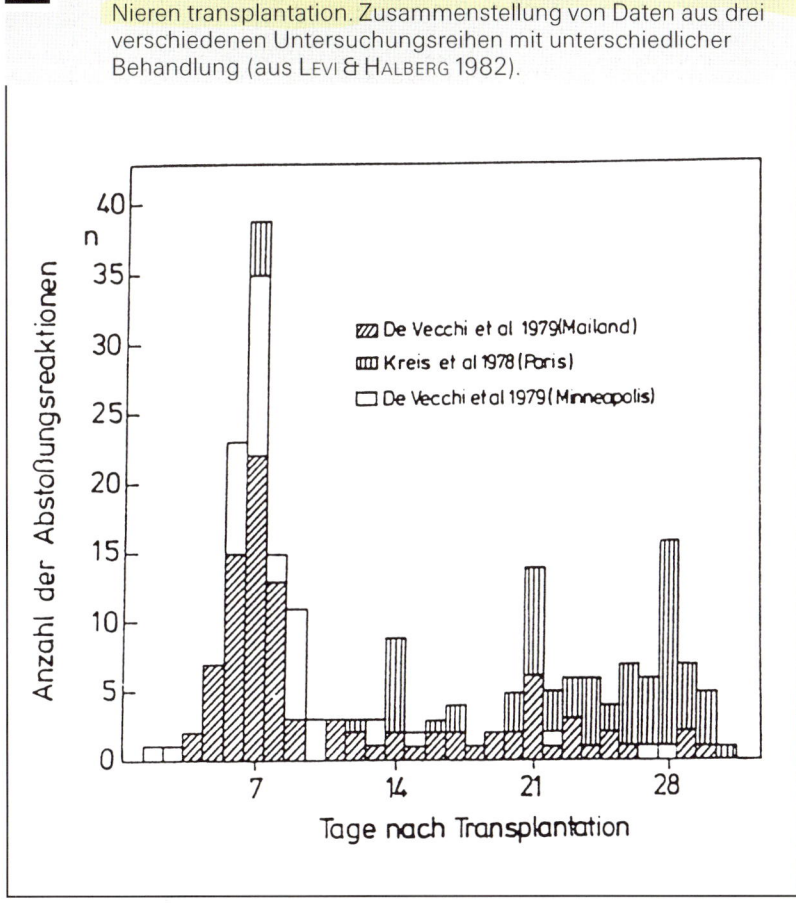

Bereich des 7., 14. und 21. Tages ist im übrigen schon in der antiken und mittelalterlichen Medizin bekannt gewesen (154).

Die Archive der Krankenakten bergen sicherlich noch ein reiches Material für die Entdeckung reaktiver Perioden, z. B. nach operativen Eingriffen, Herzinfarkten, apoplektischen Insulten etc. (57; 105; 322). Hier bieten sich Aufgabenstellungen, die auch im Rahmen praktischer Übungen gelöst werden können (266).

- Bei den im Organismus auftretenden Rhythmen kann zwischen Spontanrhythmen und reaktiven Perioden unterschieden werden. Spontanrhythmen treten vor allem unter Ruhebedingungen auf, reaktive Perioden bei Belastungen.

- Reaktive Perioden, die sich als Frequenz- oder Periodenvervielfache von Spontanrhythmen äußern, sind die Antwort des Organismus auf einen stärkeren Reiz oder eine akute Erkrankung. Mit ihrer Hilfe nützt der Organismus die exponentielle Erholungsfähigkeit zur Wiederherstellung der Gesundheit durch Erhöhung der Entlastungsfrequenz oder durch Verlängerung und Vergrößerung der Erholungsphasen.

- Zwischen einzelnen Körperrhythmen können Koppelungen und Synchronisationen auftreten, die vor allem in Ruhe und seltener auch unter starken Belastungen beobachtet werden können. Sie sind Ausdruck einer besonders ökonomischen Einstellung des Organismus, in der es zu einer Phasenabstimmung zwischen kooperierenden Körperfunktionen kommt. (z.B. Puls-Atemkopplung, Anbindung des Herzschlages an den Laufrhythmus).

- Ganzzahlige Abstimmungen von Körperrhythmen (z.B Puls-Atemquotient) treten vorwiegend im Schlaf auf und können als Ausdruck einer intakten Erholungsfähigkeit angesehen werden. Im Krankheitsfall sind sie häufig gestört und erholen sich während der Rekonvaleszenz oder während der Kur.

- Neuere Untersuchungen der Herzfrequenzvariabilität zeigen, daß sich der Tonus des parasympathischen und des sympathischen Nervensystems in unterschiedlicher Rhythmik spiegelt. Diese Erkenntnis ermöglicht neuerdings die nichtinvasive Bestimmung des Tonus der beiden Äste des vegetativen Nervensystems.

- Die Archive der Krankenakten bergen ein reiches Material für die Entdeckung reaktiver Perioden z.B. nach Herzinfarkten, operativen Eingriffen und apoplektischen Insulten.

6 Zusammenfassung und Ausblick

Die Kenntnis von chronobiologischen Ergebnissen und die Durchführung von Untersuchungen der hier vorgeschlagenen Art zielen im wesentlichen auf folgende Erkenntnisschwerpunkte:

▶ Die zeitlich-rhythmische Ordnung ist ein integrierender Bestandteil aller Lebensvorgänge und stellt den komplementären Aspekt zur morphologisch-stofflichen Betrachtung dar.

▶ Diese zeitliche Ordnung ist nicht auf wenige bekannte Vorgänge wie Tagesrhythmus und Menstruationsrhythmus beschränkt, sondern umfasst ein breites Spektrum der verschiedensten rhythmischen Funktionen mit Periodendauern vom Millisekundenbereich bis zur Größenordnung von Jahren.

▶ Die verschiedenen rhythmischen Vorgänge stellen nicht ein zusammenhangsloses Konglomerat von Einzelfunktionen dar, sondern stehen in einem ganzheitlichen Ordnungszusammmenhang, der in hierarchischer Gliederung durch Phasen- und Frequenzabstimmungen aufrechterhalten wird. Dabei werden die langwelligen Umstellungen des Gesamtorganismus von den geophysikalisch-kosmischen Umweltrhythmen reguliert (synchronisiert).

▶ Die Zusammenschau verschiedener Funktionsparameter macht deutlich, daß deren spontane Veränderungen umfassenderen Funktionszielen zugeordnet sind, die gleichfalls rhythmischen Veränderungen unterliegen (Homöodynamik). Die Bewußtmachung solcher Zusammenhänge führt zu einer Erweiterung funktionellen Denkens.

▶ Der Ordnungsgrad der rhythmischen Funktionen spiegelt durch seinen Einfluß auf die Funktionsökonomie umfassendere Eigenschaften und Zustände des Organismus, so daß sich praktische Kriterien für die **individuelle Funktionsdiagnostik** und **therapeutische Reaktionsprognostik** ableiten lassen.

▶ Die komplexen Umstellungen der langwelligen Rhythmen verändern in regelhafter Weise die Voraussetzungen für Diagnostik und Therapie. Neben einer Berücksichtigung dieser dynamischen Verhältnisse in der Beurteilung diagnostischer Kriterien besteht die Aufgabe der Entwicklung einer **therapeutischen Zeitordnung.**

▶ Die regulierenden und synchronisierenden Wirkungen der Umweltzeitordnungen auf die endogenen Zeitstrukturen des Organismus verlangen eine Prüfung der Möglichkeiten, durch eine **zeitordnende Therapie** die Einordnung des Organismus in seine Umwelt zu optimieren. Diese ist nicht nur bei krankhaften Störungen der Zeitstrukturen erforderlich, sondern auch zur besseren Bewältigung von Nacht- und Schichtarbeit sowie zur Unterstützung der Neusynchronisation nach Zeitzonensprüngen.

▶ Während im Zustand von Ruhe und vollständiger Adaptation die rhythmischen Vorgänge auf wenige dauernd aktive Spontanrhythmen beschränkt sind, verfügt der Organismus unter physiologischen wie pathologischen Belastungen über die Fähigkeit, auch seine Reaktionen mit besonderen Zeitordnungen rhythmisch zu gliedern (reaktive Perioden). Die dabei hervortretenden endogen bereitliegenden Zeitstrukturen bestehen so lange fort, bis die kompensatorischen Leistungen des Organismus das vegetative Gleichgewicht der Spontanrhythmen wieder hergestellt haben.

▶ Das Gesamtspektrum rhythmisch gegliederter Vorgänge umfaßt demnach eine Reihe von spontanen »Stützpunkten« (⊙ 98), die voneinander in Frequenzverhältnissen von der Größenordnung 8:1 (drei Oktaven) entfernt liegen. Die Zwischenbereiche, in denen vornehmlich reaktiv periodische Vorgänge auftreten, sind durch ganzzahlig harmonische Proportionen zu Schichten geordnet, die den Perioden eines **periodischen Systems** (106; 107) entsprechen. Im kurzwelligen Bereich wird die Frequenzordnung der rhythmischen Funktionen durch frequenzmodulierende Einflüsse fortschreitend aufgelöst.

⊙ **98:** Frequenzverhältnisse innerhalb der verschiedenen Ebenen von spontan-rhythmischen Funktionen nach Maßgabe der bevorzugten Periodendauern (›Periodisches System‹ der biologischen Rhythmen des Menschen) (nach HILDEBRANDT 1987, verändert).

	\multicolumn{9}{c	}{Submultiple Perioden}	
	1:	1,33 1,5	2	3	4	5	6	8 12	16	
Jahres-Rhythmus	12	9	6	4	3			1,5		Monate
Monats-Rhythmus	~28	21	14	~10	7			3,5		Tage
Tages-Rhythmus	24	16	12	8	6		4	3	1,5	Stunden
1,5-Std.-Rhythmus	~90	~60	~45 ?	~22 ?			~16 ?	~8		Minuten
8-min-Rhythmus	8	6 -5	4	~3	2		1,5	1		Minuten
1-min-Rhythmus	60	~45	30	~20	15		10	~5		Sekunden
Herz- und Atem-Rhythmus	~3,5		~1,7		0,85			0,42		Sekunden
Nervale Rhythmen	~1000	(2000-500) δ-waves			250-167 ϑ			125-83 α σ/β		Milli-sekunden
	1:	1,33 1,5	2	3	4	5	6	8 12	16	
	\multicolumn{9}{c	}{Submultiple Perioden}	

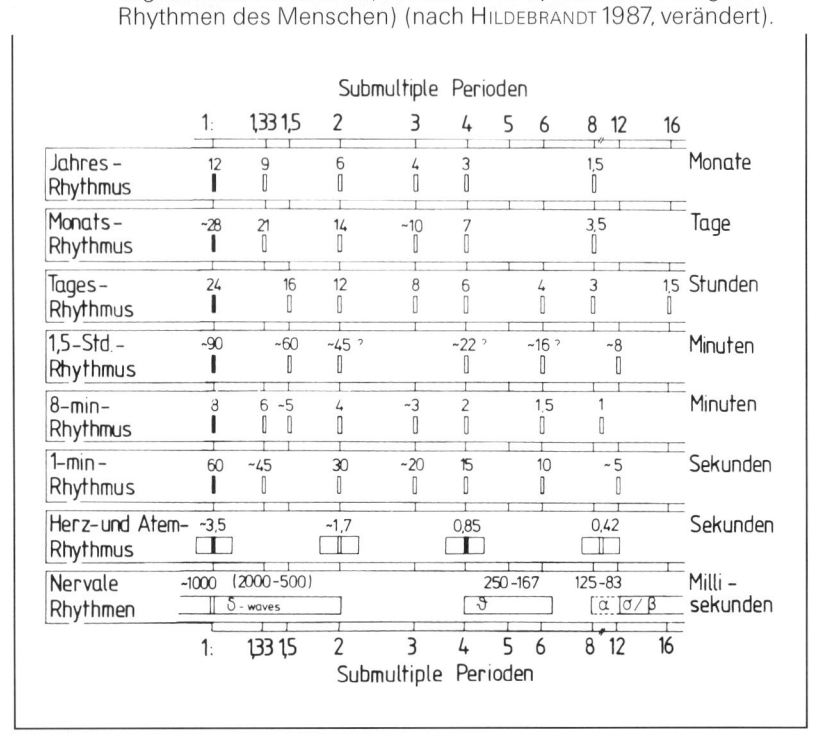

▶ Die mit der zivilisatorischen Entwicklung des Menschen zunehmende Ablösung von den natürlichen rhythmischen Umweltordnungen (zeitliche Emanzipation), die mit dem vermehrten Auftreten von chronischen Zivilisationskrankheiten mit fehlender Zeitstruktur und mangelnder Selbstheilungstendenz einhergeht, stellt die Aufgabe einer umfassenden Chronohygiene, die auch sozio-ökologische Problemstellungen von Verhalten und Umweltgestaltung miteinschließt.

Literaturverzeichnis

1. *Agishi Y., Hildebrandt G.* (1989): Chronobiological aspects of physical therapy and cure treatment. Noboribetsu, Japan: Hokkaido University Medical Library Series Vol. 22.
2. *Agishi Y., Hildebrandt G.* (1997): Chronobiologische Gesichtspunkte zur Physikalischen Therapie und Kurortbehandlung. Hamburg: Dr. Kovac.
3. *Akerstedt T.* (1976): Inter-individual differences in adjustment to shift work. Proceedings of the 6th Congress. Maryland: International Ergonomics Association.
4. *Akerstedt T., Gillberg M.* (1976): Inderindividual differences in circadian patterns of catecholamine excretion, body temperature, performance and subjective arousal. Biol. Psychol.; 4:277-292.
5. *Akerstedt T., Torsvall L.* (1981): Shift work. Shift-dependent well-being and individual differences. Ergonomics; 24:265-273.
6. *Amthauer R.* (1973): Intelligenz-Struktur I-S-T 70. Göttingen: Hogrefe.
7. *Arendt J., Bojakowski C., Folkard S., et al.* (1985): Some effects of melatonin and the control of its secretion in humans. In: Evered D., Clark S., eds. Photoperiodism, melatonin and the pineal. London: Pitman, 266-283.
8. *Arendt J., Borbely A.A., Francy C., Wright J.* (1989): The effects of chronic small doses of melatonin given in the late afternoon on fatigue in man: a preliminary study. Neuroscience Letter; 45:317-321.
9. *Armstrong S.* (1989): Melatonin: the internal zeitgeber in mammals? Pineal Research Review; 7:157-202.
10. *Aschoff J.* (1960): Exogenous and endogenous components in circadian rhythms. Cold Spring Harbour Symp. Quant. Biology; 25:11-28.
11. *Aschoff J., Wever R.* (1962): Spontanrhythmik des Menschen bei Ausschluß aller Zeitgeber. Naturwissenschaften; 49:337-342.
12. *Aschoff J.* (1965): Circadian Clocks. Amsterdam: North Holland Publishing Comp.
13. *Aschoff J., Giedke H., Pöppel E., Wever R.* (1972): The influence of sleep-interruption and of sleep-deprivation on circadian rhythms in human performance. In: Colquhoun W.P., ed.: Aspects of human efficiency - Diurnal rhythms and loss of sleep. London: The English Universities Press Limited, 128-152.
14. *Aschoff J., Biebach H., Heise A., Mount L.E.* (1973): Day-night variation in heat balance. In: Montheith J.L., Mount L.E., eds.: Heat loss from animal and man. London: Butterworths, 147-172.
15. *Aschoff J.* (1987): Masking of circadian rhythms by zeitgebers as opposed to entrainment. In: Proceedings of the 18th International Conference on Chronobiology. Leiden (Holland): ISC.
16. *Atwood C.S., James I.R., Keil U., Roberts N.K., Hartmann P.E.* (1991): Circadian changes in salivary constituents and conductivity in women and men. Chronobiologia; 18:1125-1140.
17. *Backon J.* (1988): Forum: Changes in blood glucose levels induced by differential forced unilateral nostril breathing, a technique which affects both brain hemisphericity and autonomic activity. Med. Sci. Research; 16:1197-1199.
18. *Baier H., Friedrich D., Hildebrandt G.* (1974): Zur Frage der reaktiven Periodik im Kurverlauf. Zeitschrift für angewandte Bäder- und Klimaheilkunde; 21:97-103.
19. *Baier H., Rompel C.* (1977): Der Einfluß thermischer Umgebungsbedingungen auf den Trainingserfolg beim Ausdauertraining. Arbeitsberichte des Sonderforschungsbereiches »Adaptation und Rehabilitation« (SFB 122), Marburg/Lahn; 4:547-582.
20. *Batschelet E.* (1981): Circular Statistics in Biology. London, etc.: Academic Press.
21. *Berger M., Hohagen F., König A., Vollmann J., Lohner H., Faller C., Edali N., Riemann D.* (1995): Chronotherapeutische Ansätze bei depressiven Erkrankungen. Wiener Medizinische Wochenschrift; 145(17/18):418-422.
22. *Bestehorn H.P.* (1980): Tagesrhythmische Schwankungen der Reagibilität beim Zigarettenrauchen. Med. Inaug.-Diss. Marburg/Lahn.
23. *Bestehorn G.* (1981): Über den Tagesrhythmus der Tränensekretion unter besonderer Berücksichtigung der Seitendominanz. Med. Inaug.-Diss. Marburg/Lahn.
24. *Bochnik H.J.* (1958): Tagesschwankungen der muskulären Leistungsfähigkeit. Deutsche Zeitschrift für Nervenheilkunde; 178:270-275.
25. *Bock S.J., Boyette M.* (1995): Wunderhormon Melatonin (Die Quelle von Jugend und Gesundheit). München: Knaur.
26. *Borbely A.A.* (1982): A two process model of sleep regulation. Human Neurobiol.; 1:195-204.
27. *Borbely A.A, Valetx J.L.* (1984): Sleep Mechanisms. Berlin, etc.: Springer.
28. *Böckler H.* (1970): Sportliche Leistungsfähigkeit während des menstruellen Zyklus und unter Östrogen-Gestagen-Kombination. Deutsche Medizinische Wochenschrift; 95:2482-2487.
29. *Brickenkamp R.* (1975): Test d2: Aufmerksamkeits-Belastungs-Test, Handanweisung. Göttingen, etc.: Hogrefe.
30. *Brüggemann W.* (1980): Kneipptherapie. Ein Lehrbuch. Berlin, etc.: Springer.
31. *Buck G.* (1984): Vegetative Reagibilität und circadiane Phasenlage. Spektralanalytische Untersuchungen über die reaktiv-periodische Überlagerung der Tagesgänge von Puls- und Atemfrequenz. Med. Inaug.-Diss. Marburg/Lahn.

32. *Bücher K.* (1899): Arbeit und Rhythmus. Leipzig: BG Teubner.
33. *Bünning E.* (1937): Die endogene Tagesrhythmik als Grundlage der photoperiodischen Reaktion. Berichte der Deutschen Botanischen Gesellschaft; 54: 590-607.
34. *Bünning E.* (1977): Die physiologische Uhr. Circadiane Rhythmik und Biochronometrie. (3. Aufl.) Berlin, etc.: Springer.
35. *Capani F., Consoli A., Del Ponte A., Ferrara D., Guanano T., Sensi S.* (1984): Morning-afternoon variation of specific dynamic action of nutrients. In: Haus E., Kabat H.F., eds.: Chronobiology 1982-1983. Basel, etc.: Karger, 480-483.
36. *Clauser G.* (1954): Die Kopfuhr. Stuttgart: Enke.
37. *Conroy R.T.W.L., Mills J.N.* (1970): Human Circadian Rhythms. London: J.A. Churchill.
38. *Czeisler C.A., Brown E.N., Ronda J.M., Kronauer R.E., Richardson G.S., Freitag W.O.* (1985): A clinical method to assess the endogenous circadian phase (ECP) of the deep circadian oscillator in man. Sleep Research; 14:295.
39. *Czeisler C.A., Johnson M.D., Duffy J.F., Brown E.N., Ronda J.M.* (1990): Exposure to bright light and darkness to treat physiologic maladaptation to night work. New England Journal of Medicine; 322:1253-1259.
40. *Daan S., Beersma D.G.M., Borbely A.* (1984): Timing of human sleep: recovery process gated by a circadian pacemaker. American Journal of Physiology; 246:161-178.
41. *Damm F., Döring G., Hildebrandt G.* (1974): Untersuchungen über den Tagesgang der Hautdurchblutung und Hauttemperatur unter besonderer Berücksichtigung der physikalischen Temperaturregulation. Z. Phys. Med. u. Rehab.; 15:1-5.
42. *Daubert K.* (1968): Das kausale Problem der Wetterfühligkeit. Heilkunst; 81:2-10.
43. *Davenport H.W.* (1971): Physiologie der Verdauung. Eine Einführung. Stuttgart, etc.: Schattauer.
44. *Daves C.* (1974): Rhythms in salivary flow rate and composition. Int. J. Chronobiol.; 2:253-279.
45. *Demuth F., Hoffmann T.* (1992): Effekte eines Ergometertrainigs auf Herz und Kreislauf von gering belastbaren kardiologischen AHB-Patienten im Kurlängsschnitt. Ein Vergleich zwischen Vor- und Nachmittagstraining. Wissenschaftl. Arbeitstagung »Aktuelle Ergebnisse der Physikalischen Medizin und Kurortmedizin« der Deutschen Gesellschaft für Physikalische Medizin und Rehabilitation und der Mittelrheinischen Studiengesellschaft für Klimatologie und Balneologie, Bad Wildungen, 9-11.
46. *Derer L.* (1956): Concealed macroperiodicity in the reactions of the human organism. Rev. czech. Med.; 2:277.
47. *Diez-Noguera A., Cambras T.* (1992): Chronobiology & Chronomedicine. Basic Research and Applications. Frankfurt am Main, etc.: Peter Lang.
48. *Di Rienzo M., Mancia G., Parati G., Pedotti A., Zanchetti A.* (1993): Blood Pressure and Heart Rate Variability. Computer Analysis, Modelling and Clinical Applications. Amsterdam, etc.: IOS Press.
49. *Döring G.K.* (1951): Eine exakte und zugleich anschauliche Darstellung von Mittelwertkurven bei cyclisch schwankenden Funktionen. Klin. Wschr.; 29:583-584.
50. *Döring G.K., Feustel E.* (1954): Menstruationszyklus und Wasserhaushalt. Med. Welt; 1713-1714.
51. *Dresler A.* (1941): Die subjektive Photometrie farbiger Lichter. Naturwissenschaften; 16:225-231.
52. *Dupont W., Hildebrandt G.* (1971): Messungen der Pulswellenlaufzeit Herz-Fuß zur Beurteilung der Koordination von Herzrhythmus und arterieller Grundschwingung bei Gesunden und Hypertonikern. Z. Kreislaufforschg.; 11:986-993.
53. *Eckermann P.* (1969): Untersuchungen an einem Kreislaufmodell mittels Analogrechner. Inaug.- Diss. Rostock.
54. *Endres K., Schad W.* (1997): Biologie des Mondes. Stuttgart: Hirzel.
55. *Engel P., Hildebrandt G.* (1969): Die rhythmischen Schwankungen der Reaktionszeit beim Menschen. Psychol. Forsch.; 32:324-336.
56. *Engel P.* (1970): Über Schwankungen der morgendlichen Aufwachwerte des Blutdrucks im Menstruationszyklus. Ein Beitrag zur Selbstkontrolle des Blutdrucks. Med. Welt; 21:496-501.
57. *Engel P., Hildebrandt G.* (1975): Längsschnittuntersuchungen über das orthostatische Training nach Querschnittslähmung bzw. Skoliose- Operation. Z. Phys. Med.; 4:23-28.
58. *Engelmann W., Klemke W.* (1983): Biorhythmen. Heidelberg: Quelle u. Meyer.
59. *Ertel S.* (1996): Space, weather and revolutions. Chizevsky's heliobiological claim scrutinized. Studia psychologica; 38:3-22.
60. *Feuchtersleben E.v.* (1879): Zur Diätetik der Seele. Universalbibliothek Nr. 1281. Leipzig: P. Reclam.
61. *Fiser B., Siegelová B., Turti T., Syutkina E.V., Cornélissen G., Grigoriev A.E., Mitish M.D., Abramian A.S., Dusek J., Nekvasil R., Al- Kubati M., Muchová L., Halberg F.* (1996): Neonatal blood pressure and heart rate rhythms: multiseptan over circadian prominence. In: Spontaneous Motor Activity as a Diagnostic Tool. Assessment of the Young Nervous System. Graz.
62. *Foerster H. von* (1971): Computing in the semantic domain. Annals of the New York Academy of Sciences, 184:239.
63. *Folkard S.* (1979): Time of day and level of processing. Memory and Cognition; 7:47-252.
64. *Folkard S., Monk T.H.* (1980): Circadian rhythms in human memory. Brit. J. Psychol.; 71:295-307.
65. *Folkard S., Monk, T.M.* (1983): Chronopsychology: Circadian rhythms and human performance. In: Gale A., Edwards J.A., eds.: Physiological Correlates of Human Behavior. London: Acad. Press, 57-78.
66. *Forsgren E.A.* (1953): On the relationship between the formation of bile and glycogen in the liver of rabbits. Scand. Arch. Physiol; 137-156.
67. *Frank D.* (1974): Der subjektive Verlauf einer aktivierenden Kneipp-Kurbehandlung in Abhängig-

keit von reaktiv-periodischen und jahreszeitlichen Einflüssen. Med. Inaug.-Diss. Marburg/Lahn.
68. *Frisch K.v.* (1950): Die Sonne als Kompass im Leben der Bienen. Experientia; 6:210–221.
69. *Frisch K.v.* (1965): Tanzsprache und Orientierung der Bienen. Berlin, etc.: Springer.
70. *Frisch K.v.* (1974): Decoding the language of the bee. Science; 185:663.
71. *Gadermann E., Hildebrandt G., Jungmann H.* (1961): Über harmonische Beziehungen zwischen Pulsrhythmus und arterieller Grundschwingung. Z. f. Kreislaufforsch.; 50:805–814.
72. *Goldmann B.* (1980): Spektralanalytische Untersuchungen zum Tagesgang der Schwankungen des Herzschlages im Atem-, Blutdruck- und Minutenrhythmus beim Menschen. Med. Inaug.-Diss. Marburg/Lahn.
73. *Golenhofen K., Hildebrandt G.* (1958): Die Beziehungen des Blutdruckrhythmus zu Atmung und peripherer Durchblutung. Pflügers Arch. ges. Physiol.; 267:27–45.
74. *Golenhofen K.* (1962): Physiologie des menschlichen Muskelkreislaufes. Sitzungsberichte der Gesellschaft zur Beförderung der gesamten Naturwissenschaften zu Marburg; 83/84:167–254.
75. *Golenhofen K., Loh D.v.* (1970): Elektrophysiologische Untersuchungen zur normalen Spontanaktivität der isolierten Taenia coli des Meerschweinchens. Pflügers Arch. ges. Physiol.; 314:312–328.
76. *Golenhofen K.* (1987): Endogenous Rhythms in Mammalian Smooth Muscle. In: Hildebrandt G., Moog R., Raschke F., (Eds.): Chronobiology & Chronomedicine. Basic Research and Applications. Frankfurt am Main, etc.: Peter Lang, 26–38.
77. *Grünwidl A.* (1996): unveröffentlichtes Manuskript. Graz: Physiologisches Institut, Arbeitsgruppe für Adaptationsphysiologie.
78. *Gundel A., Wegmann H.M.* (1987): Resynchronization of the circadian system following a 9-hr advance or a delay zeitgeber shift: real flights and simulations by a van der Pol oscillator. In: Pauly J.E.P., Scheving K.E., eds.: Advances in Chronobiology, Part B. New York: Liss, 391–401.
79. *Gutenbrunner C.* (1989): Spatherapy in urological diseases. J. Phys. Med. Baln. Clim.; 52:194–203.
80. *Gutenbrunner C., Agishi Y., Knorr H., Asanuma Y., Fujiya S., Mikamo S.* (1989): Untersuchungen über Einflüsse von Atmung und lokaler Erwärmung auf die Vasomotions-Frequenz der Hautgefässe. Z. Phys. Med. Baln. Med. Klim.; 18:289.
81. *Gutenbrunner C.* (1990): Muskeltraining und Muskelüberlastung. In: Hettinger T. Hrsg.. Dokumentation Arbeitswissenschaften, Vol.22. Köln: Dr. Otto Schmidt KG.
82. *Gutenbrunner C., Hildebrandt G., Moog R.*, (Eds.): Chronobiology & Chronomedicine. Basic Research and Applications. Frankfurt am Main, etc.: Peter Lang.
83. *Gutenbrunner C., Hildebrandt G.* (1994): Handbuch der Heilwasser- Trinkkuren. Theorie und Praxis. Stuttgart: Sonntag.
84. *Gutenbrunner C., Rohleder-Stiller C., Elcherid A.* (1995): Untersuchungen über die Wirkung sulfathaltiger Heilwässer auf die Gallenblasengrösse – Hormonelle Steuerungsmechanismen und tageszeitliche Einflüsse. In: Pratzel H.G., ed.: Health Resort Medicine. Geretsried: ISMH, 235–242.
85. *Gwinner E. (1968):* Circannuale Periodik als Grundlage des jahreszeitlichen Funktionswechsels bei Zugvögeln. J. Orn.; 109:70–95.
86. *Haken H., Koepchen H.P.* (1990): Rhythms in Physiological Systems. Proceedings of the International Symposium at Schloss Elmau. Berlin: Springer; 55:208–740.
87. *Halberg F., Engeli M., Hamburger C., Hillmann D.* (1965): Spectral resolution of low-frequency, small-amplitude rhythms in excreted 17- Ketosteroid: probable androgen induced circaseptan desynchronization. Acta endocr.; 103:5–54.
88. *Halberg F.* (1967): Claude Bernard and the »extreme variability of the internal milieu«. In: Grande F., Visscher M.B., eds.: Claude Bernard and Experimental Medicine. Cambridge, Massachusetts: Schenkman Publishing Company, 193–210.
89. *Halberg F.* (1969): Chronobiology. Ann. Rev. Physiol.; 31:675–725.
90. *Halberg F., Johnson E.A., Nelson W., Runge W., Sothern R.* (1972): Autorhythmometry – Procedures for Physiologic Self-Measurements and their Analysis. The Physiology Teacher; 1:1–11.
91. *Halberg F.* (1973): Chronobiology und Autorhythmometrie. Fortschr. Med.; 91:131–135.
92. *Halberg F., Lauro R., Carandente F.* (1976): Autorhythmometry leads from single-sample medical check-ups toward a health science of time series. La Ricerca Clin. Lab.; 6:207–250.
93. *Halberg F., Carandente F., Cornelissen G., Catinas G.S.* (1977): Glossary of Chronobiology. Chronobiologia; 4:1–189.
94. *Halberg E., Halberg F., Halberg J., Halberg F.* (1985): Circaseptan (about 7-day) and circasemiseptan (about 3,5-day) rhythms and contributions by Ladislav Dérer. Biologia (Bratislava); 40:1119–1141.
95. *Halberg F., Barnwell F., Hrushesky W., Lakatua D.* (1986): Chronobiology. A science in tune with the rhythms of life. Minneapolis: Earl Bakken, 1–20.
96. *Halberg F., Cornelissen G., Bingham C.* (1986): Neonatal monitoring to assess risk for hypertension. Postgrad. Med.; 79:44–46.
97. *Halberg E., Halberg F., Halberg J., Halberg F.* (1986): Circaseptan (about 7-day) and circasemiseptan (about 3,5-day) rhythms and contributions by Ladislav Dérer. Biologia (Bratislava); 41:233–252.
98. *Halberg F. Cornelissen G., Carandente F.* (1991): On with the human chronome initiative: the

legacy of Norberto Motalbetti. Chronobiologia; 18:105-106.
99. *Halberg F., Cornelissen G.* (1991): Consensus concerning the chronome and the addition to statistical significance of scientific signification. Biochim. Clin.; 15:159-162.
100. *Halberg F., Cornelissen G., Wrbsky P., et al.* (1994): About 3,5- day (circasemiseptan) and about 7-day (circaseptan) blood pressure features in human prematurity. Chronobiologia; 21:146-151.
101. *Halberg F.* (1995): The week in phylogeny and ontogeny: Opportunities for oncology. In vivo; 9:269-278.
102. *Haus E., Lakatua D.J., Sackett-Lundeen L.L., Swoyer J.* ((o.J.)): In: Rietveld W.J. ed.: Clinical Aspects of Chronobiology. CIP-Gegevens Koninklijke Bibliothek, Den Haag, 13-83.
103. Heckert H. (1961): Lunationsrhythmen des menschlichen Organismus. Leipzig: Akademische Verlagsgesellschaft Geest & Portig KG.
104. *Heckmann C., Hildebrandt G., Hoffmann E., Klemp G., Raschke F.* (1979): Über den Einfluß der Tagesrhythmik auf die erythropoetische Reaktion. Untersuchungen nach intermittierender Unterdruckbelastung. Z. Phys. Med.; 8:135-144.
105. *Heckmann C.* (1994): Chronobiologische Bausteine zur pathologischen und therapeutischen Physiologie. Habil.-Schrift Univ. Witten-Herdecke.
106. *Hejl Z.* (1986): Periodisches System biologischer Rhythmen. 3. DDR- UdSSR Symposium Chronobiologie und Chronomedizin, 1.-6. Juli 1986. Halle (Saale). ref. P.51.
107. *Hejl Z., Pochobradsky J., Vitek L.* (1991): Periodic System of Biological Rhythms: Spectrum of Human Physiological Periodicities. In: Surowiak J., Lewandowski M., eds.: Chronobiology & Chronomedicine. Basic Research and Applications. Frankfurt am Main etc.: Peter Lang, 237-241.
108. *Heller M.* (1981): Die Wirkung lokaler Wärmeanwendungen (Fango- Paraffin- Packungen) auf Kreislauf und Thermoregulation bei Applikation zu verschiedenen Tageszeiten. Med Inaug.-Diss. Marburg/Lahn.
109. *Hildebrandt G.* (1953): Über den Tagesgang der Atemfrequenz. Z. klin. Med.; 150:433-444.
110. *Hildebrandt G., Engelbertz P.* (1953): Bedeutung der Tagesrhythmik für die physikalische Therapie. Arch. phys. Ther. (Leipzig); 5:160-170.
111. *Hildebrandt G., Engelbertz P., Hildebrandt-Evers G.* (1954): Physiologische Grundlagen für eine tageszeitliche Ordnung der Schwitzprozeduren. Z. klin. Med.; 152:446-468.
112. *Hildebrandt G.* (1956): Unveröffentlichtes Manuskript. Beim Verfasser.
113. *Hildebrandt G.* (1957): Über tagesrhythmische Steuerung der Reagibilität. Untersuchungen über den Tagesgang der akralen Wiedererwärmung. Arch. phys. Ther. (Leipzig); 9:292-303.
114. *Hildebrandt G.* (1960): Die rhythmische Funktionsordnung von Puls und Atmung. Z. angew. Bäder- u. Klimaheilk.; 7:533-615.
115. *Hildebrandt G.* (1961): Rhythmus und Regulation. Med. Welt; 2:73- 81.
116. *Hildebrandt G.* (1962): Biologische Rhythmen und ihre Bedeutung für die Bäder- und Klimaheilkunde. In: Amelung W., Evers A., (Hrsg.): Handbuch der Bäder- und Klimaheilkunde. Stuttgart: Schattauer, 730-785.
117. *Hildebrandt G.* (1962): Reaktive Perioden und Spontanrhythmik. Reports VII. Conference of the Society for Biological Rhythms. Siena 1960. Panminerva Medica, Torino, 75-82.
118. *Hildebrandt G.* (1963): Die Bedeutung der Atemstossmessung (Pneumometrie) für die Atemfunktionsdiagnostik in der Praxis. Ärztl. Forschg.; 17:571-578.
119. *Hildebrandt G.* (1967): Die Koordination rhythmischer Funktionen beim Menschen. Verh. Dtsch. Ges. Inn. Med.; 73:922-941.
120. *Hildebrandt G., Dupont W.* (1968): Die Beurteilung der Koordination von Herzrhythmus und arterieller Grundschwingung durch Messung der Pulswellenlaufzeit. Pflügers Arch. ges. Physiol. 300:R61.
121. *Hildebrandt G., Witzenrath A.* (1969): Leistungsbereitschaft und vegetative Umstellung im Menstruationsrhythmus: Die cyclischen Schwankungen der Reaktionszeit. Int. Z. angew. Physiol. einschl. Arbeitsphysiol.; 27:266-282.
122. *Hildebrandt G.* (1969): Arterielle Pulsation und rhythmische Koordination. In: Pestel E., Liebau G., Hrsg.: Phänomen der pulsierenden Strömung im Blutkreislauf in technologischer, physiologischer und klinischer Sicht. Hochschulskripten. Mannheim, etc.: Bibliographisches Institut; 1:34-52.
123. *Hildebrandt G., Lowes E.M.* (1972): Tagesrhythmische Schwankungen der vegetativen Lichtreaktionen beim Menschen. J. Interdiscipl. Cycle Res.; 3:289-301.
124. *Hildebrandt G.* (1974): Circadian variations of thermoregulatory response in man. In: Scheving L.E., Halberg F., Pauly J.E., eds.: Chronobiology. Stuttgart: Georg Thieme, 234-240.
125. *Hildebrandt G.* (1976): Biologische Rhythmen und Arbeit. Wien, etc.: Springer.
126. *Hildebrandt G.* (1976): Outline of Chronohygiene. Chronobiologia; 3:113-127.
127. *Hildebrandt G.* (1977): Hygiogenese. Grundlinien einer therapeutischen Physiologie. Therapiewoche; 27:5384-5397.
128. *Hildebrandt G., Breithaupt H., Döhre S., Stratmann I., Werner M.* (1977): Untersuchungen zur arbeitsphysiologischen Bedeutung und Bestimmung der circadianen Phasentypen. Z. Arbeitswiss.; 31:98-102.
129. *Hildebrandt G., Hessberger J., Moog R., Rieck A., Strempel H., Wendt H.W.* (1977): Tagesrhythmische Einflüsse auf das Adaptationsvermögen des Menschen (Muskelkrafttraining, sensomotorisches Lernen, Kältehabituation). Arbeitsberichte des Sonderforschungsbereiches »Adaptation und Rehabilitation« (SFB 122); 4:158-208.

130. *Hildebrandt G., Bestehorn H.P., Strempel H.* (1977): Circadian variation of a non-specific activation system in man. In: Tromp S.W., ed.: Progress in Human Biometeorology. Amsterdam: Swets & Zeitlinger; 1:223-232.
131. *Hildebrandt G.* (1978): Chronobiologische Grundlagen der Prävention und Rehabilitation. Z. angew. Bäder- u. Klimaheilk.; 25:326-346.
132. *Hildebrandt G., Klein H.R.* (1979): Über die Phasenkoordination von mütterlichem und foetalem Herzrhythmus während der Schwangerschaft. Klin. Wschr.; 57:87-91.
133. *Hildebrandt G.* (1979): Rhythmical Functional Order and Man's Emancipation from the Time Factor. In: Schaefer K.E., Hildebrandt G., Macbeth N., eds.: Basis of an individual physiology. New York: Futura Publishing Company, 15-43.
134. *Hildebrandt G.* (1980): Survey of Current Concepts Relative to Rhythms and Shift Work. In: Scheving L., Halberg F., eds.: Chronobiology: Principles and Applications to Shifts in Schedules. NATO Advanced study institutes series D.Nr.3. Alphen aan den Rijn: Sijthoff & Noordhoff International Publishers B.V, 261-292.
135. *Hildebrandt G.* (1980): Chronobiologische Grundlagen der Ordnungstherapie. In: Brüggemann W., Hrsg.: Kneipptherapie, ein Lehrbuch. Berlin, etc.: Springer, 177-228.
136. *Hildebrandt G.* (1981): Rhythmen (biologische) In: Enzyklopädie Naturwissenschaft und Technik. München: Moderne Industrie, 4:3666-3678.
137. *Hildebrandt G.* (1982): Zur Zeitstruktur adaptiver Reaktionen. Z. Physiother.; 34:23-34.
138. *Hildebrandt G.* (1982): The time structure of adaptive processes. In: Hildebrandt G., Hensel H., Hrsg.:»Biological Adaption«. Stuttgart, etc.: Thieme, 24-39.
139. *Hildebrandt G.* (1985): Therapeutische Physiologie. Grundlagen der Kurortbehandlung. In: Amelung W., Hildebrandt G., Hrsg.: Balneologie und medizinische Klimatologie. Berlin, etc.: Springer.
140. *Hildebrandt G.* (1985): Biologische Rhythmen und Umwelt des Menschen. In: Graul E.H., Pütter S., Hrsg.: Environmentologie - Mensch und Umwelt. Medicinale XV- Iserlon 28. u. 29.09.1985. Iserlohn: Medice Hausdruck, 1-43.
141. *Hildebrandt G.* (1986): Chronobiologische Grundlagen der Ordnungstherapie. In: Brüggemann W., Hrsg.: Kneipptherapie. (2. Aufl.) Berlin, etc.: Springer, 170-221.
142. *Hildebrandt G.* (1986): Functional significance of ultradian rhythms and reactive periodicity. J. interdiscipl. Cycle Res.; 17:307- 319.
143. *Hildebrandt G.* (1986): Coordination of cardiac and respiratory rhythms and therapeutical effects on it. Journal of the Autonomic Nervous System, 253-263.
144. *Hildebrandt G., Deitmer P., Moog R., Pöllmann L.* (1987): Physiological criteria for the optimization of shift work (relations to field studies). In: Oginski A., Pokorski J., Rutenfranz J., eds.: Contemporary advance in shift work research. Theoretical and practical aspects in the late eighties. Krakow: Medical Academy, 121-131.
145. *Hildebrandt G., Moog R., Raschke F., eds..* (1987): Chronobiology & Chronomedicine. Basic Research and Applications. Frankfurt am Main, etc.: Peter Lang.
146. *Hildebrandt G., Pöllmann L.* (1987): Chronobiologie des Schmerzes. Heilkunst; 100:340-358.
147. *Hildebrandt G.* (1987): The Autonomous Time Structure and Its Reactive Modifications in the Human Organism. In: Rensing L., an der Heiden U., Mackey M.C. eds.: Temporal Disorder in Human Oscillatory Systems. Berlin, etc.: Springer, 160-175.
148. *Hildebrandt G.* (1988): Temporal order of ultradian rhythms in man. In: Hekkens W.T.J., Kerkhof G.A., Rietfeld W.J., eds.: Trends in Chronobiology. Oxford etc.: Pergamon Press. 107-122.
149. *Hildebrandt G.* (1988): Allgemeine Grundlagen der physikalischen Medizin und Kurortbehandlung. In: Schneider J., Goecke C., Zysno E.A., Hrsg.: Praxis der gynäkologischen Balneo- und Physiotherapie. Stuttgart: Hippokrates, 11-23.
150. *Hildebrandt G.* (1988): Die Bedeutung circadianer Rhythmen für die Bewegungstherapie. Z. Phys. Med.; 17:72-75.
151. *Hildebrandt G.* (1989): Chronobiologische Grundlagen der Kurortbehandlung. In: Schmidt K.L., (Hrsg.): Kompendium der Balneologie und Kurortmedizin. Darmstadt: Steinkopff, 119-168.
152. *Hildebrandt G.* (1990): Circaseptane Reaktionsperiodik beim Menschen. Eine Zeitstruktur von Krankheit und Heilung. Therapeutikon; 4:402-413.
153. *Hildebrandt G.* (1990): Allgemeine Grundlagen. Wirkprinzipien der Physikalischen Therapie. In: Drexel H., et al. Hrsg.: Physikalische Medizin. Stuttgart: Hippokrates, 13-80.
154. *Hildebrandt G., Bandt-Reges, I.* (1992): Chronobiologie in der Naturheilkunde. Grundlagen der Circaseptanperiodik. Heidelberg: Karl F. Haug.
155. *Hildebrandt G., Moog R., Kändler B.* (1992): Über den Verlauf einiger Befindensparameter während der Kurbehandlung in Bad Soden- Salmünster. Heilbad u. Kurort; 43:54-59.
156. *Hildebrandt G.* (1992). Chronobiological aspects of endocrinology. In: Hiroshige T., Fujimoto S., Honma K., eds.: Endocrine Chronobiology. Sapporo: Hokkaido University Press; 3-14.
157. *Hildebrandt G.* (1992): Störungen des biologischen Tagesrhythmus durch das verlängerte Wochenende. In: Schickert K., Hrsg.: Fünf-Tage-Woche an der Waldorfschule? Erziehungskunst; 1:34-37.
158. *Hildebrandt G.* (1993): Reactive modifications of the autonomous time structure of biological functions in man. Ann. Ist Super. Sanit.; 29:545-557.
159. *Hildebrandt G., Pöllmann L., Strempel H.* (1993): Chronobiologische Aspekte des Schmerzes. In: Stacher A., (Hrsg.): Ganzheitsmedizin und Schmerz. Dritter Wiener Dialog. Wien: Facultas-Universitätsverlag GmbH; 9:40-61.

160. *Hildebrandt G.* (1993): Die Zeitgestalt des Menschen. In: Kniebe G., Hrsg.: Was ist Zeit? Stuttgart: Freies Geistesleben, 163–197.
161. *Hildebrandt G.* (1993). Physiologische Grundlagen einer hygiogenetisch orientierten Therapie. In: Albrecht H., Hrsg.: Heilkunde versus Medizin? Gesundheit und Krankheit aus der Sicht der Wissenschaften. Stuttgart: Hippokrates, 86–103.
162. *Hildebrandt G.* (1993). Rhythmische Strukturen in der Physiologie des Menschen und in der Musik. In: Petersen P., Fervers-Schorre B., Schwerdtfeger J., Hrsg.: Psychosomatische Gynäkologie und Geburtshilfe. Berlin, etc.: Springer, 32–45.
163. *Hildebrandt G.* (1993). Coordination of biological rhythms. Frequency- and phase coordination of rhythmic functions in man. In: Gutenbrunner C., Hildebrandt G., Moog R., eds.: Chronobiology & Chronomedicine. Basic research and applications. Frankfurt am Main, etc.: Peter Lang, 194–215.
164. *Hildebrandt G.* (1994): Chronobiologische Aspekte des Kindes- und Jugendalters. Bildung und Erziehung; 47: 433–460.
165. *Hildebrandt G., Gutenbrunner C.* (1996): Über adaptive Normalisierung. Forsch. Komplementärmed; 3:236–243.
166. *Hiroshige T., Fujimoto S., Honma K., eds.* (1992): Endocrine Chronobiology. Sapporo: Hokkaido University Press.
167. *Holst E.v.* (1939): Die relative Koordination als Phänomen und als Methode zentralnervöser Funktionsanalyse. Ergebn. Physiol.; 42:228–306.
168. *Honzíková N., Fiser B., Konvicková E.* (1991): Spectral analysis of heart rate variability in premature newborns. In: Chronobiology & Chronomedicine. Frankfurt am Main, etc.: Peter Lang, 98–102.
169. *Horne J.A., Östberg O.* (1976): A self-assessment questionnaire to determine morningness-eveningness in human circadian rhythms. International Journal of Chronobiology; 4:97–110.
170. *Horst-Meyer H. zur, Heidelmann G.* (1953): Menstruationszyklus, Gravidität und akrale Hautdurchblutung. Schweiz. Med. Wochenschr.; 83:450–452.
171. *Hufeland C.W.* (1817): Makrobiotik, oder die Kunst das menschliche Leben zu verlängern. Reutlingen.
172. *Hübner K.* (1969): Die Periodik der DNS-Synthese nach unspezifischen Reizen. Arch. phys. Ther. (Leipzig); 21:251–260.
173. *Jansen G., Rutenfranz J., Singer R.* (1966): Über die circadiane Rhythmik sensumotorischer Leistungen. Int. Zschr. angew. Physiol. einschl. Arbeitsphysiol.; 22:65–83.
174. *Ilmarinen J., Klimt F., Rutenfranz J.* (1975): Circadian variations of aerobic power. In: Colquhoun P., et al.; Hrsg.: Experimental Studies of Shiftwork. Forschungsberichte d. Landes Nordrh.-Westf. Nr. 2513. Opladen: Westdeutscher, 265–272.
175. *Ishihara K., Saitoh T.* (1984): Validity of the japanese version of the morningness-eveningness questionnaire. Perc. and Mot. Skills; 59:863–866.
176. *Jäger R.I.* (1970): Untersuchungen über den Seitigkeitswechsel der Nasenatmung, Med. Inaug.-Diss. Marburg/Lahn.
177. *Jungmann H.* (1962): Das Klima in der Therapie innerer Erkrankungen. Untersuchungen im Hochgebirge und an der Nordsee. München: Barth.
178. *Kaiser H., Cornelissen G., Halberg F.* (1990): Paleochronobiology: circadian rhythms, gauges of adaptive Darwinian evolution, about 7-day (circaseptan) rhythms, gauges of integrative internal evolution. Progress in Clinical and Biological Research; 341:755–762.
179. *Kapferer J.M.* (1954): Der nutzbare Anteil der Vitalkapazität (Tiffeneau-Test). Thoraxchirurgie; 1:547–557.
180. *Kawai-Hitosi.* (1954): The effect of pressure on the body surface upon the temperature of the human turbinate. J. Physiol. Soc. Japan; 16:647–655.
181. *Kendall M.G.* (1975): Time-Series. London: Charles Griffin and Company Ltd.
182. *Kenner T.* (1979): Physical and mathematical modeling in cardiovascular systems. In: Hwang N.H.C., Gross D.R., Patel D.J., eds. Quantitative cardiovascular studies Clinical research applications and engineering principles. Baltimore: University Park Press.
183. *Kenner T.* (1986): On the role of optimization in the cardiovascular system. Bas. Res. Cardiol. 81, Suppl. 1: 73–78.
184. *Kenner C., et al.* (1995): Unveröffentlichtes Manuskript. Graz: Physiologisches Institut.
185. *Kerkhof G.A.* (1985): Inter-individual differences in the human circadian system: A review. Biological Psychology; 20:83–112.
186. *Klein K.E., Brüner H., Finger R., Schalkäuser K., Wegmann H.M.* (1966): Tagesrhythmik und Funktionsdiagnostik der peripheren Kreislaufregulation. Int. Z. angew. Physiol. einschl. Arbeitsphysiol.; 23:125–139.
187. *Klemp G.* (1976): Untersuchungen über den Einfluß der Tagesrhythmik auf die erythropoetische Reaktion nach intermittierender Unterdruckexposition. Marburg/Lahn: Med. Inaug.-Diss.
188. *Klöppel H.B.* (1980): Circannuale Änderungen der circadianen Phasenlage des Menschen. Marburg/Lahn: Humanbiol. Inaug.-Diss.
189. *Kneipp S.* (1974). So sollt ihr leben. München: Ehrenwirth.
190. *Knoerchen R., Gundlach E.M., Hildebrandt G.* (1976): Tagesrhythmische Schwankungen der visuellen und vegetativen Lichtempfindlichkeit beim Menschen. In: Hildebrandt G., Hrsg.: Biologische Rhythmen und Arbeit. Wien, etc.: Springer, 43–53.
191. *Knoerchen H.P.* (1974): Tagesrhythmische Untersuchungen zum Mechanismus der Bronchodila-

tation bei Arbeit (bronchomotorische Arbeitsreaktion). Marburg/Lahn: Med. Inaug.-Diss.
192. *Koepchen H.P.* (1962): Blutdruckrhythmik. Eine Untersuchung über die Bedeutung der zentralen Rhythmik für die nervöse Kreislaufsteuerung. Darmstadt: Dr. Dietrich Steinkopff.
193. *Kohlrausch W.* (1943): Periodische Änderungen des Sehens, eine neuentdeckte Anpassung des Auges an die Umwelt. Med. Klin.; 389.
194. *Kohlrausch W.* (1943): Periodische Änderungen des Farbensehens. In: »Film und Farbe«, Berlin: Schriftenreihe der Reichsfilmkammer, 9:98-102.
195. *Kramer G.* (1953): Die Sonnenorientierung der Vögel. Verh.Dtsch.zool.Ges; Freiburg, 72-84.
196. *Kreis H., Lacombe M., Noel L.H., Descamps J.M., Chailley J., Crosinier J.* (1978): Kidney-Graft Rejections: Has the need for steroids to be re-evaluated? Lancet, 2(8101):1169-1172.
197. *Kripke D.F.* (1985): Therapeutic effects of bright light in depressed patients. Ann.of the New York Academy of Sciences; 453:270-281.
198. *Kümmel H.C., Schreiber K., Koenen J.v.* (1982): Untersuchungen zur Therapie mit Crataegus. Herzmedizin; 5:157-165.
199. *Lacey L.* (1974): Lunaception. Der weibliche Körper in Harmonie mit dem Mondzyklus. Natürliche Geburtskontrolle. Berlin: Schwarze Katz.
200. *Lang H.J.* (1970): Mondphasenabhängigkeit des Farbensehens. Umschau Naturwiss. Techn.; 70:445-446.
201. *Lavernhe J.* (1970): Wirkungen der Zeitverschiebung in der Luftfahrt auf das Flugpersonal. Münch. Med. Wschr.; 112:1746-1752.
202. *Lavie P.* (1985): Ultradian Rhythms: Gates of Sleep and Wakefulness. In: Experimental Brain Research. Berlin, etc.: Springer, 12:148-164.
203. *Lehmann G.* (1962): Praktische Arbeitsphysiologie. Stuttgart: Georg Thieme.
204. *Lehofer M., Moser M., Hoehn-Saric R., Hildebrandt G., Drnovsek B., Niederl T., Zapotoczky H.G.* (1996): Diminished pulse-respiration-coupling in depressed patients. Biological Psychiatry; 39:526.
205. *Lemmer H.* (1984): Chronopharmakologie. Tagesrhythmus und Arzneimittelwirkung. Stuttgart: Wissenschaftl. Verlagsgesellschaft.
206. *Levi F., Hrushesky W., Haus S,. Halberg F., Scheving L.E., Kennedy B.J.* (1980): Experimental chrono-oncology. In: Scheving L.E., Halberg F., (eds.): Chronobiology: Principles and Applications to Shifts in Schedules. Alphen aan den Rijn. (The Netherlands): Sijthoff and Noordhoff.
207. *Levi F., Halberg F.* (1982): Circaseptan (about 7-day) bioperiodicity – spontaneous and reactive – and the search for pacemakers. Ric. Clin. Lab.; 12:323-370.
208. *Levine H., Halberg F.* (1971): Clinical Aspects of Autorhythmometry. Little Rock.
209. *Lewy A.J., Sack R.L.* (1986): Minireview: light therapy and psychiatry. Proc. Soc. Exp. Biol. Med.; 183:11-18.
210. *Lewy A.J., Ahmed S., Jackson J.M.C., Sack R.L.* (1992): Melatonin Shifts Human Circadian Rhythms According to a Phase-Response Curve. Chronobiology International; 9:380-392.
211. *Lindsey J.K.* (1993): Models for Repeated Measurements. Oxford: Clarendon Press.
212. *Linnè C.v.* (1763): Philosophia botanica. Viennae. Sigmaringen: Jan Thorbecke.
213. *Meier-Ewert K.* (1989): Tagesschläfrigkeit. Edition medizin. Weinheim: VCH Verlagsgesellschaft.
214. *Mensen H.* (1988): Autogenes Training in Prävention und Rehabilitation. Erlangen: Perimed Fachbuch-Verlagsgesellschaft.
215. *Menzel W.* (1952): Wellenlänge, Phase und Amplitude der menschlichen Nierenrhythmik. Ärztl. Forschung 6; I/455-462.
216. *Menzel W.* (1955): Therapie unter dem Gesichtspunkt biologischer Rhythmen. In: Lampert H. et al. Hrsg.: Ergebnisse der Physikalisch-diätetischen Therapie. Dresden, etc.: Steinkopff; 5:1-38.
217. *Menzel W.* (1962): Menschliche Tag-Nacht-Rhythmik und Schichtarbeit. Basel, etc.: Schwabe.
218. *Menzel W.* (1967): Biorhythmik und Blutdruckregulation Z. ges. Inn. Med.; 22:201-206.
219. *Menzel W.* (1987): Clinical Roots of Biological Rhythm Research (Chronobiology). In: Hildebrandt G., Moog R., Raschke F., eds.: Chronobiology & Chronomedicine. Basic Research and Applications. Frankfurt am Main, etc.: Peter Lang, 277-287.
220. *Mikulecky J.M., Ondrejeka P.* (1993): Moon cycle and acute diarrheal infections in Bratislava 1988-1990. In: Gutenbrunner C., Hildebrandt G., Moog R., eds.: Chronobiology & Chronomedicine. Basic Research and Applications. Frankfurt am Main, etc.: Peter Lang, 356-360.
221. *Mikulecky M., Moravcikova G., Czanner S.* (1996): Lunisolar tidal waves, geomagnetic activity and epilepsy in the light of multivariate coherence. Brazilian Journal of Medical and Biological Research; 29:1069-1072.
222. *Millahn H.P.* (1962): Das Verhältnis von Pulsperiodendauer zur Dauer der arteriellen Grundschwingung bei Jugendlichen. Z. Kreislaufforsch.; 51:1151-1159.
223. *Millahn H.P., Eckermann P.* (1966): Das Verhältnis von Pulsperiodendauer zur Dauer der arteriellen Grundschwingung. Pflügers Arch. ges. Physiol.; 289:296.
224. *Minors D.S., Waterhouse J.M.* (1984): The use of constant routines in unmasking the endogenous component of human circadian rhythms. Chronobiol. International; 1:205-216.
225. *Minors D.S., Waterhouse J.M.* (1989): Masking in humans: the problem and some attempts to solve it. Chronobiol. International; 6:29-54.
226. *Minors D., Waterhouse J., Rietveld W.J.* (1996): Constant Routines and »Purification« Methods: Do They Measure the Same Thing? Biological Rhythm Research; 27:166-174.
227. *Miyakawa K., Koepchen H.P., Polosa C.* (1984): Mechanisms of blood pressure waves. Berlin, etc.: Springer.

228. *Mletzko H.G., Mletzko I.* (1977): Biorhythmik. Die neue Brehm-Bücherei (507). Wittenberg, Lutherstadt: A. Ziemsen.
229. *Mletzko I., Mletzko H.G.* (1985): Biorhythmik (Elementareinführung in die Chronobiologie). Wittenberg, Lutherstadt: A. Ziemsen.
230. *Moog R., Wendt H.W.* (1976): The factor analysis of the Horne-Östberg-Questionnaire. Unpublished manuscript.
231. *Moog R.* (1978): Entwicklung eines Fragebogens zur Bestimmung der individuellen circadianen Phasenlage. Deutsche Forschungsgemeinschaft, Arbeitsbericht des Sonderforschungbereiches 122 (Adaptation und Rehabilitation). Marburg/Lahn, 96-101.
232. *Moog R., Hauke P., Kittler H.* (1982): Interindividual differences in tolerance to shiftwork related to morningness-eveningness. In: Hildebrandt G., Hensel H., eds.: Biological Adaptation. Stuttgart, etc.: Thieme, 95-101.
233. *Moog R.* (1987): Disturbances of the circadian system due to masking effects. In: Rensing L., an der Heiden U., Mackey M.C., eds.: Temporal Disorder in the Human Oscillatory Systems. Berlin, etc.: Springer, 186-188.
234. *Moog R.* (1988): Die individuelle circadiane Phasenlage – Ein Prädiktor der Nacht- und Schichtarbeitstoleranz. Marburg/Lahn: Naturwiss. Inaug.-Diss.
235. *Moog R., Hildebrandt G.* (1989): Adaptation to shift work - experimental approaches with reduced masking effects. Chronobiology International; 6:65-75.
236. *Moog R., Hildebrandt G., Plamper H., Steffens B.* (1990): Circadian rhythms and circadian synchronisation in blind persons. In: Morgan E. Hrsg.: Chronobiology & Chronomedicine, Frankfurt am Main etc.: Peter Lang, 52-55.
237. *Moog R.* (1991): Morgentypen – Abendtypen. Münch. Med. Wschr.; 133:26-28.
238. *Moore J.G., Halberg F.* (1987): Circadian rhythm of gastric acid secretion in active duodenal ulcer: chronobiological statistical characteristics, a comparison of acid secretory and plasma gastrin patterns with healthy subjects and postvagotomy and pyloroplasty patients. Chronobiology Int.; 4:101-110.
239. *Moore J.G., Goo R.H.* (1987): Day and night aspirin induced gastric mucosal damage and protection by ranitidine in man. Chronobiol. Int.; 4:43-52.
240. *Morath M.* (1974): The four-hour feeding rhythm of the baby as a free running endogenously regulated rhythm. Int. J. Chronobiol.; 2:39-45.
241. *Morgan E.*, (ed.) (1990): Chronobiology & Chronomedicine. Basic Research and Applications. Frankfurt am Main: Peter Lang.
242. *Moser M., Lehofer M., Sedminek A., Lux M., Zapotoczky H.G., Kenner T., Noordergraaf A.* (1994): Heart rate variability as a prognostic tool in cardiology. Circulation; 90:1078-1082.
243. *Moser M., Lehofer M., Hildebrandt G., Voica M., Egner S., Kenner T.* (1995): Phase- and frequency coordination of cardiac and respiratory function. Biological Rhythm Research; 26:100-111.
244. *Moser M., Lehofer M., Hoehn-Saric R., Egner S., Voica M., Messerschmidt D., Zeiringer H., Kenner T.* (1996): Factors influencing cardiac vagal tone in depressed patients. Biological Psychiatry; 39:526.
245. *Östberg O.* (1976): Zur Typologie der circadianen Phasenlage. Ansätze zu einer praktischen Chronohygiene. In: Hildebrandt G. Hrsg.: Biologische Rhythmen und Arbeit. Wien, etc.: Springer, 117-137.
246. *Pauli R.* (1951): Der Pauli-Test. Seine sachgemässe Durchführung und Auswertung. München: Barth JA, 1-77.
247. *Pavlovic V.* (1983): Bioloska Ritmika. Sarajevo: »Svjetlost«, OOUR Zavod za udzbenike i nastavna sredstva.
248. *Penaz J.* (1970): The blood pressure control system: a critical and methodological introduction. In: Koster M., Mustaph H., Visser P., eds.: Psychosomatics in Essential Hypertension. Basel, etc.: Karger, 125-150.
249. *Penaz J.* (1978): Mayer waves: history and methodology. Automedica; 2:135-141.
250. *Pengelly E.T.* (1974): Circannual Clocks. Annual Biological Rhythms. New York, etc.: Academic Press.
251. *Portaluppi F., Smolensky M.H., eds.* (1996): Time dependent structure and control of arterial blood pressure. New York: The New York Academy of Sciences, 783.
252. *Pöllmann L.* (1974): Über den Tagesrhythmus der Schmerzempfindlichkeit der Zähne. Wehrmed. Mschr.; 18:142-144.
253. *Pöllmann L., Hildebrandt G.* (1979): Über tagesrhythmische Veränderungen der Placebowirkung auf die Schmerzschwelle gesunder Zähne. (Beitrag zu einer Physiologie der Placeboeffekte). Klin. Wschr.; 57:1312-1327.
254. *Pöllmann L.* (1980): Der Zahnschmerz – Chronobiologie, Beurteilung und Behandlung. München, etc.: Carl Hanser.
255. *Pöllmann L., Hildebrandt G.* (1982): Chronobiologie der Schmerzempfindung. Therapiewoche; 32:2214-2226.
256. *Pöllmann L., Hildebrandt G.* (1982): Long-term control of swelling after maxillo-facial surgery: A study of circaseptan reactive periodicity. Inter. J. Chronobiology; 8:105-114.
257. *Pöllmann L.* (1984): Chronobiologische Untersuchungen zur analgetischen und antiphlogistischen Wirkung verschiedener Präparate. Schmerz; 5:97-100.
258. *Pöllmann L.* (1985): Untersuchungen zum tagesrhythmisch gehäuften Auftreten von Kollapsepisoden bei Krankenhauspersonal. Verh. Dtsch. Ges. Arb.-Med.; 25:423-427.
259. *Pöllmann L., Hildebrandt G., Mehrhoff S., Schrage E.* (1986): Schmerzempfindlichkeit, Vigilanzleistungen und orthostatische Regulationen im Menstruationszyklus. In: Szadkowski D., Hrsg.: Verhandlungen der Dtsch.Ges.f.Arbeitsmedizin, Stuttgart: Gentner; 1:131-136.

260. *Prins J.de, Cornelissen G., Malbecq W.* (1986): Statistical procedures in chronobiology and chronopharmacology. In: Reinberg A., Smolensky M., Labrecque G., eds.: Annual Review of Chronopharmacology. Oxford, etc.: Pergamon Press; 2:27–141.
261. *Raschke F., Bockelbrink W., Hildebrandt G.* (1977): Spectral analysis of momentary heart rate for examination of recovery during night sleep. In: Koella P., Levin P., eds.: Sleep 1976. Proc. 3rd Europ. Congr. Sleep Res. Basel, etc.: Karger, 298–301.
262. *Raschke F.* (1981): Die Kopplung zwischen Herzschlag und Atmung beim Menschen. Marburg/Lahn: Humanbiol. Inaug.-Diss.
263. *Raschke F.* (1982): Analysis of the frequency and phase relationships of circulatory and respiratory rhythms during adaptive processes. In: Hildebrandt G., Hensel H., eds.: Biological Adaptation. Stuttgart, etc.: Thieme, 52–63.
264. *Raschke F., Drisch W., Hildebrandt G.* (1985): Untersuchungen zum Längsschnittverhalten der Herzperiodenvariabilität im Kurverlauf. Z. Phys. Med.; 14:308–309.
265. *Raschke F.* (1987): Various components of respiratory control during sleep, rest, and strain. In: Peter J.H., Podszus T., Wichert P.v., eds.: Sleep related disorders and internal diseases. Berlin, etc.: Springer, 83–88.
266. *Reiman H.A.* (1963): Periodic Disease. Philadelphia: F.A.Davis.
267. *Reinberg A., Halberg F.* (1971): Circadian Chronopharmacology. Ann. Rev. Pharmacol.; 11:455–492.
268. *Reinberg A., Smolensky M.H.* (1983): Biological rhythms and medicine. Cellular, metabolic, physiopathologic, and pharmacologic aspects. New York, etc.: Springer.
269. *Reiter R.J.*, ed. (1984): The Pineal Gland. New York: Raven Press.
270. *Rensing L., Hardeland R.* (1990): The cellular mechanism of circadian rhythms – a view on evidence, hypotheses, and problems. Chronobiol.International.; 7:353–370.
271. *Richter C.P.* (1960): Biological clocks in medicine and psychiatry: Shockphase Hypothesis. Proc. Nat. Acad. Sci.; 46:1506–1530.
272. *Richter C.P.* (1965): Biological clocks in medicine and psychiatry. Springfield, Illinois: Charles C. Thomas.
273. *Rieck A. (1973):* Tagesrhythmische Veränderungen des Beinvolumens bei orthostatischer Belastung unter Berücksichtigung des Blutdruck- und Pulsfrequenzverhaltens. Marburg/Lahn: Humanbiol. Inaug.-Diss.
274. *Rieck A., Kaspareit A., Hildebrandt G.* (1976): Zur Frage tagesrhythmischer Muskelkraftschwankungen. Verh. Dtsch. Ges. Arbeitsmed.; 15:359–363.
275. *Rieck A., Kaspareit A.* (1976): Zur Frage tagesrhythmischer Änderungen von maximaler Muskelkraft und Extremitätendurchblutung nach isometrischer Kontraktion. In: Hildebrandt G., (Hrsg.): Biologische Rhythmen und Arbeit. Wien, etc.: Springer, 21–29.
276. *Riemann D., Berger M.* (1990): The effects of total sleep deprivation and subsequent treatment with clomipramine on depressive symptoms and sleep electroencephalography in patients with a major depressive disorder. Acta Psychiatrica Scandinavica; 81(1):24–31.
277. *Rietveld W.J.* (1987): The central regulation of circadian rhythms. The story of the suprachiasmatic nucleus. In: Schuh J., Gattermann R., Romanov J.A., (eds.): Chronobiologie – Chronomedizin. III. DDR-UdSSR- Symposium. Wissenschaftl. Beiträge 1987/36 (P30). Halle (Saale): Martin-Luther-Universität Halle Wittenberg, 153–160.
278. *Roenneberg T., Morse D.* (1993): Two circadian oscillators in one cell. Nature; 362:362–364.
279. *Roenneberg T., Deng T.S., Eisensamer B., Mittag M., Neher I., Rehman J.* (1995): Zelluläre Mechanismen circadianer Uhren. WMW; 145:385–389.
280. *Rosenkranz K.A.* (1972): Behandlung sympathikotoner Fehlregulationen mit Visken. Münch. med. Wschr.; 114:1154–1158.
281. *Rosenthal N.E., Sack D.A., Carpenter C.J., Parry B.L., Mendelson W.B.* (1985): Antidepressant Effects of Light in Seasonal Affective Disorder. American Journal of Psychiatry; 142:163–169.
282. *Rosenthal N.E., Blehar M.C.*, eds. (1989): Seasonal affective disorders and phototherapy. New York: Guilford Press.
283. *Rosenthal N.E., Wehr T.A.* (1992): Towards understanding the mechanism of action of light in seasonal affectives disorder. Pharmacopsychiatry; 25:56–60.
284. *Rudder B.de.* (1952): Grundriß der Meteorobiologie des Menschen. Berlin, etc.: Springer.
285. *Rutenfranz J.* (1978): Arbeitsphysiologische Grundprobleme von Nacht- und Schichtarbeit. Rheinisch-Westfälische Akad. d.Wissenschaften. Vorträge N 275. Opladen: Westdeutscher; 7–50.
286. *Rüllmann.* (1997): Med. Inaug.-Diss. Marburg/Lahn (In Vorbereitung).
287. *Schandry R.* (1988): Lehrbuch der Psychophysiologie. München, etc.: Psychologie Verlag Union.
288. *Scheving L.E., Tsai T.H., Pauly J.E.* (1986): Chronotoxicology and Chronopharmacology with emphasis on carcinostatic agents. In: Reinberg A., Smolensky M., Labrecque G., eds. Annual Review of Chronopharmacology. Oxford: Pergamon Press, 2:177–197.
289. *Schneider H.* (1985): Morphology of Urinary Tract Concretions. In: Schneider H.J., Ed.: Urolithiasis, Etiology – Diagnosis. Berlin, etc.: Springer, 1–184.
290. *Schneider J., Goecke C., Zysno E.A., Hrsg.* (1988): Praxis der gynäkologischen Balneo- und Physiotherapie. Stuttgart: Hippokrates.
291. *Schnizer W., Erdl R.* (1984): Zur Objektivierung der Wirkung von Kohlensäurebädern auf die Mikrozirkulation der Haut mit einem Laser-Doppler- Flowmeter. Z. Phys. Med.; 13:38–41.

292. *Schuh J.* (1979): Relations of circadian and ultradian rhythms. Chronobiologia (Milano); 6:154.
293. *Schweiger H.G.* (1977): Die biologische Uhr, zirkadiane Organisation der Zelle. Arzneimittel-Forschung; 27:202-208.
294. *Schweiger H.G., Schweiger M.* (1977): Circadian rhythms in unicellular organisms: An endeavour to explain the molecular mechanism. Int. Rev. Cytol.; 51:315-342.
295. *Schweiger H.G., Berger S., Kretschmer H., Mörler H., Halberg E., Sothern R.B., Halberg F.* (1986): Evidence for a circaseptan and a circasemiseptan growth response to light/dark cycle shifts in nucleated and enucleated Acetabularia cells, respectively. Proc. Natl. Acad. Sci.; 83:8619-8623.
296. *Shannahoff-Khalsa D.* (1991): Lateralized rhythms of the central and autonomic nervous systems. International Journal of Psychophysiology; 11:225-251.
297. *Siegelová J., Fiser B., Dusek J., Al-Kubati M., Nekvasil R., Cornelissen G., Halberg F.* (1996): Blood pressure and heart rate coordination in newborns: circadian and circaseptan rhythms. In: Spontaneous motor activity as a diagnostic tool. Assessment of the young nervous system. (Poster) 11. - 18.09.1996 Graz, Austria.
298. *Simpson H.V., Griffiths K., Mutch F., Wilson D., Halberg F., Gautherie F.* (1981): A short history of breast thermorhythmometry. In: Proc. Int. Symp. Biomedical Thermology. Straßburg, France, June 30 - July 4, B15-B16.
299. *Simpson H.W., Pauson A., Cornelissen G.* (1989): The chronopathology of breast pre-cancer. Chronobiologia; 16(4):365-372.
300. *Simpson H.W., McArdle C., Pauson A.W., Hume P., Turkes A., Griffiths K.* (1995): A non-invasive test for the pre-cancerous breast. Eur. J. Cancer; 31A(11):1768-1772.
301. *Sinz R.* (1978): Zeitstrukturen und organismische Regulation. Berlin: Akademie-Verlag.
302. *Sinz R.* (1980): Chronopsychophysiologie. Berlin: Akademie-Verlag.
303. *Siuts S.* (1976): Die Beeinflussung der Koordination von Herzrhythmus und arterieller Grundschwingung durch β-Acetyl-Digoxin während einer 4-wöchigen aktivierenden Kneippkur. Marburg/Lahn: Med. Inaug.-Diss.
304. *Smolensky M.H., Halberg F., Sargent F.* (1972): Chronobiology of the life sequence. In: Itoh S., Ogata K., Yoshimura H., eds.: Advances in Climatic Physiology. Tokyo: Igaku Shoin, 281-318.
305. *Smolensky M.H.* (1983): Aspects of human chronopathology. In: Reinberg A., Smolensky M.H., eds.: Biological rhythms and medicine. Cellular, metabolic, physiopathologic, and pharmacologic aspects. New York, etc.: Springer, 131-209.
306. *Spieß H.* (1994): Chronobiologische Untersuchungen mit besonderer Berücksichtigung lunarer Rhythmen im biologisch-dynamischen Pflanzenbau. Darmstadt: Institut für Biologisch-Dynamische Forschung, Band 3.
307. *Stebel J.* (1993): Vegetative Rhythms and Perception of Time. In: Gutenbrunner C., Hildebrandt G., Moog R., eds.: Chronobiology & Chronomedicine. Basic Research and Applications. Frankfurt am Main, etc.: Peter Lang, 223-228.
308. *Steiner R.* (1922): Das Verhältnis der Sternenwelt zum Mensch und des Menschen zur Sternenwelt: Die geistige Kommunion der Menschheit. 10. Vortrag, 29. Dezember 1922. Dornach/Schweiz: Rudolf Steiner- Nachlassverwaltung, 148-161.
309. *Steingrüber H., Lienert G.* (1971): Hand Dominanz Test. Göttingen: Hogrefe.
310. *Storch J.* (1967): Methodische Grundlagen zur Bestimmung der Puls- Atem-Kopplung beim Menschen und ihr Verhalten im Nachtschlaf. Marburg/Lahn: Med. Inaug.-Diss.
311. *Strang P.H., Zipp H., Hildebrandt G.* (1977): Vergleichende Untersuchungen über die Beeinflussung von körperlicher Leistungsfähigkeit und Blutdruck bei Herzinfarktrekonvaleszenten durch passiv-balneologische und aktiv-trainierende Kurbehandlung. Z. angew. Bäder-und Klimaheilk.; 24:384-396.
312. *Strempel H.* (1976): Der Tagesgang der Cold-Pressure-Reaktion unter Ausschluß von Kältehabituation. Z. Phys. Med.; 5:37-41.
313. *Strempel H.* (1977): Circadian variations of epicritic and protopathic pain threshold. J. Interdiscipl. Cycle Res.; 8:276-278.
314. *Surowiak J., Lewandowski M.H.*, eds. (1991): Chronobiology & Chronomedicine. Basic Research and Applications. Frankfurt am Main: Peter Lang.
315. *Tafil-Klawe M., Hildebrandt G.* (1993): Do changes of microvascular flow of nasal mucosa play a role in occurence of the laterality rhythm of nasal breathing? In: Gutenbrunner C., Hildebrandt G., Moog R., eds.: Chronobiology and Chronomedicine. Basic Research and Application. Frankfurt am Main, etc.: Peter Lang, 320-324.
316. *Tarquini B., Vener K.J.* (1987): Temporal aspects of the pathophysiology of human ulcer disease. Chronobiology Int.; 4:75-89.
317. *Thiemann H.M.* (1994): Das Verhalten von Puls- und Atemfrequenz sowie des Puls-Atem-Quotienten im Schulalter. Marburg/Lahn: Med.Inaug.- Diss.
318. *Thomas L.* (1992): Labor und Diagnose. Marburg: Die Medizinische Verlagsgesellschaft.
319. *Tietze K.* (1953): Zur formalen Genese des 28-tägigen weiblichen generativen Rhythmus. Acta med. scand.; 278:147-149.
320. *Tiffeneau R., Pinelli A.* (1948): Regulation bronchique de la ventilation pulmonaire. J. franc. Med.Chir. thor.; 3.:221-224.
321. *Touitou Y., Haus E.* (1992): Biologic Rhythms in Clinical and Laboratory Medicine. Berlin, etc.: Springer.
322. *Trageser K., Weckenmann M.* (1987): Periodic course of body temperature and pulse-respiration frequency ratio during clinical treatment. In: Hildebrandt G., Moog R., Raschke F., eds.: Chronobiology and Chronomedicine. Frankfurt am Main, etc.: Peter Lang, 387-391.

323. *Uezono K., Bothmann M., Hildebrandt G., Moog R., Kawasaki T.* (1993): Evaluation of the spontaneous variations of cardiovascular variables. In: Gutenbrunner C., Hildebrandt G., Moog R., eds.: Chronobiology and Chronomedicine. Basic Research and Applications. Frankfurt am Main etc.: Peter Lang, 247-253.
324. *Undt W.* (1976): Wochenperioden der Arbeitsunfallhäufigkeit im Vergleich mit Wochenperioden von Herzmuskelinfarkt, Selbstmord und täglicher Sterbeziffer. In: Hildebrandt G., Hrsg.: Biologische Rhythmen und Arbeit. Wien, etc.: Springer, 73-79.
325. *Vauti F., Moser M., Pinter H., Kenner T.* (1985): Day course of blood and plasma density in relation to other hematological parameters. The Physiologist; 28(4):171.
326. *Vecchi A. de, et al.* (1979): Circaseptan (about 7-days) rhythms in human kidney allograft rejection in different geographic locations. In: Reinberg A., Halberg F., eds.: Chronopharmacology. Oxford, etc.: Pergamon Press, 193-202.
327. *Vester F.* (1978): Die Welt, ein vernetztes System. München: DTV.
328. *Voigt E.D., Engel P., Klein H.* (1968): Über den Tagesgang der körperlichen Leistungsfähigkeit. Int. Z. angew. Physiol. einschl. Arbeitsphysiol.; 25:1-12.
329. *Wagner T.O.F., Filicori M. eds.* (1987): Episodic Hormone Secretion: From Basic Science to Clinical Application. Hameln: TM-Verlag.
330. *Wahlund H.* (1948): Determination of the Physical Working Capacity. Acta Med. Scand, 1-78.
331. *Waldhauser F., Steger H.* (1987): Physiology of Melatonin Secretion in Man. In: Wagner T.O.F., Filicori M., eds. Episodic Hormone Secretion: From Basic Science to Clinical Application. Hameln: TM-Verlag, 105-112.
332. *Weckenmann M.* (1973): Über die regulative Wirkung eines Pflanzenextraktes auf die Orthostase. Ärztl. Praxis; 25:1453-1456.
333. *Weckenmann M., Stegmaier J.* (1990): Das Verhalten der Körpertemperatur nach Injektion von Extrakten von Viscum album L. Therapeuticon; 4:46-56.
334. *Weckenmann M., Stegmaier J., Rauch E.* (1993): On the spectrum of the reactive periods studied in patients treated with a cyclic design of pyrogenous drugs. In: Gutenbrunner C., Hildebrandt G., Moog R., eds.: Chronobiology and Chronomedicine. Basic Research and Application. Frankfurt am Main, etc.: Peter Lang, 469-472.
335. *Weh W.* (1973): Tageszeitliche Wirkungsunterschiede des Obergusses nach Kneipp. Ein Beitrag zur Tagesrhythmik der Thermoregulation. Marburg/Lahn: Med. Inaug.-Diss.
336. *Weinsheimer W., Reischl U.* (1996): Wirbelsäulen-Elastizitäts-Modul (WEM). Die Elastizität der Wirbelsäule als quantitativer Parameter bei kontrollierter Belastung und Entlastung. In: Verh. Dtsch. Ges. für Arbeitsmedizin und Umweltmedizin e.V.; 36:129-134.
337. *Wend G., Binz U.* (1984): Die KUSTA (Kurz-Skala-Stimmung- Aktivierung) als Instrument zur Einzelverlaufsbeobachtung bei depressiven Patienten. In: Wolfersdorf M., Straub R., Hole G., Hrg.: Depressive Kranke in der Psychiatrischen Klinik. Regensburg: Roderer, 250-260.
338. *Wendt H.W., Ritter H.R.* (1977): Einige Probleme bei der Erfassung der circadianen Phasenlage aus Verhaltensinventaren und subjektiven Indikatoren. DFG-Kolloquium des Sonderforschungsbereiches 122; 5:37.
339. *Werntz D.A., Bickford R.G., Bloom F.E., Shanahoff-Khalsa D.S.* (1983): Alternating cerebral hemispheric activity and the lateralization of autonomic nervous function. Hum. Neurobiol., Springer, 2(1): 39-43.
340. *Wetterberg L.* (1994): Light and biological rhythm. J. Int. Med.; 235:5-19.
341. *Wetterer E., Kenner T.* (1968): Grundlagen der Dynamik des Arteriensystems. Berlin, etc.: Springer.
342. *Wever R.* (1979): The Circadian System of Man. Berlin, etc.: Springer.
343. *Wever R.A., Polasek J., Wildgruber C.M.* (1983): Bright Light Affects Human Circadian Rhythm. Pflüg.Arch.Eur.J.Physiol.; 396(1):85-87.
344. *Wever R.A.* (1985): Internal interactions within the human circadian system: the masking effect. Experientia; 41:85-87.
345. *Winfree A.T.* (1980): The Geometry of Biological Time. New York, etc.: Springer.
346. *Wojtczak-Jaroszowa J., Banaszkiewicz A.* (1974): Physical working capacity during the day and night. Ergonomics; 17:193-198.
347. *Wylicil P., Weber J.M.* (1969): Circadianrhythmus des Bronchialwiderstandes. Med. Welt; 2:2183-2187.
348. *Zeising M.* (1982): Autogenes Training und reaktiver Kurprozess. Med.Inaug.-Diss. Marburg/Lahn.
349. *Zulley J.* (1993): Schlafen und Wachen. Ein Grundrhythmus des Lebens. In: Held M., Geißler K.A., Hrsg.:Ökologie der Zeit. Vom Finden der rechten Zeitmaße. Edition Universitas. Stuttgart: S. Hirzel, Wissenschaftliche Verlagsanstalt, 53-61.
350. *Zulley J., Berger M. Peter J.H., Clarenbach P.* (Hrsg.) (1995): Chronobiologische Grundlagen der Schlafmedizin. WMW; 145:383-532.
351. *Zulley J., Crönlein T., Hell W., Langwieder K.* (1995). Einschlafen am Steuer: Hauptursache schwerer Verkehrsunfälle. WMW; 145:473.

Sachverzeichnis

Abbaugeschwindigkeit 37
Abendtraining 89
Abendtypen 23, 43f., 92
Abkühlung 107
absolute und relative Koordination 28, 48
Abstoßungsreaktionen 119f.
Abwehrlage 17
Abwehrreaktion, immunologische 32
Acetylcholin 36
Adaptation 113
-, funktionelle 114
adaptive funktionelle therapeutische Prozesse 115
- Kapazitätssteigerung 113
- Kompensationsleistung 68
- Normalisierung 42
- Reaktionen 51
- Rhythmen 12
- Umstellungen der zirkadianen Phasenlage 66
adrenerger Antrieb 96
Affen 19
Agitiertheit 58
Akklimatisationskrisen 31
akrale Hauttemperatur 116
- Wiedererwärmungszeit 56, 64, 71
Akrophase 47f.
Aktionsrhythmen, motorische 5
Aktivierung rheumatischer Prozesse 116
Aktivitätsrhythmus 22
Aktivitätszyklus, ultradianer 103
akustische Reaktionszeit 88
Algen 66
Alkohol 37
allergische Reaktionen 36
Alpha-Wellen, im EEG 28, 102
- -, Amplitude 115
Alter 21
alveolarer CO2-Partialdruck 78
Amplitude 47f., 113
Amplituden-Frequenz-Produkt 72ff.
Amplitudenabflachung 44
Änderung der Lebensweise 66
Anfälligkeit 17
Anpassungsfähigkeit 17, 32
Anpassungsreaktionen, zirkadiane 43
Anspannungszeit 77
antidiuretische Phase der Nacht 82
Antrieb 93, 95

-, adrenerger 96
apoplektischer Insult 61, 119
Äquatorialbereich 16
Arbeitskapazität 87
-, muskuläre 88
Arbeitsrhythmen 25, 50
Arbeitsunfälle 67
Arbeitszeit, gleitende 45
Arrhythmie, respiratorische 109
arterielle Grundschwingung 31, 111
- Grundschwingungsdauer 41, 43, 111f.
- Resonanzschwingung (Grundschwingung), Herzrhythmus und 43
Arteriensystem Herz-Fuß 111
Aschoff'sche Regel 20
Asthmaanfälle 5, 31, 77
Atem-Strömungswiderstand (Bronchialwiderstand) 78
Atemexkursionen, Beobachtung 107
Atemfrequenz 52f., 76, 101, 107,
-, längerwellige Modulation 107
-, Tagesgang 73
-, Variabilität 73f.
Atemkoppelung, Puls- 110
Atemrhythmus 27, 42, 50, 106, 111
Atemstoß 76
Atemwegserkrankungen, obstruktive 77
Atmung 11, 25, 97, 106, 108
-, Strömungswiderstand 107
Atmungsfunktion 73
Aufheizung 69
Aufheizungsphase 70
Aufheizungssituation 68
Auflösung zeitlicher Ordnungen 35
Auflösungsvermögen, räumliches 92, 94
Aufmerksamkeit 91
Aufmerksamkeitstest 55
Aufnahme 70, 80
Aufstehen, Herzfrequenzsteigerung 73
Aufwachzeitpunkte 40
Auge-Hand-Koordination 55
Ausatmungskapazität, zeitbezogene 76
Ausatmungsstromstärke, maximale 76
Ausdauertrainingseffekt 89
Ausscheidung 37
äußere Zeitgeber 8
Austreibungszeit 75

Auswertung 59
Autokorrelation 59f.
automatische Blutdruckmeßgeräte 105
autonom geschützte Reserve 87
autonome Frequenzzordnung (Koordination) 97
- Phasenordnung (Koordination) 97
- Rhythmen (Endo-Rhythmen) 24
Autonomie 8, 12f.
Autorhythmometrie 5

Bäderkur 41f.
basale Schlafpulsfrequenz 116
basaler Aktivitätsrhythmus (Basic Rest-Activity Cycle (BRAC)) 50, 101
- pH-Wert 79
- pH-Wert im Magen 81
Bauch-Koliken 105
Bäume, Jahresgänge der 52
Beantwortung von Warmreizen 70
Befinden, subjektives 64
Befindensbesserung 38
Befindensparameter 117
Befunde 14
Beinvolumenzunahme 75
Belastung, orthostatische 73, 90
-, ergometrische 87
Beleuchtung, künstliche 43
Belichtungsrhythmus 61
Belichtungszyklus 20
Betäubung, örtliche 37
Bettruhe 49
Bewegungsrhythmen 25
Bienen 23f.
Bindegewebsturgor 89ff.
biochemisches Gewebemilieu 42
Biochronometrie 21
Biofeedback 42
biologische Zeit 5
-, Zeitmessung 21
-, Rhythmen, periodisches System 122
- -, Entstehung 13
- -, Kenngrößen zur Beschreibung 47f.
- -, Spektrum 9
- -, Umweltbeziehungen 12
- -, Wochenrhythmus 66
biologisches Jahr 17, 62f.
biphasisches Muster 101
Blattbewegung 22, 24
Blinde 39f.
Blumenuhr 7ff.

Blut 84
Blutbildung 17
Blutdichte 55, 86
Blutdruck 34, 53, 70, 72f., 106, 109
- bei Neugeborenen 34
-, 10-Sekunden-Rhythmus 105f.
-, diastolisch 74
-, systolisch 64, 74
Blutdruckamplitude 64, 7f.
Blutdruckmessung 53, 105
Blutdruckreaktion 56
Blutdruckrhythmus 27, 42, 106, 108
Blutzellzählung 55
Blutzuckergehalt 34
Bohne (Phaseolus coccineus) 22
BRAC-Cycle, basaler Aktivitätsrhythmus 50
brochospastische Zustände 77
Bronchialkonstriktion 36
Bronchialobstruktion 78
Bronchialweite 77
Bronchialwiderstand 77f.
Brunst 16f.
Buchfinken 23

Calcium-Konzentration 83
Carcinom 38
chronische Krankheiten 33
Chronobiologie, Geschichte 7
chronobiologische Meßreihen, Methodik 49
Chronogramme 59
Chronohygiene 35, 43, 123
Chronome 7, 9
Chronomedizin 17, 30, 34
chronomedizinische Untersuchungsmethoden 47
Chronopathologie 30
Chronopharmakologie 36f.
Chronotherapie 21, 35
Chronotoxikologie 36f.
Circadiane Untersuchungen 49
Circadianer Rhythmus, Submultiple 98, 114
Clunio 18
CO$_2$-Bäderkur 41f.
- Partialdruck 78
- -, alveolärer 78
Cold-Pressure-Reaktion 71
control days 49
Cortisol 57, 96
Cortisolgehalt 54
Cortison 37
Cosinor-Anpassung 59f.

Dämmerungsphase 21
Darmentleerung 82
Dauerleistungsfähigkeit, muskuläre 90
Defäkationsfrequenz 81, 82
Defäkationstermine 81, 82
Denken, systemisches 6
Depression 30, 39
Desmodium gyrans 24
Desynchronisation 21, 44
Diabetes 33
Diagnostik 34
–, funktionelle 13
Diapause 16
Diarrhoe, infektiöse 65
diätetische Therapie 82
dikrote Welle 111
Dilation 81
Diphterie 31
DNA-Synthese 33
Doppelamplitude 47f.
dosierte Testbelastungen 34
Drahtstärken-Paarvergleichstest 93
Druckanstiegszeit 75
Druckprodukt 72f.
Düker-Test 59, 92
Durchblutung 26, 107
–, zentrale 92
Durchblutungsasymmetrie 25
Durchblutungsdifferenzen 98
Durchblutungsmessungen 104
dynamische Reaktion 70
– Stoffwechselsteigerung 79
– Wirkung 79

EEG 28, 97
–, Alpha-Wellen 102
–, Schlaf 101
Eichkonstanz 49
Eigenfrequenz 20
eingeleitete Geburten 96
eingeleiteter Weheneinsatz 96
eingestreute Nachtschichten 43
Eingriffe, hormonelle 35
–, operative 118
Einschlaflatenz 101
Einschlafzeitpunkte 40
eitrige Zahnerkrankungen 116
Eiweiße 11
Eiweißgehalt 79
EKG, Langzeit- 34
elektrische Leitfähigkeit 79, 80
Elektroenzephalogramm 9, 28, 97
elektroenzephalographische Schlafstadien 102
Elektrolytgehalt 54, 82
Elektrolythaushalt 82
elektromagnetische Schwingungen 20
Elektromyogramm 102
Elektrookulogramm 102
Emanzipation des Menschen 35
–, zeitliche 12f., 33, 43, 123

Empfindlichkeit der Zähne, taktile 93f.
– des Organismus gegenüber dem Zeitgeberreiz 21
– gegen thermische Reize 56
–, thermische 37
Empfindlichkeitsschwankungen 37
Endo-Rhythmen 12, 24
endogene Jahres-Rhythmik 16
– Zeitstruktur 113
Energieeinsparung, myokardiale 43
Energiespeicher 20
Energieumsatz, Ruhe- 80
Entspannung 58
Entstehung biologischer Rhythmen 13
Entwärmung 69
Entwärmungsphase 68, 70
Enzymaktivität 16
Eosinophile 115
epikritisch 57
epikritische (Nadelstich-) Schmerzschwelle 92, 94
– Schmerzempfindlichkeit 58, 94
Epiphyse 20, 42
Episode 96
erdmagnetisches Feld 18, 20
Erdrotation 19
Ergebnisse 61
Ergometertraining 41f.
ergometrische Belastungen 87
Ergophase 72f., 84
ergotrope Phase 71, 79
– Reagibilität 39
– Tageshälfte 73
Ergotropie 17, 34
Erholung 97, 113
–, lokale 114
–, zentral koordinierte 114
Erholungsdefizit 90
Erholungsprozesse, funktionelle 32
Erkrankungen, psychiatrische 61
Ernährung 97
Ersatzzeitgeber 39
Erythropoiese 90
erythropoietische Reaktion 90
Erythrozytenzahl 84f., 89
Exo-Endo-Rhythmen 12, 15
– Rhythmen 12, 14, 16
Exspirationsstromstärke, maximale 53, 77f.
Exspiratory Peak Flow 78
Extinktion 82
Extremauslenkung, krisenhafte 118
Extremitäten 68

Fahrradergometer 87
Farbempfindlichkeitsmaximum 18
Feld, erdmagnetisches 18, 20
Fellwachstum 16
FEV 53
Fieber, Scharlach 33

–, Verlauf 117f.
Fingerergometer 88, 90
Fingerzählen 55
Fische, Flossenmotorik der 28
Flimmerepithelien 9
Flossenmotorik der Fische 28
Flugreisen 21, 35
Flugzeugbesatzungen 43f.
Flüssigkeitszufuhr 51, 79, 82
Formale Unterschiede der Rhythmen 11
Formfaktor 47, 59
Fortpflanzung 21
Fortpflanzungsrhythmen, lunare 18
fötale Herzaktionen 27
Fouriertransformation 60
Fragebogenmethoden 52
Frequenz 47
– des Herzrhythmus 111
– und Phasenkoordination 12, 30, 34, 42, 107
Frequenzabstimmung zwischen Puls- und Atemrhythmus 76
–, harmonische 25
Frequenzanalyse 109
Frequenzbeziehungen, ganzzahlige 101
Frequenzdemultiplikation 98
Frequenzkonstanz 10
Frequenzkoordination 24, 98
Frequenzmodulation 10, 28, 97, 98
Frequenzmultiplikation 44f., 98, 113
Frequenznormen 12
Frequenzordnung 25
— der ultradianen Rhythmen 107
Frequenzprodukt 72f.
Frequenzproportionen, ganzzahlig-harmonische 24
Frequenzsprünge 98
Frequenzverhältnisse, harmonische 113
Frontzähne 93
Fruchtbarkeitsrhythmus 10
Frühgeborene 66
Frühjahrrelation 18
Frühjahrsmüdigkeit 18
Frühtraining 89
funktionell-adaptive therapeutische Prozesse 115
funktionelle Adaptation 114
– Diagnostik 13
– Erholungsprozesse 32
– Kreislaufstörungen 111
Funktionen, immunologische 118
–, Koordination rhythmischer 7
Funktionsdiagnostik, individuelle 121
Funktionskapazität, aktuelle 113
Funktionsökonomie 76, 111, 113

Funktionsordnung, rhythmische 9, 25
Fuß 69
Futterangebot 20
Fütterungsintervalle 100

Galle, Chronobiologie der 82
Gallenblase, Ruhefüllung der 82
Gallenblasendilatation 81
Gallenblasenkontraktion 81
Gallenblasenvolumen 81
Gallenfunktion 82
Gallensekretion 7
Gangart 28
Gangrhythmus 25, 50
ganzzahlig-harmonische Frequenzproportionen 24, 98, 101
Geburt 31
– (eingeleitet) 96
– (natürlich) 96
Geburtenhäufigkeit 61, 96f.
Geburtsgewicht 61
Gehen 108
Gelenkssteifigkeit 91
Gelenkstiefe 89
Gelenkumfang 89, 91
Genauigkeit 94
Generationswechsel 16
genetische Fixierung 21
Genom 9
Geräusche 20
Gesamtumschaltung, vegetative 67, 87, 115, 118
Geschichte der Chronobiologie 7
Geschlechtätigkeit 17
Geschwindigkeit 94
gesunde Erwachsene 112
Gesundheitserziehung 35
Gewebemilieu, biochemisches 42
Gewicht des Harns, spezifisches 54, 82
Gewichtsentwicklung 80
Gewichtsreduktion 37
Gewichtszunahme 38
Gezeitenrhythmus 18f.
Gifte 37
glatte Muskulatur 25
glattmuskuläre Organe, 1-min-Rhythmus 25
glattmuskuläres System 104
Gleichgewicht, vegetatives 122
gleitende Arbeitszeit 45
Glykogenspeicherung 7
Gravitation des Mondes 19
Greifkraftmessung 55
Grundschwingung, arterielle 31, 111
Grundschwingungsdauer, Verhältnis von Herzperiodendauer und 111
–, arterielle 41, 111
Grundumsatz 116f.
Grunionfisch 18
Guppy 18

Haarbalg 104
Haarkleidwechsel 21

Sachverzeichnis

Halbwertszeit der akralen Wiedererwärmung 71
Hämatokrit 55, 84f.
Hämoglobin 85
- Konzentration 55, 84, 89
Hand 69
- Auge Koordination 55
- Dominanz-Test 55
Handdynamometer 55
Handgeschicklichkeit 55
Handkraft, maximale 64
harmonische Frequenzabstimmung 24f., 113
- Frequenzbeziehung von Wochen- und Monatsrhythmus 66
- Proportionen 122
Harn-pH 83
Harnausscheidung 54, 82
Harnextinktion 82
Harnkonkremente, Wachstum 83
Harnmenge 54, 82f.
Harnparameter 54
Harnsäure-Konzentration 83
Harnsäureausscheidung 18, 65
Harnsäuregehalt 54
Harnstein 83
Harnsteinbildung 82
Harnsteinprophylaxe und -metaphylaxe 83
Häufigkeitmaxima, kritische 115
Haut 104
-, Stichempfindlichkeit 94
- Kaltschmerz 94
Hautdurchblutung 68f., 71
Hautgefäße, Vasomotionsrhythmus 106
Hautirritation 5
Hautmuskulatur 104
Hauttemperatur 53, 68
-, akrale 116
-, mittlere 53
Hautwiderstandsänderung 57
Helligkeitsempfindlichkeit, spektrale 18, 65
Hemisphärenseitigkeit 56
Herz-Kreislauffunktionen 70
- Kreislaufstörungen 33
- Minuten-Volumen 117
-, Sauerstoffverbrauch 72
- und Atemrhythmus, Phasenkoppelung 31, 42, 108
Herzaktionen, fötale 27
-, mütterliche 27
Herzfrequenz 75, 107, 117
Herzfrequenzmodulation 27
Herzfrequenzsteigerung nach Aufstehen 73
Herzfrequenzvariabilität 109, 111
Herzfrequenzverlauf 109
Herzinfarkt 5, 30ff., 61, 67, 119
Herzminutenvolumen 73f.
-, orthostatische Veränderung 75
Herzperiodendauer 41

Herzrhythmus 50, 27, 109, 111
- und arterielle Resonanzschwingung (Grundschwingung) 43
Herzrhythmusstörungen 34
Herzstoffwechsel 72
Hirnleistung 92
Hochgebirgsklima 41f.
Homöodynamik 70, 121
Homöostase 70
hormonale Faktoren 13
hormonaler Status 96
hormonelle Eingriffe 35
Hormone 37
Hormongehalt 34, 96
- im Speichel 54
Hydrämie, nächtliche 84

I-S-T 60 59
immunologische Abwehrreaktion 32
- Funktionen 117
- Immunsystem 31, 42
individuelle Funktionsdiagnostik 121
- Niveaus 93
- Tagesverläufe 73
- Zyklusdauer 65
Infarktkranke 90
Infektionsanfälligkeit 18
Infektionskrankheiten 32, 61, 117
infektiöse Diarrhoe 65
Informationsrhythmik des Nervensystems 28
Informationssystem 4, 97
-, reaktive Perioden 114
-, Rhythmen 4, 51, 61
innere Uhr 7, 13, 21f.
- Unruhe 58, 93
Inspiration 110
Inspirationsbeginn 26
Insulin 37
Insult, apoplektischer 61, 118
Intensivierung der Koordination während Trophotropie 111
interindividuelle Unterschiede 43
interne Desynchronisation 44
Intervalle zwischen selbst verlangten Mahlzeiten bei Säuglingen 100
Intervalltraining 113
isometrische Maximalkraft 87f.
isometrisches Muskeltraining 90

Jahr, biologisches 17, 63
Jahres-Rhythmik, endogene 16
Jahresgänge der Bäume 52
Jahresmaxima 61, 63
Jahresminima 61, 63
Jahresrhythmik 16, 31, 33, 37f., 43, 61
jahresrhythmische Messungen 51
Jahresrhythmus, biologischer 62
jet lag 44

Kallikrein 96
Kaltempfindungsschwelle 64
Kälteschmerz 58
Kaltreizempfindlichkeit 36, 56, 70, 93
Kaltreiznutzzeit 58, 95
- des Zahnschmerzes 103
Kaltschmerz, Haut 94
Kapazität, organische 113
Kapazitätssteigerung, adaptive 113
Kapazitätsverhältnisse 25
Kapillarblutentnahmen 55
Katecholamine 54
Kauen 108
Keimdrüsenentwicklung 21
Keimfähigkeit 16
Kenngrößen zur Beschreibung biologischer Rhythmen 47f.
Kippschwingung 11, 47
Kipptischexperimente 72
Klimatisierung 43
Klopfen 108
Koaktionslage 106
Koinzidenzgipfel 27
kolikartige Schmerzattacken 105
Kollapshäufigkeit 72
Kompaßpflanzen 14
Kompensationsleistung, adaptive 68
kompensatorische Reaktionsweise 67
- Wachstumsreaktionen 32
Konvergenz, nächtliche 73
Konzentration, Hämoglobin 55, 84, 89
-, Harnsäure 83
Konzentrations- und Aufmerksamkeitstest 55
Koordination 24f., 107
-, absolute 28, 48
-, Auge- 55
-, Hand- 55
-, motorische 92
-, relative 28, 48, 106
-, rhythmischer Funktionen 7
-, sensomotorische 91
Kopf 68
Kopfuhr 24
Körpergewicht 42, 54, 64, 79
Körpergröße 54, 89f.
Körperkern 68
Körperkerntemperatur 50
körperliche Leistungsfähigkeit 38, 87, 89, 90, 117f.
Körpertemperatur 23, 45, 51f., 68
Krabben 19
Kraftzuwachs 90
Krankenhausstatistik 51
Krankheiten, chronische 33
-, periodische 32
Krankheitsanfälligkeit 31, 65
Krankheitsbeginn 31
Krankheitshäufigkeit 31
Krebs 30, 33
Kreislauf 11, 17, 25, 97

Kreislaufbehandlung, trainierende 37
Kreislaufdynamik 72
Kreislauffunktionen 70
Kreislaufleistung 72
Kreislaufregulation, orthostatische 72
Kreislaufregulationsstörung 31, 33, 111f.
Kreislaufstörungen 33
Kreuzkorrelation 59
Kreuzungsversuche 21
Krise des 3. Tages 68
krisenhafte Extremauslenkung 117
kritische Häufigkeitmaxima 115
künstliche Beleuchtung 43
- Melatoninzufuhr 42
Kur- und Akklimatisationskrisen 31, 115
Kurbehandlung 31, 33, 37, 41, 67, 115f.
Kurpatienten 38
Kurverläufe, periodische 116f.
Kurztagspflanzen 15
Kurzzeitgedächtnis 59
KUSTA 58

Labyrinthtest 56, 92, 94
Laktoferrin 96
Lang- und Kurztagspflanzen 15
Längsschnittsbeobachtungen 115
Langtagseffekte 24
Langzeit-EKG 34
Langzeiteffekte 37
Laser-Doppler-Flowmeter 107
Laufbandergometer 90
Lebensweise 35
-, Änderung 66
-, rhythmusgerechte 43
Lehre, medizinisch-biologische 1
Leistung, sensomotorische 92
Leistungsbeanspruchung 13
Leistungsbereitschaft 58
-, psychische 87, 90f.
Leistungsfähigkeit 17, 21, 31
- (W 130) 90
-, körperliche 38, 87, 89f., 117
-, Maximum der 87
Leistungssportler 112
Leitfähigkeit, elektrische 79f.
Leitparameter 68
Lerneffekt 55
Leucozytenzahl 84f.
Licht 39
Lichtapplikation 39
Lichttherapie 39
Lichtwechselperiodik 16
Lidschlagrhythmus 108
Linealfalltest 55, 91, 94
lohnende Pause 113
Lokalanästhesie 36, 93
Lokalanästhetikum 95
lokale Erholung 114

lunare Fortpflanzungsrhythmen 18, 64f.
Lunarperiodik 19
lunarperiodische Synchronisation 18
lunarrhythmische Schwankungen beim Mann 65
Lunarrhythmus 31
lundiane Rhythmik 19
Lungenödem 31
Lurche 16

Magenperistaltik 108
-, Rhythmus der 25
Magensäuresekretion 79, 81
Magnesium-Konzentration 83
Magneteffekte 24
Mahlzeiten, selbst verlangte 99
Malaria 32
Maschinenunfälle 67
Masern 62
maskierender Einfluß 97
Maskierung 49f., 66, 70f., 98
maskierungsarme Untersuchung 79
mathematische Methoden 60
maximale Ausatmungsstromstärke 53, 76ff.
- Handkraft 64
- Muskelkraft 55, 89
Maximalkraft, isometrische 87f.
Maximum an Reaktionsbereitschaft 39
- der Leistungsfähigkeit 87
- der Trophotropie 77
- Expiratory Volume 53
Medikamente 36, 93
medikamentöse Maßnahmen 111
- - zur Schmerzstillung 93
Medizin, praktische 34
Meerschweinchen 104
Melatonin 20, 42
Melatoninfreisetzung 16
Melatoningabe 44
Melatoningehalt 54
Melatoninzufuhr, künstliche 42
Membranprozesse 14
Menarche 18, 65
Mensch 13, 17
-, Emanzipation des 35
Menstruationsrhythmus 18f., 31, 37, 43, 51, 64f.
Merkfähigkeit 92
Mesor 47f.
Meßgrößen, physiologische 52
-, psychophysiologische 55
-, psychophysische 106
Messungen, jahresrhythmische 51
Meßverfahren 52
Methoden, mathematische 60
Methodik chronobiologischer Meßreihen 49
methodische Streuung 49
Mindestruhezeit 51

Minutenrhythmik 27, 42, 104, 108
minutenrhythmische Schwankungen 26
Minuten-Rhythmus glattmuskulärer Organe 25
Minutenvolumen 72, 75
Mißbildungsrate 61
Mitauftreten multipler und submultipler Frequenzen 68
Mitnahmebereich (Ziehbereich) 20
Mitochondrienstruktur 20
Mittagsschlaf 91
Mittagssenke 92
Mittagstraining 89
Mittlere akrale Wiedererwärmungszeit 71
- Hauttemperatur 53
Modulation 111
Mond, Gravitation 19
- und Gezeitenrhythmen 18
Mondlicht 18
Mondrhythmen, siderische 19
Mondumlauf, synodischer 18
Montag 66
Morgentypen 23f., 43f., 92
Motilitätsrhythmen 104
motorische Aktionsrhythmen 5
- Koordinationsleistung 92
- Rhythmen 108
Müdigkeit 91
multiple Perioden 68, 113
Mumps 62
Muskeldurchblutung 71
Muskelkraft 87
-, maximale 55, 89
Muskeltraining 89
-, isometrisches 90
muskuläre Arbeitskapazität 88
- Dauerleistungsfähigkeit 90
Muskulatur 25, 104
Muster, biphasisches 101
-, monophasisches 101
-, polyphasisches 101
mütterliche Herzaktionen 27
myokardiale Energieeinsparung 43

Nachtarbeit 35, 42ff., 90, 122
Nachthelligkeit 18
Nachthormon 42
nächtliche Hydrämie 84
- Konvergenz 73
- Rektaltemperaturminima 40
Nachtschichten, eingestreute 43
Nachtschichttoleranz 44
Nachtschlaf 107
Nachtschlafentzug 39
Nadelstich-Test 94
Nahrung als Zeitgeber 79
Nahrungsaufnahme 79f.
-, rhythmische 43
Nahrungsverlangen, Rhythmus 25

-, spontanes 115
Naps 91
Narkose 37
Nasenatmung 25
-, rhythmischer Seitigkeitswechsel der 50
-, Rhythmus der 92
-, Seitenwechsel der 98, 100
-, Seitigkeit der 54
Naseneingang, Temperaturumschlag im 107
Nasenraum, Schwellkörper 98
Nasenseitigkeit 98f.
Nasymmeter 54
natürliche Geburt 96
Nebenwirkungen 37
Nephritis, Scharlach- 117
Nervenaktionsrhythmus 9
Nervensystem 11, 97
-, Informationsrhythmus 28
Nervosität 59, 93, 95, 96
Netzhaut 20
Netzhautbelichtung 16
Neugeborene, Blutdruck 21, 34, 66, 99
Neurotizismus 21
Nierenfunktion 82
Nierenkranke 30
Nierentransplantation 118
Niesen, repetitives 108
Norm 34
Normalisierung 77
-, adaptive 42
Notordnung, zeitliche 113
Novalgin 36, 93, 95
Nucleus suprachiasmaticus 8, 20, 42
O2-Aufnahme 70, 80
obstruktive Atemwegserkrankungen 77
operative Eingriffe 119
Ordnung, phylogenetische 13
organische Kapazität 113
Organismus, Empfindlichkeit gegenüber dem Zeitgeberreiz 21
-, Zeitgestalt 3
Organtransplantationen 118
Orthostase-Quotient 75
orthostatische Belastung 73, 90
- Hf-Steigerung 76
- Kreislaufregulation 72
- Veränderung des Herzminutenvolumens 75
Oszillator 91
Otitis, Scharlach- 117
Ovulationshemmer 65
Ovulationszyklen 19

P-Q-Zeit 75
Paarvergleichstest, Drahtstärken 93
Palolowurm 18
Parameter, vigilanzabhängige 50
Parotisdrüse 54
Partialdruck 78
Patienten, Tagebuchaufzeichnungen der 115
Pauli-Test 59

peak flow 53
Pedaltreten 108
Pendelschwingung 11, 47
Perioden, infradiane 114
-, multiple 113
-, reaktive 31f., 51, 68, 99, 113f., 122
-, submultiple 113, 84
-, ultradiane 21, 25, 32, 93, 114f.
-, zirkaseptane 21, 31, 118
Periodendauer 4, 9f., 19, 25, 32, 47f., 98, 104f., 111, 113f.
- der Vasomotionsrhythmik 106
-, zirka-diane 20
Periodenmultiplikation 113, 118
Periodik, zirkadekane 33, 118
periodische Krankheiten 32
- Kurvenverläufe 116
- Reaktionsmuster 114
periodisches System der biologischen Rhythmen 122
Pflanzen 13
Pflanzenwachstum 19
pH-Wert, basaler 79, 81
Phallogramm 102
Phase der Nacht, antidiuretische 82
-, ergotrope 71, 79
-, trophotrope 73, 79
-, zirkadiane 21
Phasen, REM- 101
Phasenabstimmung 111
Phasenantwort 98
Phasenbeeinflussung ultradianer Rhythmen 42
Phasenbeziehungen 12, 21f., 47, 98
Phasenkoordination 24f., 28, 30, 34, 42, 98, 107
Phasenkopplung 25f., 50, 98, 106f., 111
- ultradianer Rhythmen 106
- zwischen Herz- und Atemrhythmus 31, 42, 108
Phasenlage 14, 47
- der menstruationsrhythmischen Umstellung 65
- des Tagesrhythmus 18
- reaktiver Perioden 113
-, zirkadiane 44, 52, 92
Phasensprung 20
Phasentyp, zirkadiane 44
Phasenverschiebung 22, 30, 43, 45
Phasenverschiebungsgeschwindigkeit 39
Phasenverspätung 61f.
Phasenvoreilung 92
Phasenzusammenhang 90
Phaseolus coccineus-Bohne 22
Phosphat-Konzentration 83
photochemische Reize 18
Photoperiodik 15f.
photoperiodische Effekte 24
phylogenetische Ordnung 13
Physical Working Capacity 88f.
- - -, Fahrradergometer- 87

Sachverzeichnis

physikalische Therapie 37
- Thermoregulation 68
- Meßgrößen 52
Pinealorgan 8, 16
Placebo 92f., 95
Plasmadichte 55, 84, 86
Plethysmographie 73
Pneumometerwert 76
-, maximale Exspirationsstromstärke 53
Polygonanpassung 59
polyphasisches Muster 101
Populationsrhythmen 10, 14
prämenstruelles Syndrom 31
Prävention 35
Profile, tagesrhythmische 34
Prolactingehalt 54
Proportionen, harmonische 122
Proteinkonzentration des Speichels 80
protopathische Schmerzempfindlichkeit 57f., 94
- Schmerzschwelle 93, 101
- Zahnschmerzschwelle 103
Pseudosaisonkrankheiten 31
psychiatrische Erkrankungen 31, 61
psychische Leistungsbereitschaft 87, 90f.
psychophysiologische Meßgrößen 55
psychophysische Meßgrößen 106
Psychosen 32
psychotherapeutische Maßnahmen 37
Ptyalingehalt 79
Puls-Atem-Frequenzquotient 77
- - Quotient 25, 38, 41f., 53
Puls-Atemkoppelung 110
Pulsfrequenz 52f., 64, 70, 72ff., 101, 106, 108
-, Regelfläche der 117
Pulsfrequenzauslenkung 57
Puls- und Atemrhythmus, Frequenzabstimmung 76

Quotient aus Herzperiodendauer und arterieller Grundschwingungsdauer 43, 112
Quotient, Schiefe- 59

Radiumbestrahlung 37
Rapid Eye Movements 102
Rauchen 37
räumliches Auflösungsvermögen 92, 94
Reagibilität, ergotrope 39
-, vegetative 37
Reaktion auf Reizbelastung 14
-, erythropoietische 90
-, spezifisch-dynamische 70
-, adaptive 51
-, allergische 36
Reaktionsamplituden, zirkaseptane 38
Reaktionsbereitschaft 17, 21, 30, 39
Reaktionsfähigkeit 31

Reaktionsgeschwindigkeit 61, 66, 91
Reaktionslage, vegetative 62
Reaktionsmuster, periodische 114
Reaktionsperiodik, zirkasemiseptane 68
-, zirkaseptane 32, 38, 68
-, - und zirkadekane 115
Reaktionsprognostik, therapeutische 121
Reaktionsweise, kompensatorische 67
Reaktionszeit 55, 63f., 87, 91, 94, 117
-, akustische 88
Reaktionszeitmessung 91, 101
reaktive Perioden 31f., 51, 68, 99, 113ff., 122
- -, rhythmische Reaktionen 14
- -, Phasenlage 113
Rechengeschwindigkeit 92
Rechenleistung 59, 92
Regelfläche der Pulsfrequenz 117
Regelgüte 116
Regenperioden 15
Regulation, vegetative 50
Regulationsökonomie, Störungen der 30
Regulationsstörungen, vegetative 30
Regulationssystem, vegetatives 72
Reizbelastung, Reaktion auf 14
Reize, photochemische 18
Reizempfindlichkeit 21
Reizzeitpunkt 113
Rektaltemperatur 45, 69
Rektaltemperaturminima, nächtliche 40
relative Koordination 106
Relaxationsschwingung 11
REM-Phasen 101
repetitives Niesen 108
Reproduktionsaktivität 15
Reptilien 16
Reserve, autonom geschützte 87
Resistenz 21
Resorption 37
respiratorische Arrhythmie 109, 111
Retikulozytenzahl 33, 89
Rezeptoren 24
Rheumatiker 91
rheumatische Prozesse, Aktivierung 116
Rhythmen, adaptive 12
-, autonome 24
-, formale Unterschiede 11
-, infradiane 4, 51, 61
-, lunare 64f.
-, motorische 108
-, syzygisch-lunare 18
-, ultradiane 4, 11, 97
-, zirkaseptane 66
-, zirkatidale 12, 18
Rhythmik, lundiane 19
-, zirkadiane 12, 19

-, zirkannuale 61, 16
rhythmische Funktionsordnung 9, 25
- Nahrungsaufnahme 43
- Reaktionen (Reaktive Perioden) 14
- Seitigkeitswechsel der Nasenatmung 50
rhythmisches Transport- und Verteilungssystem 4, 97
rhythmogene Zentren 24
Rhythmus der Magenperistatik 25
- der Nasenatmung 92
- des Nahrungsverlangens 25
-, Schlaf- und Wach- 5, 10, 39, 42, 91
rhythmusgerechte Lebensweise 43
Rhythmuskost 49, 51, 79f.
Rhythmus des Blutdrucks 105f.
Richtungsorientierung 24
Röntgen- und Radiumbestrahlung 37
Röteln 62
RR-Amplitude 75
Rückkopplungsvorgänge 13
Ruhe-Energieumsatz 80
Ruhebedingungen 13
Ruhefüllung der Gallenblase 82
Ruhephasen 87

Saisonkrankheiten 31
Sauerstoffmangel 90
Sauerstoffverbrauch des Herzens 72
Saugen 108
Schädlingsbekämpfung 21
Scharlach 118
- Fieber 33
- Nephritis 118
- Otitis 118
Schichtarbeit 35, 42, 122
Schiefe 47
- Quotient 59
Schirmer-Test der Tränensekretion 54
Schlaf 25, 28, 91, 97, 102
- und Wach-Rhythmus 5, 10, 39, 42, 91
- EEG 101
Schlafbedürfnis 91
-, spontanes 101
Schlafbereitschaft 50, 101
Schlafmittel 35, 43
Schlafprotokolle 91
Schlafpulsfrequenz, basale 116
Schlafqualität 39f.
Schlafstadien, elektroenzephalographische 102
Schlafstörungen 30, 39, 116
Schlaftiefe 47
Schlaftiefenschwankungen 25
Schlaftiefenverlauf 101
Schlafuntersuchungen 107
Schlafzyklen 115
Schlagvolumen 75

Schleimhaut 104
Schlucken 108
Schmerzattacken, kolikartige 105
Schmerzempfindlichkeit 57, 92
-, epikritische 58, 94
-, protopathische 57f., 94
Schmerzmittel 93, 95
Schmerzqualitäten 93
Schmerzschwelle 57, 95
-, epikritische (Nadelstich) 92, 94
-, protopathische 93, 101
Schmerzstillung 36
-, medikamentöse 93
Schnellkraft 64
Schwankungen, lunarrhythmische 65
-, jahresrhythmische 38
-, minutenrhythmische 26
-, wochenrhythmische 31
-, zirkaseptanperiodische 65
Schwellkörper des Nasenraumes 98
Schwingungen, elektromagnetische 20
Schwitzreaktion der Stirnhaut 71
Sehschärfe 92, 94
Seitigkeit der Nasenatmung 54, 98, 100
Seitigkeitswechsel, ultradianer 92
Sekretion der Verdauungssäfte 79
Sekretmenge 79
Sekretproduktion 20
Selbstheilungsprozeß 32f.
Selbstheilungstendenz 33
Selbstmessungen 5
Selbstmord 67
Selbstmordhäufigkeit 31
Selbstorganisation 13
sensomotorische Koordination 91
- Leistung 92
Sensormotorik 17
Serum-Gastrinspiegel 79, 81
siderische Mondrhythmen 19
Sinnesleistungen 91f.
Sinnesrezeptor 28
Sinusarrhythmie, respiratorische 111
Skrotumhaut 104
Slow Eye Movements 102
Sonnenblume 14
Sonneneruptionen 14
Sonnenfleckenaktivität 14, 31
Sonnenkompaß 24
Sonnenkompaßorientierung 7
Sonnenwinkel 24
soziale Zeitgeber 20
Spannung-Entspannung 58
spätreaktive Muster 117
Speichel 96
-, Hormongehalt des 54
-, Proteinkonzentration 80
Speichelfluß 80
Speichelsekretion 54

-, Tagesrhythmus der 79
Spektralanalyse 109
Spektralbereiche 13
spektrale Helligkeitsempfindlichkeit 18, 65
- Wirkungsmaxima 24
Spektrum 60
- biologischer Rhythmen 9
- der ultradianen Rhythmen 97
spezifisch-dynamische Reaktion 70
- - Stoffwechselsteigerung 79
- - Wirkung 79
spezifisches Gewicht 82
- - des Harns 54
Spirometermessung 76
spontanes Nahrungsverlangen 115
- Schlafbedürfnis 101
Spontanrhythmen 14, 113f.
Sportmedizin 90
Stamm 68
Statistiken, öffentliche 51
Status, hormonaler 96
Stehberufe 72
Stehen 72f., 84, 86
Stehversuch 73
Steinbildung 82
Sterbehäufigkeit 31, 116
Sterblichkeit 31
Sternenorientierung 24
Stichempfindlichkeit der Haut 94
Stimmung 58, 63, 93, 95
Stimmungsniveau 61
Stimmungsschwankungen 61
Stirn 69
Stirnhaut, Schwitzreaktion der 71
Stoffwechsel 11, 17, 68, 79
Stoffwechselsteigerung, spezifisch-dynamische 79
Stoffwechselsystem 4, 97f.
Stoffwechselumstellung, tagesrhythmische 79
Störungen der Regulationsökonomie 30
- der Zeitgeberperiodik 21
-, psychiatrische 31
-, zirkadiane 39
Streuung, methodische 49
Strömungswiderstand der Atmung 107
subjektives Befinden 64
Sublingualtemperatur 50, 84, 113
-, 24-Stunden-Rhythmus 98, 114
submultiple Frequenzen, Mitauftreten 68
Substanzen, steinbildende 82
Suchtest 94
Suizid 67
Synchronisation 15, 30, 39
-, innere 16
-, lunarperiodische 18
Synchronisationsstörungen 30
-, Toleranz von 43

Syndrom, prämenstruelles 31
Synergie 13
synodischer Mondumlauf 18
System, glattmuskuläres 104
systemisches Denken 6
systolischer Blutdruck 64, 74
syzygisch-lunare Rhythmen 18

Taenia coli 104
Tag, biologischer 76
Tag-Nacht-Rhythmus 5
Tagebuchaufzeichnungen der Patienten 115
Tageseinteilung 39
Tageslänge 16, 17, 21
Tagesprofile 34
tagesrhythmische Gruppenversuche 50
- Profile 34
- Stoffwechselumstellung 79
- Tendenzwechsel der Thermoregulation 68
- Wirkungen 36
Tagesrhythmus 20, 31, 50, 68
- der Speichelsekretion 79
-, Phasenlage des 18
Taktatmung 106
Taktile Empfindlichkeit der Zähne 93f.
Tapping-Test 92, 94
Temperatur 107
Temperaturabhängigkeit 106
Temperaturdifferenzen 98
Temperaturkompensation 14
Temperaturregulation 17
Temperaturrhythmik 30
Temperaturumschlag im Naseneingang 107
Temperaturunabhängigkeit 14
Temperaturzyklen 15, 20
Terminerwachen 23
Test, Düker- 59, 92
-, Hand-Dominanz- 55
-, Schirmer 54
-, Tiffenau 77
Testbelastungen, dosierte 34
Teststäbchen 84
Teststreifen 84
Testverfahren 55
therapeutische Prozesse 115
- Reaktionsprognostik 121
- Zeitordnung 35, 121
Therapie 35
-, diätetische 82
-, physikalische 37
-, zeitordnende 35, 39, 121
thermische Empfindlichkeit 37, 56
Thermoregulation 53, 68
-, physikalische 68
-, tagesrhythmische Tendenzwechsel der 68
Thymopsyche 58
Toleranz von Synchronisationsstörungen 43
Tonusschwankungen 25
Traben 108

Trainierbarkeit 90
trainierende Kreislaufbehandlung 37
Training 42
Trainingserfolge 89
Trainingswirkungen 90
Transport- und Verteilungssystem 4, 97f.
Traumphasen 102
trophisch-plastische Adaptation 114
Trophophase 72, 73, 84
trophotrope Phase 17, 73, 79
Trophotropie 34
-, Intensivierung der Koordination während 111
-, Maximum der 77
Tuberkulose 31
Tumorbehandlung 37

Uhr, innere 7, 13, 21f.
Ulcus duodeni 81
ultradiane Perioden 21, 25, 32, 93, 96
- reaktive Perioden 114f.
- Rhythmen 4, 11, 97
- -, Frequenzordnung 107
- -, Rhythmen, Spektrum 97
ultradianer Aktivitätszyklus 103
- Rhythmus, Phasenbeeinflussung 42
- Rhythmus, Phasenkopplung 106
- Seitigkeitswechsel 92
Ultraschall-Doppler-Flußmessung 106
Ultraschallechoverfahren 81
Ultraviolettstrahlung 18
Umstellungen, vegetative 37, 82, 91
Umsynchronisation 21, 44, 90
- der zirkadianen Uhr 24, 42
-, Zeitbedarf der 44
Umweltbeziehungen biologischer Rhythmen 12
Umwelteinordnung 39
Umweltreizpegel 20
Umweltveränderungen 12
Umweltzeitgeber 15
-, lunare Rhythmen 18
Unfallhäufigkeit 31
Unruhe, innere 58, 93
Unterdruckexposition 89f.
Unterschiede, interindividuelle 43
Untersuchung, maskierungsarme 79
Untersuchungsmethoden, chronomedizinische 47
Ureter-Koliken 105

Variabilität der Atemfrequenz 73
Varizellen 118
Vasomotionsfrequenz 106
Vasomotionsrhythmik 107
-, Periodendauer der 106
Vasomotionsrhythmus der Hautgefäße 106
Vegetationsperiodik 16

vegetativ-nervaler Tonus 111
vegetative Funktionsrichtung 63
- Gesamtumschaltung 67, 115, 117
- Gesamtumstellung 32, 87
- Reagibilität 37
- Reaktionslage 62
- Regulation 50
- Regulationsstörungen 30
- Umstellungen 37, 82, 91
- Lichtempfindlichkeit, Tagesmaximum der 39
vegetatives Gleichgewicht 122
- Regulationssystem 72
Verdauung 79, 97
Verdauungssäfte, Sekretion der 79
Verdauungstrakt 104
Vererbung 13
- der zirkadianen Periodendauer 21
Verhältnis von Herzperiodendauer und Grundschwingungsdauer 111
Verhältnisse, ganzzahlige 98
Verteilung 37
Verteilungssystem 11, 98
Vigilanz 58, 87, 91f., 101
vigilanzabhängige Parameter 50
Vigor 58
Vita-maxima-Untersuchungen 87
Vitalkapazität 53, 73, 76, 78, 115
Vögel, Zugverhalten der 21
Vogelgesang 14
Vogeluhr 15
Vogelzug 16
Vollblinde 39f.

Wachen 5, 10, 39, 42, 91
Wachstum der Harnkonkremente 83
Wachstumspulsationen 24
Wachstumsreaktionen 33
-, kompensatorische 32
Wärmeabgabe 68
Warmreizempfindlichkeit 37, 57, 70
Wasser- und Elektrolythaushalt 82
Weber-Fechnersches Gesetz 11
Weck- und Schlafmittel 43
Wehenbeginn 96
Weheneinsatz und Geburt, eingeleiteter 96
Wehenmotorik 104
weißes Blutbild 84
Welle, dikrote 111
Wellenlänge 47
Whewellit-Stein 83
Wiedererwärmungszeit, akrale 56, 64, 71
Windpocken 62
Winter-Frühjahrrelation 18
Winterdepression 61
Winterschlaf 16
Wirkung, spezifisch-dynamische 79

Wochen- und Monatsrhythmus, harmonische Frequenzbeziehung 66
wochenrhythmische Schwankungen 31
Wochenrhythmus 43, 66
–, biologischer 66
Wundheilungsverläufe 32
Wundschmerz 95
Wundschwellung 33

Zahnerkrankungen, eitrige 116
Zahnschmerz Kaltreiznutzzeit 103
Zahnschmerzschwelle, protopathische 103
Zeit, biologische 5
zeitbezogene Ausatmungskapazität 76
zeitbiologische Grundlagen 43
Zeitdressur 23
Zeitgeber 12, 16, 18, 20
– der zirkatidalen Rhythmik 20
–, Nahrung als 79
–, soziale 20
Zeitgeberausschluß 12, 20f., 91
Zeitgebereinflüsse 39
Zeitgeberfunktionen 39
Zeitgeberperiodik, Störungen 21
Zeitgeberwirkunge, Abschwächung 13
Zeitgedächtnis 24
Zeitgestalt des Organismus 3
zeitliche Emanzipation 12f., 33, 123
– Notordnungen 113
Zeitmessung 15
–, biologische 21
zeitordnende Therapie 35, 39, 121
Zeitordnung, therapeutische 35, 121
Zeitreihe 5, 60
Zeitreihenanalyse 59
Zeitschätzung 59
Zeitstrukturen 9, 113
Zeitzonensprünge 21, 42ff., 66, 122

Zelluläre Bestandteile 84
Zellzyklen 13
zentrale Durchblutung 92
Zentralnervensystem 104
Zentren, rhythmogene 24
Ziehbereich 20
Zielverfolgungstest 92, 94
Zigarettenrauchen 57
Zikaden 15
zirkadiane Periodendauer 20
– Rhythmen 12
zirkadekane Periodik 33, 114f., 117
zirkadiane Anpassungsreaktionen 43
– Phase 21
– Phasenlage 44, 52, 92
– Phasentyp 44
– Rhythmik 12, 19
– Störungen 39
– Periodendauer, Vererbung 21
– Phasenlage, adaptive Umstellungen 66
– Uhr, Umsynchronisation 24
– Umsynchronisation 42

Zirkadianrhythmik 7, 68
Zirkadiansystem 103
Zirkalunarrhythmen 12, 18
zirkannuale Rhythmik 16, 61
Zirkasemidekanperiodik 33, 114
zirkasemiseptane Periode (Krise des 3. Tages) 114, 117
– Reaktionsperiodik 68
zirkaseptane Perioden 21, 31, 65, 114, 118
– Reaktionsamplituden 38
– Reaktionsperiodik 32, 38, 68, 115
– Rhythmen 66
zirkatidale Rhythmen 12, 18
– –, Zeitgeber der 20
Zivilisationskrankheiten 35, 123
Zugverhalten der Vögel 21
Zwischenwirbelscheiben 91
Zwölffingerdarmkontraktionen 25
Zyklusdauer, individuelle 65
Zytostatika 37f.

Hippokrates

Alternative Wege – über die Schulmedizin hinaus

R. M. Bachmann
PraxisService Naturheilverfahren

1996, 460 S., 130 Abb.,
geb. DM 139,– / ÖS 1.015 / SFr 123,–
ISBN-7773-1155-3

Wenig graue Theorie – viel Praxisnähe: In diesem Buch werden Naturheilverfahren systematisch erklärt, kritisch bewertet, klar illustriert und sofort in der Sprechstunde einsetzbar gemacht. Der praxisorientierte Aufbau läßt dieses Buch zur schnellen Hilfe für die tägliche Anwendung werden.

Separat erhältlich:
Diskette Service-Station

zu R. M. Bachmann, PraxisService Naturheilverfahren
DM 38,– / ÖS 277 / SFr 35,– / ISBN 3-7773-1215-0

Naturheilverfahren erfordern Zeit! Die Diskette erlaubt zeitsparendes Arbeiten bei der Beratung und dem Patientenservice.

Die ServiceStation bietet:

- Rezepte zum Ausdrucken
- Individuelle Dosierungsangaben durch den Arzt
- Anleitungen zur häuslichen Therapieanwendung
- Indikationsverzeichnis mit Therapievorschlägen
- Nutzt Ihren Chipkartenleser
- Ausdruck wahlweise auf Rezeptformular/Briefbogen

Preisänderungen vorbehalten!